高职高专测绘类专业“十二五”规划教材·规范版

教育部测绘地理信息职业教育教学指导委员会组编

# GNSS测量技术

主　编　杜玉柱

副主编　明东权　刘安伟　范海英

WUHAN UNIVERSITY PRESS
武汉大学出版社

**图书在版编目(CIP)数据**

GNSS 测量技术/杜玉柱主编;明东权,刘安伟,范海英副主编. —武汉:武汉大学出版社,2013. 2(2023.1 重印)

高职高专测绘类专业“十二五”规划教材·规范版

ISBN 978-7-307-10405-1

Ⅰ.G… Ⅱ.①杜… ②明… ③刘… ④范… Ⅲ. 卫星导航—全球定位系统—高等职业教育—教材 Ⅳ.P228.4

中国版本图书馆 CIP 数据核字(2012)第 318707 号

责任编辑:林 莉　　责任校对:黄添生　　版式设计:马 佳

---

出版发行:**武汉大学出版社**　(430072 武昌 珞珈山)

(电子邮箱:cbs22@ whu.edu.cn 网址:www.wdp.com.cn)

印刷:武汉科源印刷设计有限公司

开本:787×1092 1/16　印张:12　字数:274 千字　插页:1

版次:2013 年 2 月第 1 版　2023 年 1 月第 8 次印刷

ISBN 978-7-307-10405-1/P·212　定价:25.00 元

---

# 序

武汉大学出版社根据高职高专测绘类专业人才培养工作的需要，于2011年和教育部高等教育高职高专测绘类专业教学指导委员会合作，组织了一批富有测绘教学经验的骨干教师，结合目前教育部高职高专测绘类专业教学指导委员会研制的“高职测绘类专业规范”对人才培养的要求及课程设置，编写了一套《高职高专测绘类专业“十二五”规划教材·规范版》。该套教材的出版，顺应了全国测绘类高职高专人才培养工作迅速发展的要求，更好地满足了测绘类高职高专人才培养的需求，支持了测绘类专业教学建设和改革。

当今时代，社会信息化的不断进步和发展，人们对地球空间位置及其属性信息的需求不断增加，社会经济、政治、文化、环境及军事等众多方面，要求提供精度满足需要，实时性更好、范围更大、形式更多、质量更好的测绘产品。而测绘技术、计算机信息技术和现代通信技术等多种技术集成，对地理空间位置及其属性信息的采集、处理、管理、更新、共享和应用等方面提供了更系统的技术，形成了现代信息化测绘技术。测绘科学技术的迅速发展，促使测绘生产流程发生了革命性的变化，多样化测绘成果和产品正不断努力满足多方面需求。特别是在保持传统成果和产品的特性的同时，伴随信息技术的发展，已经出现并逐步展开应用的虚拟可视化成果和产品又极好地扩大了应用面。提供对信息化测绘技术支持的测绘科学已逐渐发展成为地球空间信息学。

伴随着测绘科技的发展进步，测绘生产单位从内部管理机构、生产部门及岗位设置，进而相关的职责也发生着深刻变化。测绘从向专业部门的服务逐渐扩大到面对社会公众的服务，特别是个人社会测绘服务的需求使对测绘成果和产品的需求成为海量需求。面对这样的形势，需要培养数量充足，有足够的理论支持，系统掌握测绘生产、经营和管理能力的应用性高职人才。在这样的需求背景推动下，高等职业教育测绘类专业人才培养得到了蓬勃发展，成为了占据高等教育半壁江山的高等职业教育中一道亮丽的风景。

高职高专测绘类专业的广大教师积极努力，在高职高专测绘类人才培养探索中，不断推进专业教学改革和建设，办学规模和专业点的分布也得到了长足的发展。在人才培养过程中，结合测绘工程项目实际，加强测绘技能训练，突出测绘工作过程系统化，强化系统化测绘职业能力的构建，取得很多测绘类高职人才培养的经验。

测绘类专业人才培养的外在规模和内涵发展，要求提供更多更好的教学基础资源，教材是教学中的最基本的需要。因此面对“十二五”期间及今后一段时间的测绘类高职人才培养的需求，武汉大学出版社将继续组织好系列教材的编写和出版。教材编写中要不断将测绘新科技和高职人才培养的新成果融入教材，既要体现高职高专人才培养的类型层次特征，也要体现测绘类专业的特征，注意整体性和系统性，贯穿系统化知识，构建较好满足现实要求的系统化职业能力及发展为目标；体现测绘学科和测绘技术的新发展、测绘管理与生产组织及相关岗位的新要求；体现职业性，突出系统工作过程，注意测绘项目工程和生产中与相关学科技术之间的交叉与融合；体现最新的教学思想和高职人才培养的特色，在传统的教材基础上勇于创新，按照课程改革建设的教学要求，让教材适应于按照“项目教学”及实训的教学组织，突出过程和能力培养，具有较好的创新意识。要让教材适合高职高专测绘类专业教学使用，也可提供给相关专业技术人员学习参考，在培养高端技能应用性测绘职业人才等方面发挥积极作用，为进一步推动高职高专测绘类专业的教学资源建设，作出新贡献。

按照教育部的统一部署，教育部高等教育高职高专测绘类专业教学指导委员会已经完成使命，停止工作，但测绘地理信息职业教育教学指导委员会将继续支持教材编写、出版和使用。

**教育部测绘地理信息职业教育教学指导委员会副主任委员**

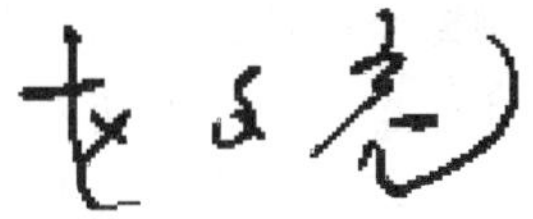

二〇一三年一月十七日

# 前　言

本教材是根据教育部《关于加强高职高专教育人才培养工作的意见》的文件精神，按照全国高职工程测量技术专业通用教材编写(昆明)会议规划，组织全国10余所高职院校编写的全国高职高专测绘类专业“十二五”规划教材之一。

以美国全球定位系统(GPS)为代表的Global Navigation Satellite System(GNSS)是20世纪70年代的新一代卫星导航定位系统，该系统可向人类提供导航、定位和授时服务，以其全球性、全天候、高精度、高效益的特点，已成功地应用于气象、遥感、通信、导航、地球科学、地球动力学、天文学、大地测量、工程测量、资源勘察、灾情预报、紧急救援、环境监测以及军事科学诸多领域，广泛地影响着21世纪人类生活的各个方面。特别是网络RTK的发展，使得GNSS的应用满足了高速度且高精度的要求。

由美国、俄罗斯、欧盟均不惜巨资建立自己的全球卫星导航定位系统的情况可见，该系统对于一个国家在政治、经济以及军事方面具有重要意义。我国也在建立自己的北斗二号导航定位系统，目前已有16颗在轨实验卫星，并将逐步发展为全球性的卫星导航定位系统。

可以预言，随着科学技术的发展，全球卫星导航定位技术必将与移动通信技术、互联网技术一起成为影响21世纪人类生活的三大技术。

本教材注重理论与工程实际相结合，力求满足高职教育培养高级“岗位”型人才的要求，突出“以能力为本位”、“必需够用”的指导思想，编写中力求做到基本概念准确、内容精练、文字简练、通顺易懂，以利于提高高职学生的动手能力，满足测绘行业对生产第一线高技能技术人才的需要。

本教材主要是满足高职工程测量技术、地理信息系统、摄影测量、地籍测量与土地管理等测绘类专业的教学需要，还可以作为水利水电工程、工程监理、道路与桥梁、工业与民用建筑、市政工程技术、施工技术与管理、水文与水资源等非测绘类专业的教材使用，还可供相关工程技术人员作为自学教材或参考书使用。

本书由杜玉柱担任主编，明东权、刘安伟、范海英担任副主编。编写人员及分工如下：山西水利职业技术学院杜玉柱编写第1章；辽宁科技学院范海英、山西水利职业技术学院李慧娟合作编写第2章；江西应用技术职业学院明东权编写第3章；沈阳农业大学高等职业技术学院李娜编写第4章；黄河水利职业技术学院齐建伟编写第5章；甘肃工业职业技术学院刘安伟编写第6章。全书由杜玉柱统稿。

限于编者的水平、经验及时间，书中难免会有错误和疏漏之处，敬请专家、同行和读者不吝斧正。

编者

2012.10

# 目　　录

# 第1章 卫星导航定位技术概况

【教学目标】

本章主要介绍了大地测量的发展概况、卫星导航定位技术的产生与发展、卫星导航定位技术较之传统测量技术的优点以及美国的GPS、俄罗斯的GLONASS、欧盟的GNSS以及我国的“北斗”四种卫星导航定位系统的概况，还介绍了美国政府的GPS政策和我国的A、B级GPS控制网，目的是使学生对此有一个清晰的概念和整体的了解，为进一步学习后续内容做好准备。

## 1.1 卫星导航定位技术的发展

### 1.1.1 大地测量的发展概况

大地测量的发展可以追溯到两千多年以前，从人们确认地球是个圆球并实测它的大小开始，其发展大体可分为：古代大地测量、经典(或传统)大地测量和现代大地测量三个阶段。

1. 古代大地测量

远在公元前四千多年古埃及，在尼罗河泛滥后，农田边界的整理过程中，就产生了较早的测量技术。古埃及人通过天文观测，确定一年为365天，这是古埃及在古王国时期(公元前3000年)通用的历法，他们通过观测北极星来确定方向。公元前340年，古希腊的科学家亚里士多德就用天文测量方法测定地球的形状和大小，在他的《论天》一书中明确提出地球的形状是圆的，并且他通过对在不同纬度上观测北极星，北极星呈现出位置上的差别，推算出地球大圆的周长为4×“斯特迪亚”，“斯特迪亚”是古埃及及希腊通用的长度单位，现在不清楚一个“斯特迪亚”的长度究竟是多少。

中国是一个文明古国，测绘技术也发展得相当早，相传公元前两千多年夏代的《九鼎》就是原始地图。公元前五至三世纪，我国就已利用磁石制成最早的指南工具“司南”，中国的最古的天文算法著作《周髀算经》发表于公元前一世纪，书中阐述了利用直角三角形的性质，测量和计算高度、距离等方法。公元400年左右，中国发明了计里鼓车，这是用齿轮等机械原理作的测量和确定方位的工具，每走一里，车上木偶击鼓一下，走十里打镯一次，车上的指南针则记录着车子行走的方向。公元720年前后，唐代僧人一行(张遂)等人，根据修改旧历的需要，组织领导了我国古代第一次天文大地测量，这次测量北达现今蒙古的乌兰巴托，南达今湖南省的常德，他们在这些地方，分别测量了冬至，夏至和日影长及北极高度，同时还把测量成果绘制成图，他们实测中得出的子午线的长度，是世界上第一次测量子午线长度，这次测量除了为修改历法提供可靠数据之外，更重要的就是为了求出同一时刻日影差一寸和北极高差一度在地球上的相差距离(大约200里)。宋代沈括，在他的《梦溪笔谈》中记载了磁偏角现象，这在世界上是最早的发现，沈括在地形测量工程测量方面有较大贡献，他主持绘制了《天下州县图》，使用水平尺、罗盘等进行地形测量，制作地形立体模型。元朝大科学家郭守敬用自制的仪器观测天文，发现黄道平面与赤道平面的交角为23°33′05″，而且每年都在变化，如果按现在的理论推算，当时这个角度是23°31′58″，可见郭守敬当时观测精度是相当高的，郭守敬还发明一些精确的内角和检验公式和球面三角计算公式，给大地测量提供了可靠的数学基础，当时，为兴修水利，他还带领队伍在黄河下游进行了大规模的工程测量和地形测量。明代郑和航海图是我国古代测绘技术的又一杰作。该图以南京为起点，最远达非洲东岸的图作蒙巴萨。全图包括亚非两洲，地名500多个，其中我国地名占200多个，其余皆为亚洲诸国地名。所有图幅都采用“写景”画法表示海岛，形象生动，直观易读。在许多关键的地方还标注“牵星”数据，有的还注有一地到另一地的“更”数，以“更”来计量航海距离等。可以说，郑和航海图是我国古代地图史上真正的航海图。

2. 经典大地测量

经典大地测量阶段可以从18世纪中期牛顿、克莱劳确立地球为扁球的理论并从几何和物理两方面来测定地球的大小时算起，到20世纪中期莫洛琴斯基发展斯托克司理论，形成现代地球形状理论基础为止，差不多整整200年(1750—1950)时间。经典大地测量阶段的主要任务是为大规模测绘地图服务。为了提高点位测量的精度和速度，许多科学家在测量仪器、测量方法、椭球计算和数据处理方面做了大量研究工作，并取得了丰硕的成果。例如：17世纪初斯约尔创造发明的三角测量法，德国数学家、天文学家、物理学家高斯(Carl Friedrich Gauss，1777—1855年)于1794年提出了最小二乘法理论以及重力测量等，这些成果至今仍被广泛应用。其中，重力测量应用最为广泛。

重力测量就是根据不同的目的和要求使用重力仪测定地面点重力加速度的技术和方法。可分为相对重力测量和绝对重力测量，或按用途分为大地重力测量和物理重力测量。这个时期由于全球各大陆广泛布设了天文大地三角网，并发展了重力测量，算出了许多著名的双轴参考椭球几何参数，如后来被推荐为1924年国际椭球的海福特(Hayford)椭球。还有许多正常重力公式，如卡西尼(Kassini)计算的公式被推荐为1930年国际正常重力公式。此外大地测量技术的应用效果也很显著，如法国为了统一长度标准建立国际“米”制，而应用了子午弧长测量的结果等。

3. 现代大地测量

现代大地测量阶段从20世纪中期开始，是在电子技术和空间技术迅猛发展的推动下形成的。电磁波测距、全站仪、电子水准仪、计算机改变了经典测量中的低精度、低效率状况。测量成果精度提高到$10^{-6}$量级以上，并缩短了作业周期，而且使过去无法实现的严密理论计算得以实行；特别是以人造地球卫星为代表的空间科学技术的发展，使测量方式产生了革命性的改变，彻底打破了经典大地测量在点位、精度、时间、应用方面的局限性，不必再受地面条件的种种限制；使建立全球地心大地测量坐标系有了可能；使研究重力场特别是外部重力场几何图形能够迅速实现；空间技术的发展使大地测量的功能更为扩大，大地测量的精度和效率已能配合其他学科用于空间、海洋，以及测定地球的各种动力学变化。人造地球卫星技术快速发展，使其在空间科学、气象、遥感、通信、导航、地球科学、地球动力学、天文学、大地测量、资源勘查、灾情预报、环境监测，以及军事科学诸领域中得到了广泛的应用。

现代大地测量以 GPS 系统为主要标志，GPS 全球卫星定位导航系统是美国从 20 世纪 70 年代开始研制，历时 20 年，耗资 200 亿美元，于 1994 年全面建成，具有在海、陆、空，进行全方位实时三维导航与定位能力的新一代卫星导航与定位系统，GPS 以全天候、高精度、自动化、高效益等显著特点，赢得广大测绘工作者的信赖，并成功地应用于大地测量、工程测量、航空摄影测量、运载工具导航和管理、地壳运动监测、工程变形监测、资源勘察、地球动力学等各种学科，从而给测绘领域带来一场深刻的技术革命。随着全球定位系统的不断改进，硬、软件的不断完善，应用领域正在不断地开拓，目前已遍及国民经济各种部门并开始逐步深入人们的日常生活。概括地说：经典大地测量是以刚体地球为研究对象，是静态的、局部的、相对的测量；而现代大地测量则是以可变地球为对象，是动态的、全球的、绝对的测量。

### 1.1.2 卫星导航定位技术的产生与发展

1957 年 10 月 4 日，前苏联成功地发射了世界上第一颗人造地球卫星后，人们就开始利用卫星进行定位和导航的研究，人类的空间科学技术研究和应用跨入了一个崭新的时代，世界各国争相利用人造地球卫星为军事、经济和科学文化服务。同时，卫星定位技术在大地测量中的应用也取得了惊人的发展，迅速跨入了一个崭新的时代。

1. 卫星大地测量的产生

卫星大地测量是现代大地测量一个新的重要分支，是以测定近地人造卫星的空间位置和运动异常来解决大地测量问题的一种方法。

卫星（或天体）大地测量的基本原理实际上在人造地球卫星出现之前就已形成。当时以地球的天然卫星——月球为观测对象。最早提出可以用月球观测值研究地球形状的是欧勒（I. A. Euler，1734—1800）和拉普拉斯（P. S. M. Laplace，1749—1827）。1768 年欧勒是从几何学原理计算出地球子午圈的扁率，1767 年拉普拉斯从动力学的角度分析月球绕地运动轨道的异常，详细分析计算了地球的扁率。由于已知量精度不够，月面边缘不齐难以测准，月球太远形成的视差角太小，并且因其远而对地球引力场异常的敏感度不高，难以获得高精度的结果。但这种利用空间天体的测量方法是很先进的。所以 20 世纪前 50 年中又有许多人从观测方法、观测仪器方面进行了很多改进，为后来的卫星大地测量准备了理论和实践基础。

人造卫星用于大地测量，同样也是从几何学原理和动力学原理两方面加以研究，它比月球更加方便有利。人造卫星的视角可以大到几十度；卫星离地球近且质量小，它的运动几乎完全决定于地球引力场；月球绕地一周近一个月，这段时间卫星可以绕地近 400 圈，可以迅速收集到大量的有关地球的情况资料。

由引力定律知道，人造卫星离地球越近对地球引力场的变化就越敏感，反映到卫星轨道运动上出现的异常就越明显。因此，人造卫星既可以从几何上看做是一个空中的运动目标，又可以是一个反映地球各种变化的信息传感器，包括几何点位及重力场变化信息、生态、自然环境及资源变化等信息。

2. 卫星大地测量的发展

(1)早期的卫星定位技术

早期的卫星大地测量仅仅把卫星作为一种空间观测目标，由地面观测站对其进行摄影观测，测定测站点至卫星的方向，建立卫星三角网；也可以使用激光测距技术测定测站至卫星的距离，建立卫星测距网。上述两种观测方法，均可以实现大陆与海岛的联测定位，解决了常规大地测量难以实现的远距离联测定位问题。

1962—1965 年，美国斯密森天体物理天文台(SAO)曾用光学摄影法进行了全球的卫星测量，对北美 NDA、欧洲 EUA、澳大利亚 AND、日本 JAD、阿根廷 ARG、夏威夷 HAW 等大地系统进行了联测，利用 39 个测站的观测资料计算并发布了“标准地球Ⅱ”。1966—1971 年间又用更多的测站进行了观测，当时的方向观测精度为±(0.3~1.5)″，点位中误差为±6.7m，地心坐标中误差为±(17~32)m。可见其精度是有限的，且观测条件受限制，底片处理也很复杂，所以以后就较少使用。

与此同时，激光测距法出现了，即在地面上用激光测距仪对卫星进行测距，以达到定轨定位的目的，精度可达厘米级。但用这种方法定位需要有 4 个测站组成较好的图形，实施同步观测，这对大面积布网来说是很困难的，因此也未能普及。

上述两种观测和成果换算方法需耗费大量的时间，定位精度较低。因此，这种卫星测量方法很快就被卫星多普勒定位技术所取代，即从仅仅把卫星作为空间观测目标的初级阶段，发展到了把卫星作为动态已知点的高级阶段。

为了克服摄影观测和激光测距方法的缺陷，人们想到了利用卫星发射的无线电波进行距离测量。设想方案是：若已知在轨卫星的轨道参数，地面观测者又测得该颗卫星发射信号的多普勒频移，则可计算出测站坐标。该设想即成为第一代卫星导航定位系统的基本工作原理。

(2)卫星多普勒定位系统

1958 年美国海军和詹斯·霍普金斯大学物理实验室为了给北极核潜艇提供全球导航，开始研制一种利用多普勒卫星定位技术进行测速、定位的卫星导航系统，称为美国海军导航卫星系统，简称 NNSS(Navy Navigation Satellite System)。由于该系统的卫星通过地极，因此又被称为“子午卫星导航系统”。1959 年 9 月美国发射了第一颗试验卫星，1964 年由 6 颗卫星组成的该系统建成并投入使用。1967 年 7 月，美国政府宣布 NNSS 部分解密，提供民用。由于该系统不受气象条件限制，自动化程度较高，且具有一定的定位精度，立即引起了大地测量学者的极大关注，随后进行了大量的研究和实践，取得了令人瞩目的成就。如在美洲大陆及其附近测设了约 500 个多普勒点；西欧各国分别在 1976 年 5 月和 1977 年 4 月进行了两次多普勒会战(EDOC-1，2)，在 16 个国家测设了 30 多个多普勒点，而后参加了三角网的重新平差；法国地理院不仅在本国建立了多普勒网，而且还为阿尔及利亚、利比亚、圭亚那和加蓬等国家测设了 116 个多普勒点；素称“千岛之国”的印度尼西亚，测设了 200 多个多普勒点，从而使常规大地测量无法统一的国家大地控制网建成了统一的坐标系统。20 世纪 70 年代中期，我国有关测绘和勘察单位开始引进多普勒接收机，不仅测设了全国卫星多普勒大地网，而且还实现了大陆和西沙群岛的大地测量基准联测，石油和地质勘探部门也在我国西北地区测量了卫星多普勒定位网。1984 年 12 月至 1985 年 2 月在我国南极长城站上，用 MX1502 型卫星多普勒接收机进行了多普勒定位测量，共观测了 210 次子午卫星通过，精确测定了设在南极乔治岛上的长城站的地理位置为：南纬 62°12′59.811″±0.015″，西经 58°57′52.665″±0.119″，高程为 43.58m±0.67m；长城站距北京的距离为 17501949.51m。

与此同时，苏联也建成了一个由 12 颗卫星组成的导航系统，简称为 CICADA。虽然子午卫星导航系统具有划时代的意义，但因其卫星数目少，轨道高度较低（平均 1000km），观测时间间隔较长（平均约 1.5h），因而不能进行三维连续导航。加之求得一次导航解所需的时间较长，不能满足军事导航的需求。从大地测量的要求来看，由于它的定位速度慢（平均观测 1～2 天），精度较低（单点定位精度 3～5m，相对定位精度约为 1m），因此，该系统在大地测量学和地球动力学研究方面的应用受到了极大的限制。

为了克服上述缺陷，满足军事部门和民用部门对连续实时三维导航定位的迫切要求，1973 年美国国防部开始组织陆海空三军，共同研究建立新一代卫星导航系统的计划。这就是目前所称的“授时与测距导航系统/全球定位系统”（Navigation System Timing and Ranging/Globol Positioning-NAVSTAR/GPS），而通常简称为“全球定位系统”（GPS）。

为使 GPS 具有高精度的连续实时三维导航能力和良好的抗干扰性能，所以在其设计上，采取了若干重大的改善措施。GPS 与 NNSS 的主要特征比较如表 1.1 所列。

表 1.1　　**GPS 与 NNSS 的主要特征**

| 系统特征 | NNSS | GPS |
|---|---|---|
| 载波频率（GHz） | 0.15，0.40 | 1.23，1.58 |
| 卫星平均高度（km） | 约 1000 | 约 20200 |
| 卫星数目（颗） | 5～6 | 24（3 颗备用） |
| 卫星运行周期（min） | 107 | 718 |
| 卫星重稳定度 | $10^{-11}$ | $10^{-12}$ |

GPS 的建立，主要是为了满足美国军事部门高精度导航的需要，对于军事上动态目标的导航，具有十分重要的意义。正因如此，美国政府把发展 GPS 作为导航技术现代化的重要标志。近几十年来，卫星导航定位技术已经渗透到了民用经济建设和人类生活的方方面面。可以预言，卫星导航定位技术必将与移动通信技术、计算机互联网技术，一起成为影响 21 世纪人类生活的三大技术。各国政府都已注意到了卫星导航定位技术在确立国家形象和国际地位中的重要意义，不惜巨资，争相建立自己的卫星导航定位系统。

### 1.1.3　卫星导航定位技术相对于常规测量技术的特点

新一代卫星导航定位技术的高度自动化和所达到的定位精度及其潜力，使广大测量工作者产生了极大兴趣。尤其从 1982 年第一代测量型无码 GPS 接收机 Macrometer V-1000 投入市场以来，在应用基础研究、应用领域开拓、硬件和软件的开发各个方面，都得到了蓬勃的发展。我国的测绘科技工作者在这些研究和应用方面，均取得了骄人的成绩。广泛的实验活动，为 GNSS 精密定位技术在测量中的应用，展现了广阔的前景。

相对于常规的测量手段来说，这一新技术的主要特点如下：

(1)功能多、用途广

GNSS 系统不仅可以用于测量、导航、精密定位、动态观测、设备安装，还可以用于测速、测时等，其应用领域还在不断扩大。

(2)测站间无需通视

既要保持良好的通视条件，又要保障测量控制网具有良好的图形结构，这一直是经典测量技术在实践方面必须面对的难题之一。GNSS 测量不要求测站之间相互通视，因而不再需要建造觇标。这一优点既可大大减少测量工作的时间和经费(一般造标费用约占总经费的 30%~50%)，同时又使点位的选择更为灵活。

尚应指出，GNSS 测量虽不要求测站之间相互通视，但必须保持测站上空有足够开阔的净空，以使卫星信号的接收不受干扰。

(3)定位精度高

已有的大量实践表明，目前在小于 50km 的基线上，其相对定位精度可达$(1\sim2)\times10^{-6}$，而在 100~500km 的基线上可达$10^{-7}\sim10^{-6}$。随着观测技术与数据处理技术的改善，可望在大于 1000km 的距离上，相对定位精度达到或优于$10^{-8}$。

(4)观测时间短

目前，利用经典的相对静态定位方法，完成一条基线的相对定位所需要的观测时间，根据精度的不同，为 1~3h。为了进一步缩短观测时间，提高作业速度，近年来发展的短基线(不超过 20km)快速相对定位法，其观测时间仅需几分钟。

(5)提供三维坐标

GNSS 测量中，在精确测定测站平面位置的同时，还可以精确测定测站的大地高程。GNSS 测量的这一特点，不仅为研究大地水准面的形状和测定地面点的高程开辟了新的途径，同时也为其在航空物探、航空摄影测量及精密导航中的应用，提供了重要的高程数据。

(6)操作简便

GNSS 的自动化程度很高，观测中测量员的主要任务只是安置并开关仪器、量取仪器高、监视仪器的工作状态、采集观测环境的气象数据，而其他观测工作，如卫星的捕获、跟踪观测、数据记录等均由仪器自动完成。

(7)全天候作业

GNSS 测量工作，可以在任何时间、任何地点连续地进行，一般不受天气状况的影响。因此，GNSS 定位技术的发展是对经典测量技术的一次重大突破。一方面，它使经典的测量理论与方法产生了深刻的变革；另一方面，也进一步加强了测量学科与其他学科之间的相互渗透，从而促进了测绘科学技术的现代化发展。

## 1.2 全球四大卫星导航系统

### 1.2.1 美国的全球导航卫星系统——GPS

1. GPS 系统的组成

GPS 定位系统包括三大部分：①空间星座部分；②地面监控部分；③用户设备部分。如图 1.1 所示。以下分别介绍它们的作用、工作原理和工作状况。

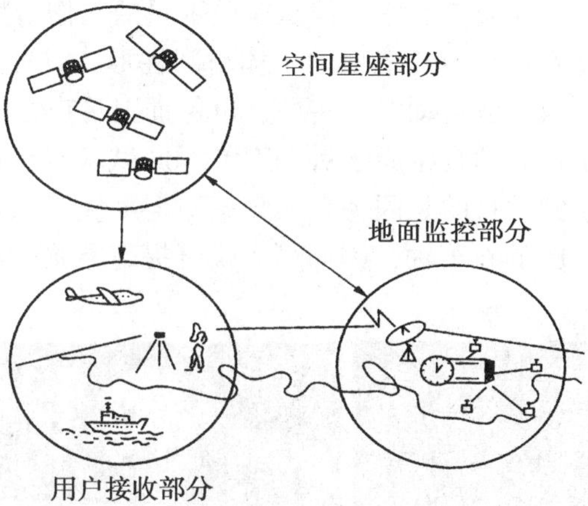


图 1.1 GPS 系统的组成

(1)空间星座部分

空间星座部分是由空间运行的多颗卫星按一定的规则组成的 GPS 卫星星座。其由 24 颗 GPS 工作卫星所组成，其中，21 颗工作卫星和 3 颗在轨备用卫星共同组成了 GPS 卫星星座。这 24 颗卫星在 6 个倾角为 55 度的轨道上绕地球运行，各个轨道平面之间相距 60 度，轨道平均高度 20200km。卫星的运行周期，即绕地球一周的时间约为 12 恒星时(11h 58min)。这样，对于地面观测者来说，每天将提前 4min 见到同一颗 GPS 卫星。位于地平线以上的卫星颗数随着时间和地点的不同而不同，最少可见到 4 颗，最多可见到 11 颗。满足了在用 GPS 信号导航定位时，为了解算测站的三维坐标，必须观测 4 颗 GPS 卫星的基本要求。每颗 GPS 工作卫星都发出用于导航定位的信号。GPS 用户正是利用这些信号来进行导航定位工作的。

GPS 卫星空间星座的分布保障了在地球上任何地点、任何时刻至少有 4 颗卫星被同时观测，加之卫星信号的传播和接收不受天气的影响，因此 GPS 是一种全球性、全天候的连续实时定位系统。工作卫星之所以采用二万公里高近于圆形的轨道，一方面是为了增大地面覆盖面积；另一方面是为了使覆盖均匀，从而达到信号强度均匀、接收时间也均匀的目的。

GPS 卫星的主要作用有以下三方面：

①在卫星飞越注入站上空时，接收由地面注入站用 S 波段(10cm 波段)发送到卫星的导航电文和其他信号。

②接收地面主控站通过注入站发送到卫星的调度命令，修正其在轨运行偏差及启用备用时钟等。

③用 L 波段两个无线载波(19cm 和 24cm 波)连续不断地向广大用户发送 GPS 导航定位信号，并用导航电文的形式提供卫星自身的现势位置与其他在轨卫星的概略位置，以便用户接收使用。

可见 GPS 卫星定位是以被动定位原理进行工作的，GPS 卫星最根本的作用就是向用户发送用户所需要的信号和电文。因此，对卫星的寿命长短和时间的精确度就必须高度重视。GPS 工作卫星的设计寿命是 7.5 年，但从实验卫星的工作情况来看，使用寿命一般都会超过甚至远远超过设计寿命。GPS 卫星的主体呈圆柱形，直径约为 1.5m，重约 774kg，两侧设有两块双叶太阳能板，能自动对日定向，以保证卫星正常供电(见图 1.2)。GPS 工作卫星中安置两台铷原子钟和两台铯原子钟(仅 PRN08 试验卫星用的是石英钟)，这是卫星的核心设备。采用原子钟的目的是因为它的频率稳定度优于 $10^{-12}$，3 万年仅差 1s(见表 1.2)，远高于稳定度为 $10^{-9}$ 的石英钟，因而可大幅度提高导航和定位精度。

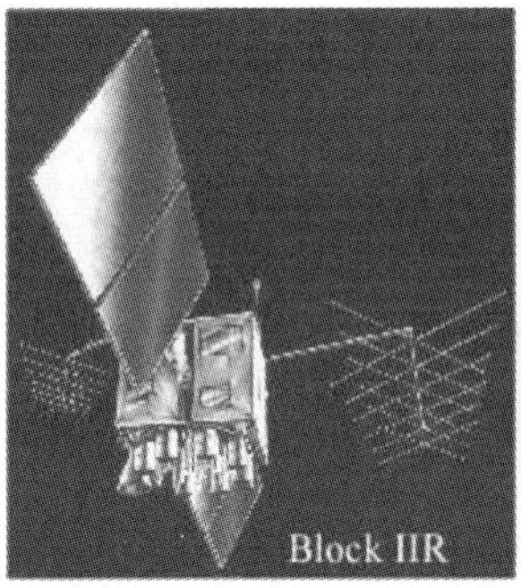

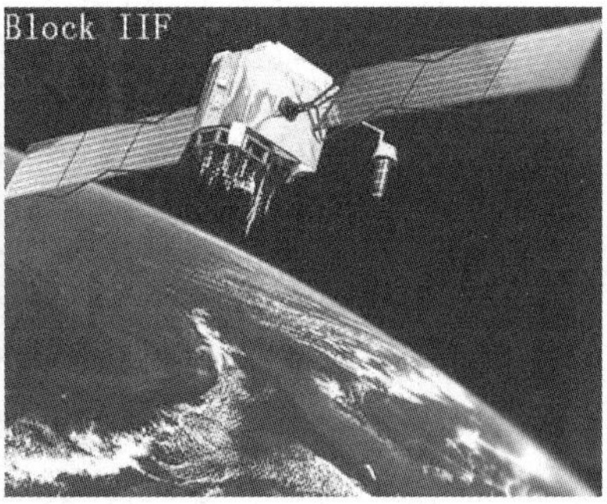


图 1.2　Block ⅡR/ⅡF 卫星

表 1.2　**卫星时钟的稳定性**

| 钟　型 | 时钟频率/Hz | 每日稳定度 $\Delta f/f$ | 钟差 1s 所需时间/a |
|---|---|---|---|
| 石英钟 | 5 000 000 | $10^{-9}$ | 30 |
| 铷　钟 | 6 834 682 613 | $10^{-12}$ | 30 000 |
| 铯　钟 | 9 192 631 770 | $10^{-13}$ | 300 000 |
| 氢　钟 | 1 420 405 751 | $10^{-15}$ | 30 000 000 |

(2)地面监控部分

GPS 的地面监控部分由分布在全球的若干个跟踪站所组成的监控系统所构成，如图 1.3 所示。根据其作用的不同，这些跟踪站又被分为一个主控站、五个监控站和三个注入站。

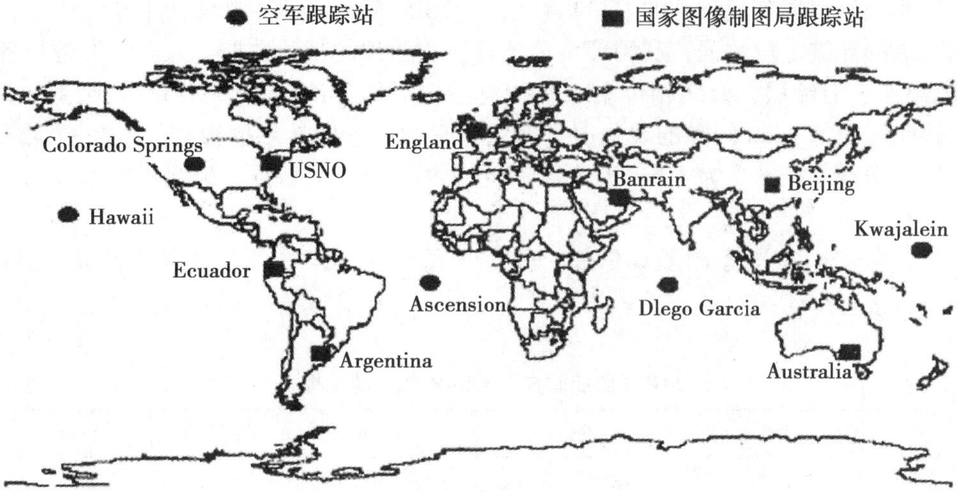


图 1.3

1)主控站

主控站设在美国本土科罗拉多州斯平士(Colorado Springs)的联合空间执行中心 CSOC(即 Consolidated Space Operation Center),拥有以大型电子计算机为主体的数据收集、计算、传输、诊断等设备,其主要作用是:

①收集数据。收集各监测站获得监测的伪距和积分多普勒观测值、卫星时钟和工作状态数据、气象、监测站自身状态以及参考星历等数据。

②数据处理。根据所收集的前述数据计算各卫星的星历、卫星状态、时钟改正、大气传播改正等,具体地就是卫星位置和速度的六个轨道参数的摄动,每个卫星的三个太阳压力常数,卫星的时钟偏差、漂移和漂移率,各个监测站的时钟偏差、对流层残余偏差及极移偏差等状态数据。并将这些数据按一定格式编制成导航电文,并将导航电文及时传送给注入站。

③监测与协调。主控站一方面承担控制和协调各监控站与注入站的工作,另一方面还要监测整个地面监控系统是否正常,检验注入卫星的电文是否正确,监控卫星是否按预定状态将电文发送给用户。

④调度卫星。修正卫星的运行轨道,调用备用卫星去接替失效卫星的工作。

2)监控站

现有 5 个地面站均具有监控站的功能,除了主控站外,其余四个分别设在夏威夷(Hawaii)、阿松森群岛(Ascension)、迭哥加西亚(Diego Garcia)、卡瓦加兰(Kwajalein),这 5 个监控站也称为空军跟踪站(air foce tracking station),其坐标如表 1.3 所示。监控站的作用是接收卫星信号,监测卫星的工作状态。

监控站是主控站直接控制下的数据自动采集中心。各个监控站均用 GPS 信号接收机对飞越其上空的所有可见 GPS 卫星每 6S 进行一次伪距测量和积分多普勒观测。监控站的主要设备包括1台双频接收机、一台高精度原子钟、一台电子计算机和若干台环境数据传感器。各监控站根据其接收到的卫星扩频信号求出相对于其原子钟的伪距和伪距差，检测出所测卫星的导航定位数据，利用环境传感器测出当地的气象数据，并对它们进行各项改正(如电离层、对流层、天线相位中心、相对论效应等项改正)，每15min平滑一次观测数据，依此算出每2min间隔的观测值，然后将算得的伪距、导航数据、气象数据及卫星状态数据传送给主控站，为主控站编算导航电文提供可靠的数据。地面监控系统的方框图如图1.4所示。

另外，美国国家图像制图局NIMA的7个跟踪站(NIMA Tracking Station)也参与了监测。

表1.3　　**GPS监控站在WGS-84系中的坐标**

| 站　名 | $X$/km | $Y$/km | $Z$/km | $\Delta E$/cm | $\Delta N$/cm | $\Delta h$/cm |
|---|---|---|---|---|---|---|
| Colorado | -1248.597 221 | -4819.433 246 | 3976.500 193 | 0.1 | 1.3 | 3.3 |
| Ascension | 6118.524 214 | -1572.350 829 | -876.464 089 | 2.0 | 4.0 | -1.1 |
| Diego | 1917.032 190 | 6029.782 349 | -801.376 113 | -3.3 | -8.5 | 5.2 |
| Kwajalein | -6160.884 561 | 1339.851 686 | 960.842 977 | 4.7 | 0.3 | 4.1 |
| Hawaii | -5511.982 282 | -2200.248 096 | 2329.481 654 | 0.6 | 2.6 | 2.7 |

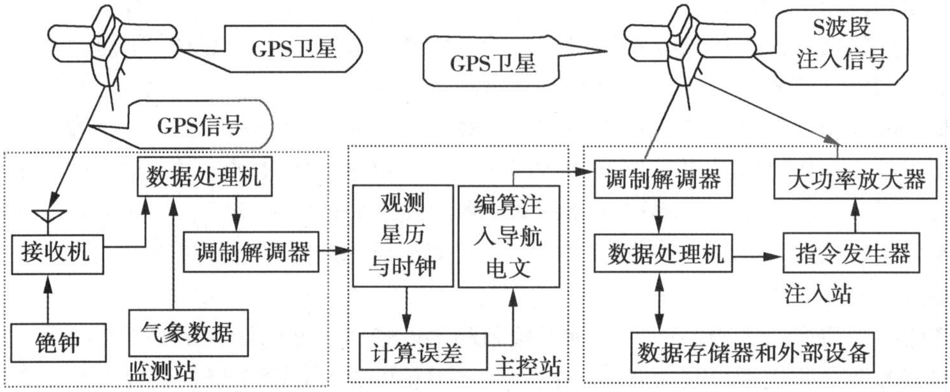


图1.4　地面监控系统的方框图

3)注入站

三个注入站分别设在南大西洋的阿松森群岛(Ascension)，印度洋的迭哥加西亚(Diego Garcia)和太平洋的卡瓦加兰(Kwajalein)的三个美国空军基地上。注入站的主要设备包括1台直径为3.66m抛物面天线，1台C波段发射机和1台电子计算机。

注入站的主要作用是将主控站需传输给卫星的资料以既定的方式注入到卫星存储器中，供GPS卫星向用户发送。当某颗GPS卫星飞越注入站上空时，它先取该颗卫星的导航电文，用10cm(S)波段的微波作载波，将导航电文注射给该颗卫星。每天注射1次，每次将14d的星历(因Block Ⅱ型卫星的存储器只能存储14d的导航电文，只有Block Ⅱ A型卫星的存储器才能存储180d的导航电文)存入卫星上的存储器。因此，即使地面监控系统停止注射，卫星仍能继续发送导航电文I4d。但随着时间的流逝，预报星历的精度越来越差。例如，可使定位精度从10m降低到200m。此外，注入站还能每分钟自动地向主控站报告一次它的工作状态。

整个GPS的地面监控部分，除主控站外均无人值守。各站间用现代化的通信网络联系起来，在原子钟和计算机的驱动和精确控制下，各项工作实现了高度的自动化和标准化。

(3)用户设备部分

用户设备部分由GPS信号接收机、GPS数据的后处理软件及相应的用户设备所组成。其作用是接收、跟踪、变换和测量GPS卫星所发射的GPS信号，以达到导航和定位的目的。GPS接收机硬件，一般包括主机、天线、控制器和电源，主要功能是接收GPS卫星发射的信号，能够捕获到按一定卫星高度截止角所选择的待测卫星的信号，并跟踪这些卫星的运行，获得必要的导航和定位信息及观测量。用户设备一般为计算机及其终端设备、气象仪器等，主要功能是对所接收到的GPS信号进行变换、放大和处理，以便测量出GPS信号从卫星到接收机天线的传播时间，解译出GPS卫星所发送的导航电文，实时地计算出测站的三维位置，甚至三维速度和时间，并经简单数据处理而实现实时导航和定位。数据处理软件是指各种后处理软件包，其主要作用是对观测数据进行精加工，以便获得精密定位结果。以上这三部分共同组成了一个完整的GPS系统。

### 1.2.2 俄罗斯的全球导航卫星系统——GLONASS

俄罗斯的全球导航卫星系统GLONASS是GLObal NAvigation Satellite System(全球导航卫星系统)的字头缩写，是前苏联从20世纪80年代初开始建设的与美国GPS系统相类似的卫星定位系统，现在由俄罗斯空间局管理。GLONASS全球导航卫星系统的起步晚于GPS9年。前苏联在全面总结CICADA第一代卫星导航系统的优缺点的基础上，汲取美国GPS系统的成功经验，从1982年10月12日发射第一颗GLONASS卫星开始，到1996年全部建成。13年间历经周折，期间遭遇了苏联的解体，由俄罗斯接替部署，但始终没有终止或中断GLONASS卫星的发射。1995年初只有16颗GLONASS卫星在轨工作，当年又进行了三次成功发射，将9颗卫星送入轨道，完成了24颗工作加1颗备用卫星的布局。经过数据加载、调整试验，已于1996年1月18日，整个系统正常运行。该系统采用了PZ-90坐标系。

GLONASS全球导航卫星系统的组成及工作原理与GPS类似，也是由空间卫星星座、地面监控以及用户设备三部分组成。

1. GLONASS卫星星座

GLONASS卫星导航系统拥有工作卫星21颗，同时还有3颗备份卫星。卫星星座的轨道为3个等间隔椭圆轨道面(见图1.5)，24颗卫星均布于该3个轨道。3个轨道平面的相互夹角按升交点经度计算为120°，编号按地球自西向东的旋转方向递增，分别为No.1、

No. 2、No. 3。1~8 号卫星在 No. 1 轨道，其余类推。各轨道的卫星编号均按卫星运动的反方向递增。轨道倾角64. 8°±0. 3°，轨道偏心率为±0. 01。卫星距地面高度为 1. 91 万 km，运行周期为 11h15m45s。由于 GLONASS 卫星轨道倾角大于 GPS 卫星的轨道倾角，故在高纬度(50 度以上)地区的可视性较好。地面用户每天提前 4. 07min 见到同一颗卫星，在中国境内可见到 24 颗中高度角 5 度以上的 11 颗卫星，比能够见到的 GPS 卫星要多 3~4 颗。每颗 GLONASS 卫星上都装有铯原子钟，以产生高稳定的时间标准，并向所有星载设备提供同步信号。星载计算机将从地面控制站接收到的信息进行处理，生成导航电文向地面用户播发。

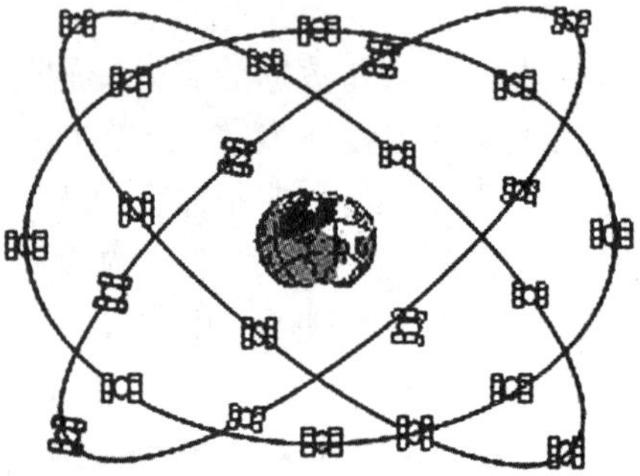

图 1. 5　GLONASS 卫星星座

2. 地面控制系统

地面控制系统包括一个系统控制中心(设在莫斯科的 Golisyno-2)，一个指令跟踪站(CTS)，网络分布在俄罗斯境内。CTS 跟踪着 GLONASS 可视卫星，遥测所有卫星，进行测距数据的采集和处理，并向各卫星发送控制指令和导航信息。在地面控制站(GCS)内有激光测距设备对测距数据作周期修正，为此所有 GLONASS 卫星上都装有激光反射镜。

3. 用户设备

GLONASS 接收机接收 GLONASS 卫星信号并测量其伪距和速度，同时从卫星信号中选出并处理导航电文，计算出接收机位置坐标的 3 个分量、速度的 3 个分量和时间。

GLONASS 全球导航卫星系统进展较快，但生产接收机的厂家较少，且多为专用型。值得注意，GPS 和 GLONASS 双系统信号接收机有很多优点：同时可接受的卫星数目约增加一倍，可以明显改善被测卫星的几何分布，在一些遮挡物较多的城市或森林地区，可提高定位精度。还可以有效地消除美、俄两国对各自系统的可能控制，提高定位的安全性和可靠性。

### 1. 2. 3　欧盟伽利略全球导航定位系统——GALILEO

伽利略定位系统(Galileo Positioning System)，是欧盟一个正在建造中的卫星定位系统，有“欧洲版 GPS”之称，也是继美国现有的“全球定位系统”(GPS)及俄罗斯的 GLONASS 系统外，第三个可供民用的定位系统。伽利略系统的基本服务有导航、定位、授时；特殊服务有搜索与救援；扩展应用服务系统有在飞机导航和着陆系统中的应用、铁路安全运行调度、海上运输系统、陆地车队运输调度、精准农业。2010年1月7日，欧盟委员会称，欧盟的伽利略定位系统将从2014年起投入运营。

1. 伽利略计划

目前世界上已有两大全球导航定位卫星系统在运行：一是美国的GPS，二是俄罗斯的GLONASS。这两个系统分别受到了美、俄两国军方的严密控制，其信号的可靠性无法得到保证。长期以来，别国只能在美、俄的授权下从事接收机制造、导航服务等从属性工作。科索沃战争时，欧洲完全依赖美国的全球定位系统。当这个系统出于军事目的停止运作时，别国一些企业的许多事务被迫中断。为了能在卫星导航领域占有一席之地，欧盟认识到建立拥有自主知识产权的卫星导航系统的重要性和战略意义。同时在欧洲一体化进程中，还会全面加强诸成员国间的联系与合作。在这种背景下，欧盟决定启动伽利略(Galileo)计划：建设一个军民两用、与现有系统相兼容的、高精度、全开放的全球导航卫星系统。

伽利略计划分四个阶段：论证阶段(1994—2001年)、系统研制和在轨确认阶段(2001—2005年)、星座布设阶段(2006—2007年)、运营阶段(2008年—)。目前，该计划没有按时实施，已延期。

从1994年开始，欧盟进行了对伽利略计划的方案论证。2000年在世界无线电大会上获得了建立伽利略定位系统(Galileo Positioning System)的L频段的频率资源。2002年3月24日，欧盟15国交通部长会议冲破美国政府的再三干扰，一致批准了伽利略实施计划，准备投资36亿欧元正式启动伽利略计划。第一颗试验卫星已于2005年12月28日成功发射。中国政府已决定投入2亿欧元全面参与伽利略定位系统的建设，开展了约14个有关项目的研发、测试合作，2004年1月10日已在长江上进行了EGNOS欧洲静地卫星导航重叠系统的动态应用测试。

2. GALILEO 系统

GALILEO系统由30颗卫星(27颗工作+3颗备用)组成。30颗星分布在3个中高度圆轨道面上，轨道高度23616km，轨道倾角56度，星座对地面覆盖良好。每颗卫星除了搭载导航设备外，还增加了一台救援收发器。可以接收来自遇险用户的求救信号，并将该信号转发给地面救援协调中心，后者组织和调度对遇险用户的救援行动。同时卫星还向待援用户通报救援安排，以便遇险用户等待并配合救援。

地面控制设施包括卫星控制(用于卫星轨道改正的遥感和遥测)中心和提供各项服务所必需的地面设施。

种类齐全的GALILEO系统接收机不仅可以接收本系统信号，还可以接收GPS、GLONASS两大系统信号，并且实现导航功能、移动通信功能相结合，与其他飞行导航系统结合。亦即任何人只要装备了GALILEO系统接收机就能接收到GPS、GLONASS、GALILEO系统全球导航卫星系统的信号，享受到三个系统的服务。其服务方式有：公开服务、商业服务和官方服务三个方面。公开服务将与商业和生命安全服务共享两个开放的导航信号。公开服务主要用于道路交通中的个人导航、道路信息和提供路线建议的系统、移动通信的应用领域。商业服务将主要涉及专业用户，如测绘、海关、船舶和车辆管理以及关税征收等领域。商业服务将提供在独立频率上的第三种导航信号的接收服务，并使用户能利用三载波相位模糊分辨力技术(TCAR)来改善精度。政府服务的对象是那些对于精度、信号质量和信号传输的可靠性要求极高的用户：即生命安全服务、搜救服务和政府管理服务领域的用户。

### 1.2.4 我国的卫星导航定位系统——北斗号(COMPASS)

北斗卫星导航系统〔BeiDouNavigation Satellite System〕(英文简称"COMPASS"，中文音译名称"BD"或"Beidou")是中国自主建设、独立运行，并与世界其他卫星导航系统兼容共用的全球卫星导航系统，包括北斗一号和北斗二号两代导航系统。其中北斗一号用于中国及其周边地区的区域导航系统，北斗二号是类似美国 GPS 的全球卫星导航系统。可在全球范围内全天候、全天时为各类用户提供高精度、高可靠的定位、导航、授时服务，并兼具短报文通信能力。该系统主要服务国民经济建设，旨在为中国的交通运输、气象、石油、海洋、森林防火、灾害预报、通信、公安以及国家安全等诸多领域提供高效的导航定位服务。与美国的 GPS、俄罗斯的 GLONASS、欧洲的 GALILEO 并称为全球四大卫星定位系统。2011 年 12 月 27 日，北斗卫星导航系统开始试运行服务。2020 年左右，北斗卫星导航系统将形成全球覆盖能力。

1. 北斗一号卫星导航定位系统

卫星导航定位系统涉及政治、经济、军事等众多领域，对维护国家利益有重大战略意义。我国 2000 年以来，已经发射了 4 颗北斗导航试验卫星，组成了具有完全自主知识产权的第一代北斗导航定位卫星试验系统——北斗一号。该系统是全天候、全天时提供卫星导航信息的区域导航系统。该系统建成后，主要为公路交通、铁路运输、海上作业等领域提供导航定位服务，将对我国国民经济和国防建设起到有力的推动作用。第一代北斗一号卫星导航定位系统由 3 颗地球静止轨道卫星组成，其中两颗工作，一颗在轨备用。登记的卫星位置为赤道面东经 80°、140°、110.5°(备用)。登记的频段是：上行为 L 频段(1610~1626.5MHz)，下行为 S 频段(2483.5~2500MHz)。

北斗一号导航定位系统的定位基本原理是空间球面角会测量原理。就是以两颗卫星的已知坐标为圆心，各以测定的本星至用户机的距离为半径，形成两个球面，用户机必然位于这两个球面的交线的圆弧上。中心站电子高程地图库提供的是一个以地心为球心，以球心至地球表面高度为半径的非均匀球面。求解圆弧线与地球表面的交点，并已知目标在北半球，即可获得用户的二维位置。如图 1.6 所示。定位过程采用了主动式定位方法，地面中心站通过两颗卫星向用户广播询问信号，根据用户的应答信号，测量并计算出用户到两颗卫星的距离；然后根据地面中心的数字地图，由中心站计算出用户到地心的距离，根据卫星 1、卫星 2 和地面中心站的已知坐标，以及已知用户目标在赤道平面的北侧，中心站便可计算出用户的三维位置，用户的高程则由数字地面高程求出。用户的三维位置由卫星加密后播发给用户。北斗导航定位系统有以下三大功能：

(1)快速定位

北斗导航系统可为服务区域内用户提供全天候、高精度、快速实施定位服务。根据不同的精度要求，利用授时终端，完成与北斗导航系统之间的时间和频率同步，可提供数十纳秒级的时间同步精度。

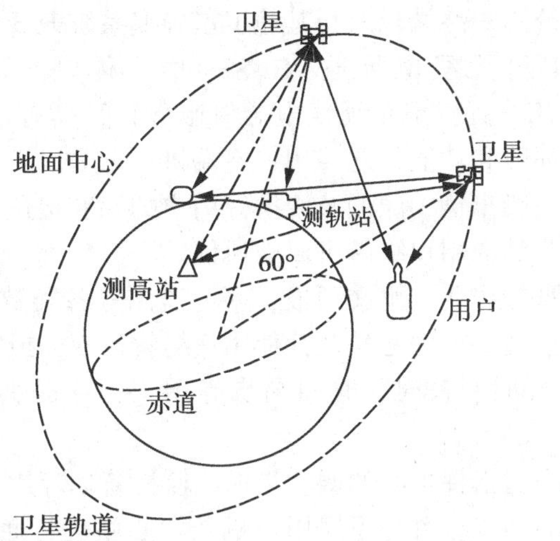


图 1.6　双星定位原理示意图

(2)简短通信

北斗导航系统用户终端具有双向短报文通信能力，可以一次传送超过 100 个汉字的信息。

(3)精密授时

北斗导航系统具有单向和双向两种授时功能。

2. 北斗二号卫星导航定位系统

为了满足我国国民经济和国防建设的发展要求，我国在 2007 年初发射两颗北斗静止轨道导航卫星，2008 年左右满足中国及周边地区用户的卫星导航的需求，并进行组网试验。初步建设成由 5 颗静止轨道卫星、30 颗非静止轨道卫星组成的卫星导航定位系统，并逐步扩展为全球导航定位卫星系统(北斗二号)。北斗二号卫星导航系统由空间段、地面段、用户段三部分组成。

(1)空间段

空间段包括五颗静止轨道卫星和三十颗非静止轨道卫星。地球静止轨道卫星分别位于东经 58.75°、80°、110.5°、140°和 160°。非静止轨道卫星由 27 颗中圆轨道卫星和 3 颗同步轨道卫星组成。

(2)地面段

地面段包括主控站、卫星导航注入站和监测站等若干个地面站。主控站主要任务是收集各个监测站段观测数据，进行数据处理，生成卫星导航电文和差分完好性信息，完成任务规划与调度，实现系统运行管理与控制等。注入站主要任务是在主控站的统一调度下，完成卫星导航电文、差分完好性信息注入和有效载荷段控制管理。监测站接收导航卫星信号，发送给主控站，实现对卫星段跟踪、监测，为卫星轨道确定和时间同步提供观测资料。

(3)用户段

用户段包括北斗系统用户终端以及与其他卫星导航系统兼容的终端。系统采用卫星无线电测定（RDSS）与卫星无线电导航（RNSS）集成体制，既能像GPS、GLONASS、GALILEO系统一样，为用户提供卫星无线电导航服务，又具有位置报告以及短报文通信功能。按照用户的应用环境和功能，北斗用户终端机可分为以下几种类型：

①基本型：是用于一般车辆、船舶及便携等用户的导航定位应用，可接收和发送定位及通信信息，与中心站及其他用户终端机双向通信。

②通信型：适用于野外作业、水文预报、环境监测等各类数据采集和数据传输用户，可接收和发送短信息、报文，与中心站及其他用户终端机双向或单向通信。

③授时型：适用于授时、校时、时间同步等用户，可提供数十纳秒级的时间同步精度。

④指挥型：适用于小型指挥中心的调度指挥、监控管理等用户，具有鉴别、指挥其下属其他北斗用户终端机的功能。可与下属用户机及中心站进行通信，接收下属用户报文，并向下属用户发送指令。

⑤多模型用户机：既能利用北斗系统导航定位或通信信息，又可以利用GPS系统或GPS增强系统的卫星信号导航定位。适用于对位置信息要求比较高的用户。

3. 北斗导航定位系统与GPS系统的比较

(1)覆盖范围

北斗导航定位系统目前是覆盖我国本土的区域性系统。覆盖范围是东经70°~145°，北纬5°~55°的地区，上大下小，最宽处在北纬35°左右。其定位精度±10m。而GPS系统是覆盖全球、全天候的导航定位系统。

(2)卫星数量与轨道特性

北斗导航系统的两颗卫星为地球同步卫星，分别定点在东经80°和140°的赤道平面上空，赤道角距约60°。GPS卫星为24颗，分布在6个轨道平面上，轨道倾角55°，赤道面角距60°，且为准同步轨道，绕地一周11h58min。

(3)定位原理

北斗导航系统是主动式双向报文通信二维导航，即由地面控制中心系统解算后播发给用户。这种工作原理带来两方面问题，一是用户定位的同时失去了无线电隐蔽性，这在军事上相当不利；二是由于用户设备必须包含发射机，导致在体积、价格、功耗、质量方面处于不利地位。GPS属于被动式单向通信伪码测距三维导航，用户只需接收卫星信号便可独立解算自己的位置，保密性强。

(4)定位精度

北斗导航系统的定位精度为10m，授时精度为50ns，测速精度为0.2m/s。GPS的定位精度P码目前已由16m提高到6m，C/A码目前已由25~100m提高到12m，授时精度为20ns。

(5)用户容量

北斗导航系统是双向通信的询问—应答系统，用户容量取决于允许的信道阻塞率、询问信号速率和用户的响应频率。系统能容纳用户数约为每小时540000户。因为GPS是被动式定位，故没有用户限制，或者说可容纳无限用户。

(6)生存能力

和所有导航系统一样，北斗导航系统也是基于地面控制中心和卫星来实现导航定位的。但北斗系统对控制中心的依赖性，要比其他系统大得多。一旦控制中心受损，整个系统就会瘫痪。因此，GPS 系统正在发展卫星间的横向数据链技术，目的是万一主控站被毁，GPS 卫星仍可以独立运行。

(7)实时性

北斗一号用户的定位申请要送回系统控制中心，中心解算出用户的三维为之后再发回用户，时间延迟较长。因此，对于高速运动物体，就加大了定位的误差。此外，北斗导航系统所具有的短信通信功能又是 GPS 系统所不具备的。

## 1.3 美国的 GPS 政策和我国的 GPS 跟踪网

### 1.3.1 美国政府的 GPS 政策

美国国防部在制定 GPS 总体方案时，就已经制定了“主要为军用，同时也兼顾民用的双用途”政策。此后，陆续出台了一系列的“双用途”政策措施，但更多的是对民用精度的限制。比如：

1975 年规定，GPS 卫星发射的无线电信号，含有两种测距码：C/A 码(粗码)和 P 码(精码)。相应于两种测距码，GPS 将提供两种不同精度的定位服务，即 C/A 码是供民用的标准精度定位服务(SPS)测距码；而 P 码是专供美国军方使用的精密定位服务(PPS)测距码。前者单点实时定位精度为 20~30m，后者精度可优于 10m。

美国国防部从 1990 年 3 月 17 日起，实施了选择可用性 SA(Selective Availability)技术，主要内容是：①在广播星历中对 GPS 卫星基准频率采用 $\delta$(其变化为无规律的随机变化)技术，降低了星历精度，使定位中的已知点(卫星)的位置精度大为降低；②有意地在卫星钟的钟频信号中采用 $\varepsilon$(高频抖动)技术，使钟频产生快慢变化，导致测距精度大为降低。实施 SA 技术后，C/A 码实时定位精度，平面位置降低为 100m，高程精度降为 150m，严重影响了导航定位。2005 年 5 月美国政府取消了限制民用精度的 SA 政策，仅在局部或个别卫星上实施 SA 技术。

P 码是保密码，民间用户难以应用。近年来，P 码的结构已逐渐被人们解译，所以美国政府又实施了新的反电子欺骗 AS(Anti-Spoofing)技术，它是由 P 码和 W 码相加而形成的 Y 码，用来代替 P 码，其结构更为严格保密，一般用户无法解译。该技术仅在特殊情况下使用。

判断是否实施 SA 技术的方法：用户可从导航电文中的 URA(测距精度)值加以判断。如 Trimble 4000 测地型 GPS 接收机，当 URA 值为 20 以内时，说明未实施 SA 技术；当 URA 值为 30~64 时，说明实施了 SA 技术。

### 1.3.2 对付 GPS 限制政策的措施

美国政府的 GPS 限制政策严重损害了一般用户的实时定位精度，限制了 GPS 系统在许多高精度领域中应用的可能性。如何摆脱这种限制，是其他国家广大用户必须面对的问题。

(1)改进 GPS 精密定位方法及软件，削弱 SA 和 AS 技术的影响

在美国政府实施 SA 和 AS 技术时，采用差分 GPS 定位方法可以把一般用户的实时定位精度提高到 2~5m，是削弱美国限制政策影响的有效手段，目前已被广泛应用。比如：采用载波相位观测值时，在基线长度不大于 20km 的情况下，可以获得厘米级的实时定位精度，目前也在迅速发展中。差分 GPS 定位原理将在第 4 章详细介绍。

还可以应用 P-W 技术和 $L_1$、$L_2$ 交叉相关技术，使 $L_2$ 载波相位观测值得到恢复，其精度与使用 P 码相同。还有窄相关技术，可以使 C/A 码的多路经效应大大降低，使用 $L_1$ 波段的伪距测量精度接近 P 码精度的技术。

(2)建立独立的 GPS 卫星测轨系统

鉴于卫星星历在定位中的重要作用，建立自主独立的 GPS 卫星跟踪测轨系统，精密地测定 GPS 卫星的实际运行轨道，为精密工程测量、地壳变形监测、地球动力学研究提供精密的后处理星历，以获得精密的定位结果。这是消除 SA 和 AS 影响的有效途径，具有十分重要的科学意义和实用价值。为此，加拿大、澳大利亚和欧洲一些国家都在建立自己的区域性或全球性精密测轨系统。我国在“八五”期间所建立的 GPS 跟踪站已经构网，建成了北京、武汉、上海、长春、昆明、拉萨和乌鲁木齐的 GPS 卫星跟踪站。

(3)使用能同时接收 GPS 和 GLONASS 信号的接收机

俄罗斯的 GLONASS 无 SA 技术，无需顾虑精度的降低和信号的加密。同时接收两个系统的卫星信号，意味着把 GPS 和 GLONASS 构成了拥有 48 颗卫星的组合系统，弥补了 GPS 的局限性，在整体上改善了系统的有效性、完整性和定位精度，从而保证了在有障碍环境中观测时，同步观测的卫星个数和定位精度。

(4)建立独立的卫星导航定位系统

建立自己的卫星导航定位系统，才能彻底摆脱对美国 GPS 的依赖。尽管这是一项技术复杂、耗资巨大的工程，但对于一个国家的政治、经济、军事各方面都有着非同寻常的意义。目前一些国家和地区(如中国和欧盟)正在发展自己的卫星导航定位系统。正是因为欧盟和中国的加入，迫使美国在 2000 年 5 月 1 日取消了 SA 政策，并提出了 GPS 现代化计划：包括增加 2 个民用频率信号、改善现有信号，改善地面设施以及开发第三代 GPS 卫星等措施。

### 1.3.3 我国的 A、B 级 GPS 大地控制网

研究地球的形状及其随时间的变化历来都是大地测量的主要任务之一。为此建立全球性的坐标系统和统一的高精度大地控制网是大地测量工作者多年来梦寐以求的理想。直至 GPS 技术逐步完善的今天才使覆盖全球的高精度控制网得以实现，从而建立起了高精度的(1~2cm)、全球统一的动态坐标框架，为大地测量的科学研究及相关地学研究奠定了坚实的基础。

1991 年国际大地学会(LAG)决定在全球范围内建立一个 IGS(国际 GPS 地球动力学服务)观测网，并于 1992 年 6—9 月间实施了第一期会战联测，我国积极配合并参与了这项工作。目的是在全国范围内确定精确的地心坐标，建立起我国新一代的地心参考框架及其与国家坐标系的转换参数；以由于 $10^{-8}$ 量级的相对精度确定站间基线向量，布设成国家 A 级网，它将作为国家高精度卫星大地网的骨架，并为地壳运动及地球动力学的研究奠定基础。

建成后的国家 A 级网(如图 1.7 所示)，共由 27 个主点和 6 个副点组成，均匀分布全国，平均点间距 650km。从 1992 年 7 月 25 日至 8 月 5 日的 9 天内，在这 33 个点上进行了 9 昼夜的连续观测。国家 A 级网经与地面联测后全部与国家天文大地点重合，且重合点分布均匀。经过精细的数据处理，平差后在 ITRF91 地心参考框架中的精度优于 0. 1m，边长相对精度一般优于 $1 \times 10^{-8}$，随后又在 1993 年和 1995 年两次对 A 级网点进行了 GPS 复测，其后点位精度已提高到厘米级，边长相对精度达 $3 \times 10^{-9}$。

平差后的 GPS 网的精度比整体平差过的天文大地网的精度高出 1~2 个数量级。将 GPS 网与天文大地网重合点成果化算至同一坐标系后，用各种方法比较，就可发现天文大地网的某些局部伸缩和变形。

图 1. 7 中注明了 GPS 网与天文大地网的相应弦长之差。从图中可以看出，差值超过 1m 的共有 14 条，说明我国天文大地网存在的变形和位移，大多分布在周边地区，安多、拉萨、安西、下关、三亚等点比较明显。其主要原因是早年所布设的天文大地网是锁段控制、逐级传递，距离大地原点愈远，误差积累愈大，所以边远地区的网点存在变形是可以理解的。

为了满足国家建设的需要并作为我国高精度坐标框架的补充，在国家 A 级网的基础上建立了国家 B 级网(又称国家高精度 GPS 网)。布测工作从 1991 年开始，5 年完成外业，内业工作也已完成。全网基本均匀布点，覆盖全国，共布测 818 个点，总独立基线数 2200 多条，平均边长在我国东部地区为 50km，中部地区为 100km，西部地区为 150km。经整体平差后，点位地心坐标精度达 0. 1m，GPS 基线边长相对中误差可达 $2.0 \times 10^{-8}$，高程分量相对中误差为 $3.0 \times 10^{-8}$。

我国国家 A 级和 B 级 GPS 大地控制网分别于 1996 年和 1997 年建成并先后交付使用，这标志着我国空间大地网的建设已进入一个新阶段。新布成的国家 A、B 级网已成为我国现代大地测量和基础测绘的基本框架，将在国民经济和国防建设中发挥越来越重要的作用。国家 A、B 级网以其特有的高精度把我国传统的天文大地网进行了全面的改善和加强，从而克服了传统天文大地网的精度不均匀、系统误差较大等传统测量手段不可避免的缺点。通过求定 A、B 级 GPS 网和天文大地网之间的转换参数，建立起了地心参考框架和我国国家大地坐标系的数学转换关系，从而使国家大地点的应用领域更加广阔。A、B 级 GPS 网的高精度三维坐标，结合高精度的水准联测，大大提高了确定我国大地水准面的精度，特别是克服了我国西部大地水准面存在较大系统误差的缺陷。国家 A、B 级 GPS 网的建成，标志着我国具有分米级绝对精度的三维大地控制网坐标系统已基本建立，它将为

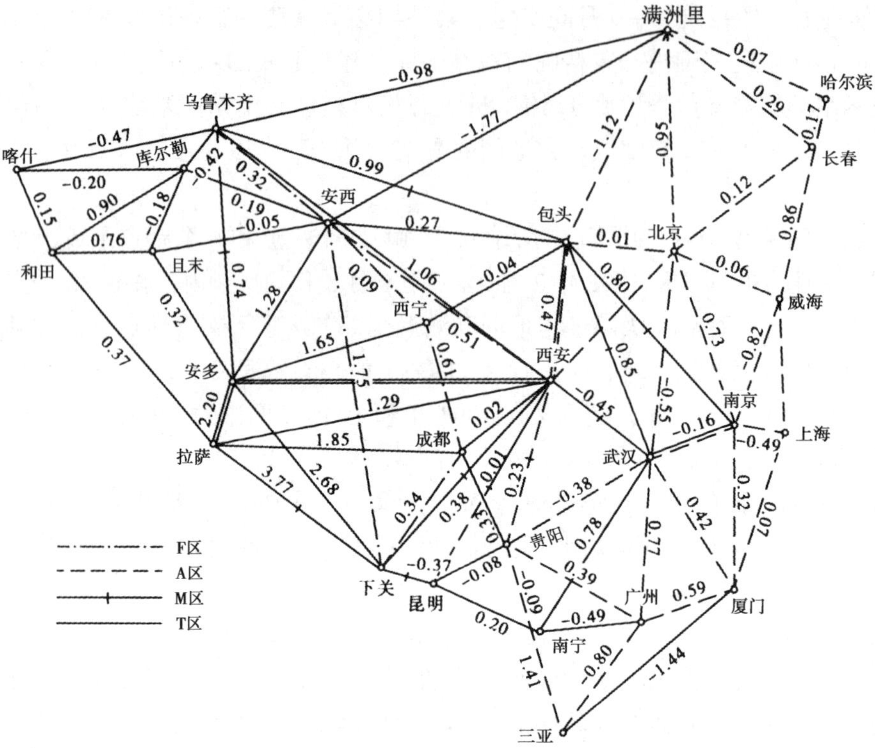


图 1.7　我国 A 级 GPS 网布测情况

我国空间技术发展和空间基础数据乃至数字中国的构建、动态实时导航定位等技术应用提供一个精确可靠的参照系。

## ◎ 习题和思考题

1. 经典大地测量阶段的主要任务是什么？
2. 现代大地测量研究和解决哪些问题？具体包括哪几个方面？
3. 卫星大地测量的作用有哪些？
4. GPS 定位的实质是什么？
5. 为什么欧盟要建立 GNSS 系统？
6. 北斗一号的导航定位原理是什么？
7. 北斗一号与 GPS 相比有什么优缺点？
8. 建立国家 A、B 级 GPS 大地控制网的意义是什么？

# 第2章　GNSS卫星导航定位基础

【教学目标】

本章主要介绍了GNSS测量的坐标系统、时间系统和高程系统，以及GNSS静态测量和GNSS动态测量这两种GNSS测量的基本方法，还介绍了GNSS测量的误差来源及分类，并详细介绍了与卫星有关的误差、卫星信号的传播误差和与接收设备有关的误差。目的是使学生对此有一个清晰的概念和整体的了解，为进一步学习后续内容作好了准备。

## 2.1　GNSS测量的坐标系统

### 2.1.1　坐标系统的类型

1. 定义方式

坐标系统是由坐标原点位置、坐标轴的指向和尺度三个要素决定的。坐标系统通常有理论坐标系、协定坐标系和协议坐标系三种定义方式。

通常，理论上坐标系的定义过程是先选定一个尺度单位(一般采用标准米)，然后定义坐标原点的位置和坐标轴的指向。坐标系一经定义，任何几何点都具有一组在坐标系内的唯一的坐标值。反之亦然，即一组该坐标系内的坐标值就唯一地定义了一个几何点。这种方式定义的坐标系称为理论定义坐标系或理论坐标系。

实际测量工作中，在已知若干测站点的坐标值后，通过观测又可以反过来定义该坐标系。这种由一系列已知测站点所定义的坐标系称为协定坐标系。

在GNSS定位中，坐标轴的指向具有一定的选择性，为了使用上的方便，国际上都通过协议方式来确定某些全球性坐标系统的坐标轴指向。这种共同确认的坐标系称为协议坐标系。分协议天球坐标系(简称CIS)和协议地球坐标系(简称CTS)两种。

2. 坐标系统的类型

按照不同的分类方式可以分成不同种类的坐标系统。

按描述对象可分为天球坐标系和地球坐标系。其中天球坐标系是指在天文大地测量和卫星定位测量中，为了描述任一天体的位置或卫星的轨道，常用天球(球面)坐标系。地球坐标系是指描述地球表面上的点位置，常使用的坐标系称为地球坐标系。

按坐标系的固定方式可分为空固坐标系和地固坐标系。其中，空固坐标系是指卫星的运动理论是根据牛顿引力定律，在惯性坐标系统中建立起来的，而惯性坐标系统在空间的位置和方向应保持不变，或近似作匀速直线运动。这类坐标系统在空间的位置是固定不变的，并且与地球自转无关。因此，这类坐标系统称为空固坐标系统。空固坐标系统用来描述卫星运行的位置和状态极其方便。地固坐标系是指常规测量中，测站和测点都在地球表面，且随地球一起自转。为了描述地面点的位置方便，把坐标系固联在地球椭球上，与地球同样自转。这类与地球体固联的坐标系称为地固坐标系。

按坐标系的原点位置可分为参心坐标系、地心坐标系和站心坐标系。其中，参心坐标系是建立在参考椭球上，坐标原点位于参考椭球中心的坐标系叫做参心坐标系；地心坐标系是建立在总地球椭球上，坐标原点位于总地球椭球中心（地球质心）的坐标系叫做地心坐标系。站心坐标系是坐标原点位于地面观测站而建立的坐标系称为站心坐标系。

按坐标系中点位的表示形式可分为空间直角坐标系、天球（球面）坐标系、大地坐标系和天文坐标系。其中，空间直角坐标（系）是地面点位在空间直角坐标系中的直角坐标（系）形式。就是以地面点至坐标原点的距离（向径），在三个坐标轴上的投影分量（$X$、$Y$、$Z$）来表示，就称为 $O$-$XYZ$ 空间直角坐标系。球面坐标系是极坐标形式。球面坐标就是以该点的赤经、赤纬和地面点至坐标原点的向径距离来表示，称为天球（球面）坐标系。大地坐标系也是一种极坐标形式。在地面上的点，即以椭球面为参考面，并以该点的纬度、经度和大地高（B L H）来表示其位置，称其为大地坐标系。天文坐标系也是一种极坐标形式。若以大地水准面代替大地坐标系中的椭球面，并以该点的天文纬度、天文经度和正常高来表示，则称其为天文坐标系。

3. 天球坐标系和地球坐标系

(1) 天球坐标系

所谓天球，是指以地球质心为中心，半径无穷大的假想球体。在天学中通常把天体投影到天球的球面上，并在球面上建立坐标系以研究天体的位置、运动状态及天体之间的关系。在天球面上建立坐标系统，必须确定天球面上的一些参考点、线、面和圈。

如图 2.1 所示，任一天体 $s$ 的位置，在天球坐标系中，可用天球空间直角坐标系和天球球面坐标系两种形式来描述。

在天球空间直角坐标系中，天体 $s$ 的坐标为（$x$，$y$，$z$）。该系统的定义是：原点位于地球质心 $M$，$Z$ 轴指向北天极；$X$ 轴指向春分点；$Y$ 轴垂直于 $XMZ$ 平面，与 $X$ 轴和 $Z$ 轴构成右手坐标系统。

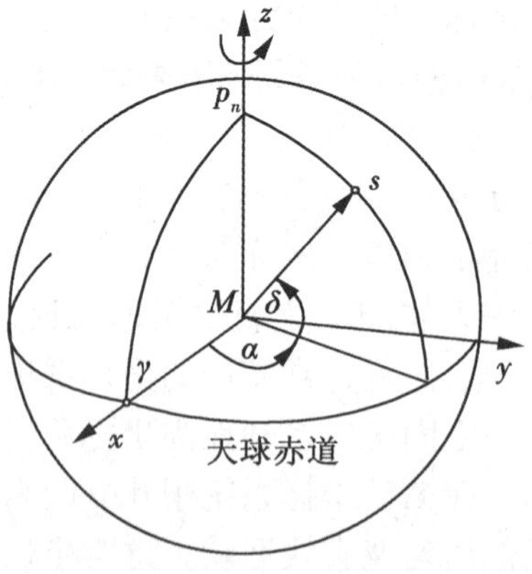


图 2.1 天球坐标系

在天球球面坐标系中，天体 $s$ 的坐标为( $\alpha$，$\delta$，$\gamma$ )。该系统的定义是：原点位于地球质心 $M$，赤经 $\alpha$ 为含天轴和春分点的天球子午面，与过天体 $s$ 的天球子午面之间的夹角；赤纬 $\delta$ 为原点 $M$ 至天体 $s$ 的连线与天球赤道面的夹角；向径长度 $\gamma$ 为原点 $M$ 至天体 $s$ 的距离。各坐标值以图 2.2 中箭头的指向为正。同一天体在上述两坐标系中的表示是等价的，所以存在下列转换关系：

$$\begin{bmatrix} r = \sqrt{x^2 + y^2 + z^2} \\ \alpha = \arctan \dfrac{y}{x} \\ \delta = \arctan \dfrac{z}{\sqrt{x^2 + y^2}} \end{bmatrix} \tag{2.1}$$

或

$$\begin{bmatrix} x \\ y \\ z \end{bmatrix} = r \begin{bmatrix} \cos\delta \cdot \cos\alpha \\ \cos\delta \cdot \sin\alpha \\ \sin\delta \end{bmatrix} \tag{2.2}$$

在实践中，以上关于两种坐标系的表达形式在描述天体和人造卫星的位置和状态时均普遍应用。

(2)协议天球坐标系

由于岁差和章动的影响，天球坐标系就有平天球坐标系和真天球坐标系之分，前者的 $Z$ 轴和 $X$ 轴分别指向平天极和平春分点，后者的 $Z$ 轴和 $X$ 轴分别指向真天极和真春分点。无论是平天球坐标系(仅考虑岁差)，还是真天球坐标系(既考虑岁差又考虑章动)，它们的坐标轴在空间的指向都是随时间而变化的。

在这种非惯性坐标系中，不能直接应用牛顿力学定律来研究卫星的运动规律。为了建立一个与惯性坐标系相接近的坐标系，人们通常选择某一时刻 $t_0$ 作为标准历元，并将此刻地球的瞬时自转轴(指向北极)和地心至春分点的方向，经该瞬时的岁差和章动改正后，分别作为 $Z$ 轴和 $X$ 轴的指向。由此所构成的平天球空固坐标系，称为所取标准历元 $t_0$ 的平天球坐标系，或称协议天球坐标系，也称协议惯性坐标系。天体的星历通常都是在该坐标系中表示的。国际大地测量协会(IAG)和国际天文学联合会(IAU)决定，从 1984 年 1 月 1 日后启用的协议天球坐标系其坐标轴的指向是以 2000 年 1 月 15 日 TDB(太阳系质心力学时)为标准历元(标以 J2000.0)的赤道和春分点所定义的。

天球坐标系适于描述天体的运动，地面上的点位在天球坐标系中是随地球的自转而变化的，为了使用的方便有必要建立与地球体相固联的坐标系，即地球坐标系。地球坐标系按几何表达方式可分为空间直角坐标系和大地坐标系；按坐标原点和坐标轴的指向可分为地心坐标系、参心坐标系、站心坐标系；按投影面和参考椭球不同可分为国家统一坐标系和地方独立坐标系。

(3)极移与协议地球坐标系

地球的自转轴与地球表面的交点叫做地球极点，简称地极。由于地球自转轴受到各种力的影响，使得地球极点在地球表面上的位置随时间而变化，这种现象称为地极移动，简称极移。观测地极瞬间所处的位置，称为瞬时极。某一时期瞬时极的平均位置简称平极。

根据长期的观测和研究得知极移的轨迹是一不规则的圆形螺旋线。极移包含的两种周期性变化为周期约为一年，振幅约为0.1″的变化和周期约为432天，振幅约为0.2″的变化。极移使地球坐标系的坐标轴指向发生变化，给实际定位工作带来困难。为此，国际天文联合会和国际大地测量学协会，于1967年建议，采用国际上5个纬度服务站，在1900—1905年间测定的平均纬度所确定的平均地极位置为国际协议地极原点，简称CIO。与之相应的赤道面称协议赤道面或平赤道面。以协议地极作为基准点的地球坐标系称为协议地球坐标系(CTS)，与瞬时极对应的地球坐标系称为瞬时地球坐标系。

### 2.1.2 国家大地坐标系与世界大地坐标系

1. 国家坐标系

(1)1954年北京坐标系

1954年北京坐标系是我国目前广泛采用的大地测量坐标系。该坐标系源自于前苏联采用过的1942年普尔科夫坐标系。

1954年北京坐标系是在前苏联专家的建议下，根据我国当时的情况，建立的我国统一坐标系。该坐标系采用的参考椭球是克拉索夫斯基椭球，该椭球的参数为：$\alpha=6378245\text{m}$，$f=1/298.3$。该椭球并未依据当时我国的天文观测资料进行重新定位，而是由前苏联西伯利亚地区的一等锁，经我国东北地区的呼玛、吉拉林、东林三个基准网进行传算。该坐标系的高程异常是以前苏联1955年大地水准面重新平差的结果为起算值，按我国天文水准路线推算出来的，而高程又是以1956年青岛验潮站的黄海平均海水面为基准。

由于在1954年北京坐标系建立时，全国天文大地网尚未布测完毕，因此，在全国分期布设该网的同时，相应地进行了分区的天文大地网局部平差，以满足经济和国防建设的需要。局部平差是按逐级控制的原则，先分区平差一等锁系，然后以一等锁环卫起算值，平差环内的二等三角锁、平差时网区的连接部仅作了近似处理，如有的仅取两区的平差，当某些一等锁环内的二等网太大，在当时的计算条件下无法处理时，也进行了分区平差，连接部仍采用近似处理的方法。

虽然1954年北京坐标系是新中国成立后的第一个同一坐标系，但它也存在许多不足，表现为：克拉索夫斯基椭球参数与现代精确的椭球参数之间的差异较大，并且不包含表示地球物理特性的参数，因而给理论和实际工作带来了许多不便；椭球定向不是十分明确，椭球的短半轴既不指向国际通用的CIO极，也不指向目前我国使用的JYD极。参考椭球面与我国大地水准面呈西高东低的系统性倾斜，东部高程异常最大达67m；该坐标系统的大地点坐标是通过局部分区平差得到的，未进行全国统一平差。因此，全国的天文大地控制点实际上不能形成一个整体，区与区之间有较大的间距，如在某些不同区的结合部位，同一点在不同区中的坐标值相差1~2；不同区的尺度差异也很大；另外，由于坐标传递时从东北到西北和西南，后一区是以前一区的最弱部作为坐标起算点，因而一等锁具有明显的坐标积累误差。

(2)1980西安坐标系

为了弥补1954年北京坐标系的不足，1978年我国决定建立新的国家大地坐标系统，并且在该系统中进行全国天文大地网的整体平差，该系统为1980西安坐标系。其原点设在我国中部陕西省泾阳县永乐镇北洪流村，简称西安原点。

1980 西安坐标系采用了全面描述椭球性质的四个基本参数，同时反映了椭球的几何、物理特性。四个参数值是 1975 年国际大地测量与地球物理联合会第 16 届大会的推荐值：

地球椭球长半径：$\alpha = 6378140$ m；

地球重力场二阶带谐系数：$J_2 = 1\,082.63 \times 10^{-6}$

地球引力常数：$GM = 3\,986\,005 \times 10^8$

地球自转角速度：$\omega = 7292115 \times 10^{-11}$ rad/s

1980 西安坐标的椭球定位，是按局部密合条件实现的，即以我国范围高程异常值平方和最小为原则求解参数。椭球短轴平行于由地球质心指向我国地极原点 JYD1968.0 的方向，起始大地子午面平行于格林尼治天文台子午面，高程基准是以青岛验潮站 1950—1956 年验潮资料算得的平均海水面为高程起算基准。

1980 年国家大地坐标系的建立，标志着我国测绘科学技术的进步和发展。无论是椭球的选择及其定位、定向，还是其后全国天文大地网的整体平差，都体现了当时世界的先进水平。

(3)新的 1954 年北京坐标系

1980 西安坐标系建立后，各大地点的坐标与原 1954 年北京坐标系的坐标出现了较大差异。这种差异是由两种因素引起的：一是由于椭球参数和定位的不同导致的系统性差异；二是由于全网整体平差和只经局部平差所导致的偶然性差异。

为了既体现 1980 西安坐标系的严密性、科学性，又要兼顾到 1954 年北京坐标系的实用性，有关部门将 1980 西安坐标系采用的 1975 国际椭球参数变换为克拉索夫斯基椭球参数，同时沿空间三个坐标轴进行平移，其定位定向的依据依然与 1980 西安坐标系相同。这样产生了新的 1954 年北京坐标系(简称新 54 系，下同)。它的精度与 1980 西安系的精度一样。新 54 系的点位坐标与 80 系的同一点坐标，仅仅是两系统定义不同导致的系统性误差。

新 54 系与原 54 系不存在椭球差异与定位差异。二系统的相同点坐标差异主要是由于整体平差和局部平差所造成的偶然性差异，这种差异远远小于前述的椭球参数和定位不同而产生的系统性差异。据统计，两者坐标差值约 80%地区在 5m 以内，超过 5m 的主要集中在东北地区，其余大于 10m 的仅仅在少数边远地区，最大达 12.9m。因此新 54 系有以下优点：采用了多点定位，参数中心与原 54 系中心接近；定向明确；起始大地子午面平行于格林尼治天文台子午面；大地原点亦然是西安原点，但和 80 系大地原点的大地起始数据不同；大地点高程是以 1956 年青岛验潮站求出的黄海平均海水面为基准；该系统提供的坐标是 1980 年国家大地坐标系整体平差转换值，二者的坐标精度完全一致。

(4)国家 2000 坐标系

2000 国家大地坐标系的原点为包括海洋和大气的整个地球的质量中心；2000 国家大地坐标系的 $Z$ 轴由原点指向历元 2000.0 的地球参考极的方向，该历元的指向由国际时间局给定的历元为 1984.0 的初始指向推算，定向的时间演化保证相对于地壳不产生残余的全球旋转，$X$ 轴由原点指向格林尼治参考子午线与地球赤道面(历元 2000.0)的交点，$Y$ 轴与 $Z$ 轴、$X$ 轴构成右手正交坐标系。采用广义相对论意义下的尺度。

2000 国家大地坐标系的长半轴 $a=6378137\text{m}$，扁率 $f=1/298.257222101$，地心引力常数 $GM=3.986004418\times10^{-14}\text{m}^3/\text{s}^2$，自转角速度 $\omega=7.292115\times10^{-5}\text{rad/s}$。

国家测绘地理信息局规定 2000 国家大地坐标系与现行国家大地坐标系转换、衔接的过渡期为 8~10 年。现有各类测绘成果，在过渡期内可沿用现行国家大地坐标系；2008 年 7 月 1 日后新生产的各类测绘成果应采用 2000 国家大地坐标系。

2. 地方坐标系

在我国许多城市和工程测量中，若直接采用国家坐标系，可能会因为远离中央子午线或测区平均高程较大，而导致长度投影变形较大，难以满足工程上或实用上的精度要求。另一方面，对于一些特殊的测量，如大桥施工测量、水利水坝测量、方便、实用、科学的目的，在许多城市和工程测量中，常常会建立适合本地区的地方独立坐标系。

建立独立坐标系，实际上就是通过一些元素的确定来决定地方参考椭球与投影面。地方坐标系可以通过改变投影的中央子午线或改变投影面的方法来实现也可以即改变投影的中央子午线又改变投影面来实现。地方参考椭球一般选择与当地平均高程相对应的参考椭球，该椭球的中心、轴向和扁率与国家参考椭球相同，其椭球半径 $\alpha$ 增大为

$$\alpha_1 = \alpha + \Delta\alpha_1$$

$$\Delta\alpha_1 = H_m + \zeta_0$$

式中，$H_m$ 为当地平均海拔高程；$\zeta_0$ 为该地区的平均高程异常。

在地方投影面的确定过程中，应当选取过测区中心的经线或某个起算点的经线作为独立中央子午线；以某个特定使用的点和方位为地方独立坐标系的起算原点和方位，并选取当地平均高程面 $H_m$ 为投影面。

3. WGS-84 大地坐标系

20 世纪 60 年代以来，美国国防制图局为了建立全球统一地心坐标系统，利用了大量的卫星观测资料以及全球地面天文、大地和重力测量资料，先后建成了世界大地坐标系（World Geodetic System，WGS）WGS-60、WGS-66 和 WGS-72。自 1984 年开始，经过多年修正和完善，建成了一种新的更为精确的世界地心大地坐标系——WGS-84。

WGS-84 坐标系的原点在地球质心，$Z$ 轴指向 BIH1984.0 定义的协议地极（CTP）方向，$X$ 轴指向 BIH1984.0 的零度子午面和 CTP 赤道的交点，$Y$ 轴和 $Z$、$X$ 轴构成右手坐标系如图 2.2 所示。它是一个地固坐标系。WGS-84 采用的椭球是国际大地测量与地球物理联合会第 17 届大会大地测量常数推荐值，其四个基本参数

长半径：$a=6378137\pm2(\text{m})$；

地球引力常数：$GM=(3986005\times10^8\pm0.6\times10^8)\text{m}^3/\text{s}^2$

正常二阶带谐系数：$C_{2.0}=-484.16685\times10^{-6}\pm0.6\times10^{-6}$

地球自转角速度：$\omega=(7292115\times10^{-11}\pm0.15\times10^{-11})\text{rad/s}$

### 2.1.3 坐标系统转换

1. 空间直角坐标与大地坐标间的转换

将同一坐标参照系下大地坐标（$B$，$L$，$H$,）转换为空间直角坐标系（$X$，$Y$，$Z$）的公式为：

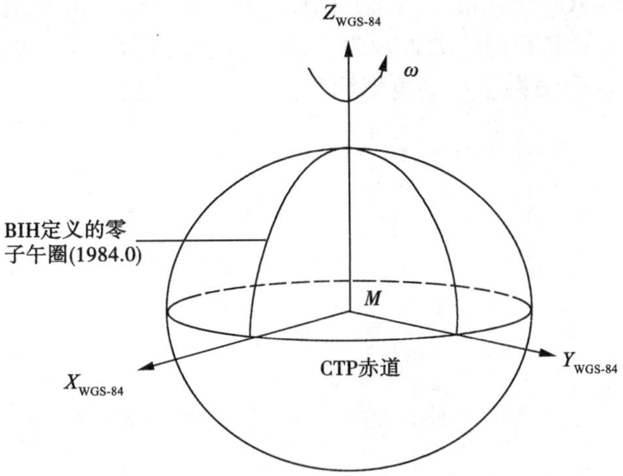


图 2.2　WGS-84 坐标系

$$\begin{cases} X = (N + H)\cos B\cos L \\ Y = (N + H)\cos B\sin L \\ Z = [N(1 - e^2) + H]\sin B = \left[N \cdot \dfrac{a^2}{b^2} + H\right]\sin B \end{cases} \tag{2.3}$$

式中：$N$ 为卯酉圈的半径；$a$ 为参考椭球的长半轴；$b$ 为参考椭球的短半轴；$e$ 为参考椭球的第一偏心率；$f$ 为参考椭球的扁率，$f = \dfrac{a - b}{a}$，并且

$$\begin{cases} N = \dfrac{a}{\sqrt{1 - e^2\sin^2 B}} \\ e^2 = \dfrac{a^2 - b^2}{b^2} = 2f - f^2 \end{cases} \tag{2.4}$$

将同一坐标系参照下的空间直角坐标系( $X$，$Y$，$Z$) 转换为大地坐标($B$，$L$，$H$ )的公式为：

$$\begin{cases} L = \arctan\left(\dfrac{Y}{X}\right) \\ B = \arctan\left(\dfrac{Z(N + H)}{\sqrt{(X^2 + Y^2)}\ [N(1 - e^2) + H]}\right) \\ H = \dfrac{Z}{\sin B} - N(1 - e^2) \end{cases} \tag{2.5}$$

需要指出的是，在采用式(2.5)进行空间直角坐标到大地坐标的转换过程中，由于计算大地纬度 $B$ 时，需要用到大地高 $H$，而计算大地高 $H$ 时，又需要用到大地纬度 $B$，因此，无法直接由空间直角坐标，而须采用迭代计算的方法。具体计算时，可先使用(2.6)求出 $B$ 的初值：

$$B = \arctan\left(\frac{Z}{\sqrt{X^2 + Y^2}}\right) \tag{2.6}$$

然后，利用该初值使用式(2.5)和式(2.4)来求出 $H$、$N$ 的值，再利用所求出的 $H$ 和 $N$ 的初值使用式(2.5)再次求定 $B$ 值。如此反复，直至所求定的 $B$、$H$、$N$ 收敛为止。

也可采用如下直接算法将空间直角坐标转换为空间大地坐标：

$$\begin{cases} L = \arctan\left(\dfrac{Y}{X}\right) \\ B = \arctan\left(\dfrac{Z + e'^2 b \sin^3\theta}{\sqrt{X^2 + Y^2} - e^2 a \cos^3\theta}\right) \\ H = \dfrac{\sqrt{X^2 + Y^2}}{\cos B} - N \end{cases} \tag{2.7}$$

式中：$e'^2 = \dfrac{a^2 - b^2}{b^2}$，$e'$ 为参考椭球的第二偏心率；$\theta = \arctan\left(\dfrac{Z \cdot a}{\sqrt{X^2 + Y^2} \cdot b}\right)$。

2. 不同空间直角坐标间的转换

当两个空间直角坐标系的坐标换算既有旋转又有平移时，则存在三个平移参数和三个旋转参数，再顾及两个坐标系尺度不尽一致，从而还有一个尺度变化参数(见图 2.3)，共计有七个参数相应的坐标变换公式为：

$$\begin{bmatrix} X_2 \\ Y_2 \\ Z_2 \end{bmatrix} = (1 + m)\begin{bmatrix} X_1 \\ Y_1 \\ Z_1 \end{bmatrix} + \begin{bmatrix} 0 & \varepsilon_Z & -\varepsilon_Y \\ -\varepsilon_Z & 0 & \varepsilon_X \\ \varepsilon_Y & -\varepsilon_X & 0 \end{bmatrix}\begin{bmatrix} X_1 \\ Y_1 \\ Z_1 \end{bmatrix} + \begin{bmatrix} \Delta X_0 \\ \Delta Y_0 \\ \Delta Z_0 \end{bmatrix} \tag{2.8}$$

式中 $\Delta X_0$，$\Delta Y_0$，$\Delta Z_0$ 三个平移参数；$\varepsilon_X$，$\varepsilon_Y$，$\varepsilon_Z$ 为三个旋转参数，$m$ 为尺度变化参数，上式为两个不同空间直角坐标之间的转换模型(布尔莎模型)，其中含有 7 个转换参数，为了求得 7 个转换参数，至少需要 3 个公共点，当多于 3 个公共点时，可按最小二乘法求得 7 个参数的最或是值。

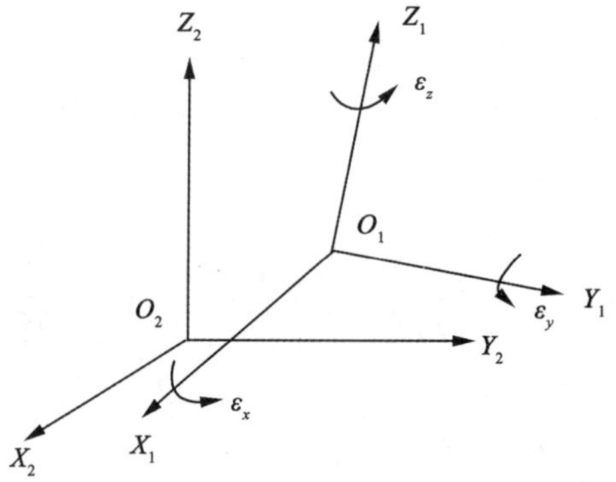


图 2.3　转换参数

3. 坐标与地方坐标系之间的转换

GNSS 所获得的坐标是 WGS-84 坐标系的大地坐标，而我们常用的坐标系统为 54 系、80 系和地方坐标系，因此需要将 WGS-84 坐标系的大地坐标转换为我们常用的平面直角坐标。其转换步骤如图 2.4 所示。当测区不大时，可以采用三参数法(认为三个旋转角为 0，尺度变化为 0)，当测区较大或要求精度高时采用 7 参数法即布尔莎模型。

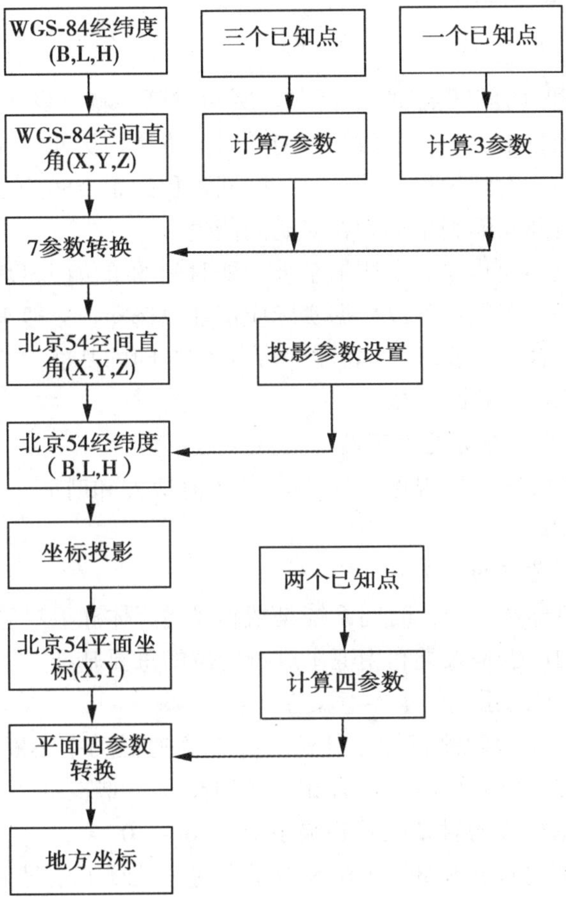


图 2.4　转换流程图

## 2.2　GNSS 测量的时间系统

GNSS 卫星作为一个高空动态已知点，其位置是随时间不断变化的。因此，在给出卫星运行位置的同时，必须给出相应的瞬间时刻。并且，卫星位置的精度和时刻的精度密切相关，例如：当要求 GNSS 卫星的位置误差小于 1cm 时，相应的时刻误差应小于 $2.6 \times 10^{-6}s$。GNSS 测量是通过接收和处理 GNSS 卫星发射的无线电信号，来确定用户接收机(观察者)至卫星间的距离，进而确定观测者的位置。而欲准确地测定测站至卫星的距离，就必须精密地测定信号的传播时间。如果要求站星距离误差小于 1cm，则信号传播时间的测定误差应不超过 $3 \times 10^{-11}s$。因此，利用 GNSS 技术进行精密定位与导航，应尽可能获得高精度的时间信息，这就需要一个精确的时间系统。

确定一个时间系统和确定其他测量基准一样，要定义时间单位(尺度)和原点(起始历元)。

### 2.2.1 时间的概念和意义

1. 时间的概念

时间包含“时刻”和“时间间隔”两个概念。所谓时刻，就是发生某一现象或事件的瞬间，在天文学和卫星测量中，与所获数据对应的时刻也称为历元。而时间间隔，系指发生某一现象或事件所经历的时间过程，就是这一时间过程的始末时刻之差。因此，时刻测量称为绝对时间测量；时间间隔测量称为相对时间测量。

测量时间，同样也必须建立一个测量基准，即时间的单位(尺度)和原点(起始历元)。其中时间的尺度是关键，而原点可以根据实际应用加以选择。一般来说，任何一个观察的周期运动现象，只要符合下列要求，都可以作为确定时间的基准：

(1)运动应是连续的，周期性的。

(2)运动的周期应具有充分的稳定性。

(3)运动的周期必须具有复现性，即要求在任何地方和时间，都可以通过观测和实验，复现这种周期运动。

2. 时间在 GNSS 测量中的意义

在天文学和空间科学技术中，时间系统是精确描述天体和卫星等高速运动物体及其相互关系的重要基准，因而也是人类利用卫星进行定位的重要基准。

在 GNSS 测量中，时间系统的重要意义在于：

(1)GNSS 星作为一个被观测目标，其位置是在高速运动中不断变化的。因此，在给出卫星运行位置的同时，必须给出该位置相应的时刻。不难理解，当要求 GPS 卫星的位置误差小于 1cm 时，则相应的时刻误差必须小于 $2.6 \times 10^{-6}$s。

(2)GNSS 定位是通过接收和处理 GNSS 卫星发射的无线电信号来确定用户接收机(即观测站)至卫星的距离(或距离差)，进而确定测站的位置(坐标)的。要准确地测定星站之间的距离，就必须精确地测定卫星信号传播的时间。若要求上述距离误差小于 1cm，则信号传播时间的误差就不能大于 $3 \times 10^{-11}$s。

(3)由于地球的自转现象，在天球坐标系中，地球上点的位置是不断变化的。若要赤道上一点的位置误差不超过 1cm，则时间的测定误差应小于 $2 \times 10^{-5}$s。

显然，利用 GNSS 进行精密导航定位的精度，从某种意义上说，完全取决于传播时间的测量精度。可见，了解时间系统的有关概念，对于 GNSS 应用者来说极为重要。

### 2.2.2 世界时系统

世界时系统是以地球自转为基准的一种时间系统。由于观察地球自转运动时，所选择的空间参考点不同，世界时系统包括以下几种形式。

1. 恒星时

以春分点为参考点，由春分点的周日视运动所确定的时间，称为恒星时。恒星时的定义是一个地方的子午圈与天球的春分点之间的时角，因此地球上每个地方的恒星时都与它的经度有关。由于岁差章动的影响，春分点在天球上并不固定，因此恒星时又分真恒星时和平恒星时。

2. 太阳时

太阳时有真太阳时和平太阳时两种。如果以真太阳作为观察地球自转的参考点，那么由真太阳周日视运动所确定的时间，称为真太阳时。即可定义为真太阳中心连续两次经过本地子午圈所经历的时间间隔为一个真太阳日，同样，一个真太阳日也包含 24 个真太阳时。显然，真太阳时也有地方性，而且由于地球的公转轨道为一椭圆，根据天体运动的开普勒定律可知，太阳的视运动速度是不均匀的。以真太阳作为观察地球自转运动的参考点。不符合建立时间系统的基本要求。因此，假设某个参考点的视运动速度等于真太阳周年运动的平均速度，且其在天球赤道上作周年视运动。这个假设的参考点，在天文学中称为平太阳。平太阳连续两次经过本地子午圈的时间间隔，为一个平太阳日，而一个平太阳日包含有 24 个平太阳时。平太阳时也具有地方性，故常称为地方平太阳时。

平太阳日由平正午开始，即平正午为 0 时，平子夜为 12 时。1925 年国际天文联合会决定，改平太阳日由平子夜开始，即平子夜为 0 时，平正午为 12 时，简称平时或民用时。

3. 世界时

以平子夜零时起算的格林威治平太阳时称为世界时 UT。世界时与平太阳时的尺度基准相同，其差别仅仅是起算点不同。

世界时系统是以地球自转为基础的时间系统，而地球自转速度是不均匀的，存在长周期变化、季节性短周期变化和不规则变化。并且，地球自转轴在地球内部的位置也不固定，存在极移。地球自转的这种不稳定性，破坏了建立时间系统的基本条件。为了弥补这一缺陷，从 1956 年起，在世界时中引入极移改正和地球自转速度的季节性改正。经此改正的世界时，相应表示为 $UT_1$ 和 $UT_2$，而未经改正的世界时表示为 $UT_0$，它们之间的关系为

$$UT_1 = UT_0 + \Delta\lambda$$
$$UT_2 = UT_1 + \Delta T_s$$

这里，$\Delta\lambda$ 为观测瞬间地极相对国际协议地原点 CIO 的极移改正。$\Delta T_s$ 为球自转速度的季节性改正。

显然，世界时 $UT_1$ 经过及移改正后，仍含有地球自转速度变化的影响，而 $UT_2$ 虽经地球自转季节性变化的改正，但仍含有地球自转速度长期变化和不规则变化的影响，所以世界时 $UT_2$ 也不是一个严格均匀的时间系统。

### 2.2.3 原子时系统

随着空间科学技术、现代天文学和大地测量学的发展，对时间系统的准确度和稳定度的要求不断提高。以地球自转为基础的世界时系统，已难以满足要求。为此，人们在 20 世纪 50 年代，便建立了以物质内部原子运动的特征为基础的原子时间系统。因为物质内部的原子跃迁所辐射和吸收的电磁波频率，具有很高的稳定性和复现性，所以由此而建立

的原子时 AT，便成为当代最理想的时间系统。

原子时秒长的定义是：位于海平面上的铯原子 133Cs 基态两个超精细能级，在零磁场中跃迁辐射振荡 9192631770 周所持续的时间，为一原子时秒。该原子时秒作为国际制秒(SI)的时间单位。这一定义严格地确定了原子时的尺度，而原子时的原点由下式确定：

$$AT = UT_2 - 0.0039''$$

原子时系统出现后，得到了迅速的发展和广泛的应用，许多国家都建立了各自的地方原子时系统。但不同的地方原子时之间存在着差异。为此，国际上大约有 100 座原子钟，通过相互比对，并经数据处理推算出统一的原子时系统，称为国际原子时 IAT。原子时是通过原子钟来守时和授时的，因此，原子钟振荡器频率的准确性和稳定性便决定了原子时的精度。

在卫星大地测量中，原子时作为高精度的时间基准，用于精密测定卫星信号的传播时间。

### 2.2.4 力学时系统

力学时是天体力学中用以描述天体运动的时间单位。根据天体运动方程，所对应的参考点不同，力学时又分为质心力学时和地球力学时两种形式。

质心力学时，是相对太阳系质心的天体运动方程所采用的时间参数。

地球力学时，是相对地球质心的天体运动方程所采用的时间参数。

地球力学时的基本单位是国际制秒(SI)，与原子时的尺度一致。国际天文学联合会决定，于 1977 年 1 月 1 日原子时(IAT)0 时与地球力学时的严格关系定义如下：

$$TDT = IAT + 32.184''$$

若以 $\Delta T$ 表示地球力学时(TDT)与世界时($UT_1$)之差，则由上式可知

$$\Delta T = TDT - UT_1 = IAT - UT_1 + 32.184''$$

该差值可通过国际原子时与世界时的对比而确定。在 GNSS 测量中，地球力学时作为一种严格均匀的时间尺度和独立的变量而用于描述卫星的运动。

### 2.2.5 协调世界时

由于地球自转速度长期变慢的趋势，近 20 年来，世界时每年比原子时约慢 1s，两者之差逐年累计。考虑许多部门仍需要以地球自转为基础的世界时和避免发播的世界时与原子时相差过大，从 1972 年 1 月 1 日起采用了以原子时秒长为基础，在时刻上尽量接近于世界时的一种折中时间系统，这种时间系统称为协调世界时，简称协调时。协调时的秒长等于原子时的秒长，当协调时与世界时的时刻差超过±0.9s 时，便在协调时引入 1 闰秒(正或负)，闰秒一般在 12 月 31 日或 6 月 30 日加入，具体日期由国际事件局安排并通告。

为了使用世界时的用户得到精度较高的 $UT_1$ 时刻，时间服务部门在播发协调时(UTC)时号的同时，给出 $UT_1$ 与 UTC 的差值，方便用户由 UTC 计算 $UT_1$。

### 2.2.6 GNSS 时间系统(GNSST)

为了保证导航和定位精度，要求时间系统既要稳定又要连续。为此，全球定位系统建

立了专门的时间系统，简称 GNSST。

GNSS 时间系统采用原子时 IAT 秒长作为时间基准，但时间起算的原点定义在 1980 年 1 月 6 日 $UTC_0$ 时。启动后不跳(闰)秒，保持时间的连续。以后随着时间的积累，GNSS 时与 UTC 的整秒差以及秒以下的差异通过时间服务部门定期分布(至 1995 年相差达 10s)。卫星播发的钟差也是机遇 GNSS 时间系统的钟差，在利用 GNSS 直接进行时间校对时应注意这一问题。

GNSS 时与 IAT 在任一时刻均有一常量偏差：

$$T_{IAT}-T_{GNSS}=19s$$

GNSS 时间系统与各种时间系统之间的关系如图 2. 5 所示。

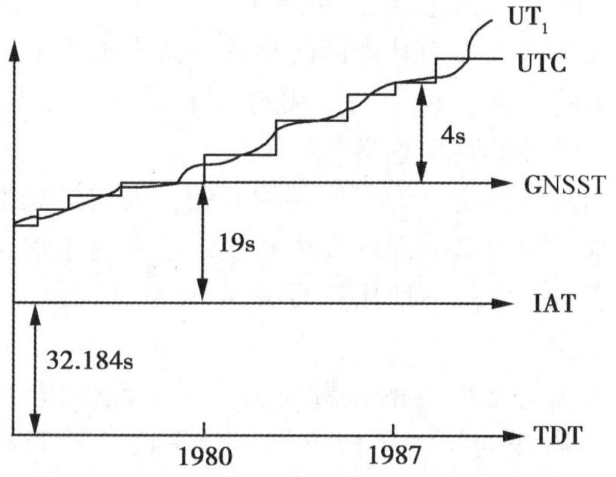


图 2. 5　GNSS 时间系统与各种时间系统之间的关系

### 2. 2. 7　区时

1884 年国际经度会议决定，全世界按统一标准划分时区、实行分区计时。按这种办法，每隔经度 15°为一个时区，全球共划分成 24 个时区；以本初子午线即 0°经线为中央经线的时区为中时区或零时区，往东、往西各划分成十二个时区；中时区以东为东时区，依次为东一区至东十二区；中时区以西为西时区，依次为西一区至西十二区；东、西十二区各跨经度 7. 5°，合为一个时区，以 180°经线为中央经线。同时规定，各时区均以本时区中央经线上的地方时作为全时区共同使用的时刻，称为区时，又称标准时；同一时区内区时相同，相邻两个时区的区时相差 1 小时；任意两个时区之间，中间隔几个时区，区时就相差几小时；较东的时区，区时较早。越往东时刻越早，哪里才是新的一天的开始？国际上规定，原则上以 180°经线作为地球上“今天”和“昨天”的分界线，叫做“国际日期变更线”，简称“日界线”；人为规定，在日界线西侧的东十二区在任何时刻，总是比日界线东侧的西十二区早 24 小时，为了避免日界线穿过陆地，日界线与 180°经线并不完全一致，而是增加了几处曲折。

## 2.3 GNSS 测量的高程系统

### 2.3.1 常用高程系统

1. 常用的高程系统

在测量中常用的高程系统有大地高高程系统、正高高程系统和正常高高程系统。

大地高高程系统是以参考椭球面为基准面的高程系统。地面上某点的大地高是该点沿参考椭球的法线到参考椭球面的距离。大地高是以该参考椭球面为基准面的，所以也称为椭球高，大地高一般用符号 $H$ 表示。大地高是一个纯几何量，不具有物理意义，同一个点在不同的基准下，具有不同的大地高。

正高高程系统是以大地水准面为基准面的高程系统。地面上某点的正高高程是该点沿铅垂线方向到大地水准面的距离。正高一般用符号 $H_g$ 表示。正高是以大地水准面为基准面的高程系统，因此具有明确的物理意义。

因为正高实际上无法精确确定，为了使用的方便，人们建立了正常高高程系统。正常高高程系统是以似大地水准面为基准面的高程系统。某点的正常高是该点沿铅垂线方向到似大地水准面之间的距离。正常高一般用符号 $H_r$ 表示。

2. 高程系统之间的关系

传统的地面观测技术确定地面点的位置时，由于平面位置和高程所采用的基准面不同，以及确定平面位置和高程的技术手段不同，使平面位置和高程往往分开独立确定。GNSS 虽然可以精确测到点的三维坐标，但是其所确定的高程却是基于 WGS-84 椭球的大地高程，并非实际应用中采用的正常高程系统。因此，应找出 GNSS 点的大地高程同正常高程的关系，并采用一定模型进行转换。

如图 2.6 所示，地面点沿铅垂线方向至大地水准面的距离定义为正高 $H_g$ ，地面点沿铅垂线方向至似大地水准面的距离定义为正常高 $H_\gamma$ ，地面点沿法线方向至椭球面的距离定义为大地高 $H$ 。

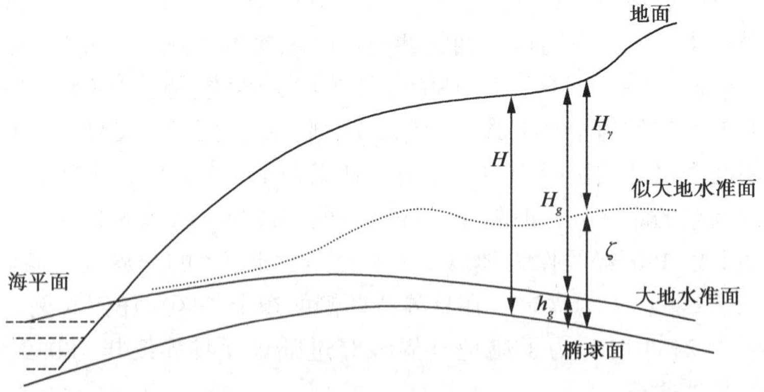


图 2.6 高程系统

大地水准面到参考椭球面的距离，称为大地水准面差距，记为 $N$。大地高 $H$ 与正高 $H_g$ 之间的关系可以表示为：

$$H = H_g + N \tag{2.9}$$

似大地水准面到参考椭球面的距离，称为高程异常，记为 $\zeta$。大地高 $H$ 与正常高 $H_\gamma$ 之间的关系可以表示为：

$$H = H_\gamma + \zeta \tag{2.10}$$

### 2.3.2 GNSS 水准高程

采用 GNSS 测定正高或正常高，称为 GNSS 水准。通常，通过 GNSS 测出的是大地高，要确定点的正高或正常高，需要进行高程系统转换，即需确定大地水准面差距或高程异常。由此可以看出，GNSS 水准实际上包括两方面内容：一方面是采用 GNSS 方法确定大地高，另一方面是采用其他技术方法确定大地水准面差距或高程异常。如果大地水准面差距已知，就能够通过式(2.9)进行大地高与正高间的相互转换，但当其未知时，则需要设法确定大地水准面差距的数值。确定大地水准面差距的基本方法有天文大地法、大地水准面模型法、重力测量法和几何内插法及残差模型法等方法。下以几何内插法为例，介绍高程拟合的方法。

几何内插法的基本原理是，利用既进行了 GNSS 观测，又进行了水准测量的公共点获得相应的大地水准面差距，采用平面或曲面拟合、配置、三次样条等内插方法，拟合出测区大地水准面，得到待定点的大地水准面差距，进而求出待求点的正高。

若在公共点上分别利用 GNSS 和水准测量测得了大地高和正高，利用式(2.11)可得其大地水准面差距，即

$$N = H - H_g \tag{2.11}$$

设大地水准面差距与点的坐标存在以下关系：

$$N = a_0 + a_1 \mathrm{d}B + a_2 \mathrm{d}L + a_3 \mathrm{d}B^2 + a_4 \mathrm{d}L^2 + a_5 \mathrm{d}B\mathrm{d}L \tag{2.12}$$

式中，$\mathrm{d}B = B - B_0$；$\mathrm{d}L = L - L_0$。$B_0 = \frac{1}{n}\sum B$，$L_0 = \frac{1}{n}\sum L$，$n$ 为进行了 GNSS 观测的点数。

若存在 $m$ 个这样的公共点，则有

$$V = AX + L \tag{2.13}$$

式中

$$A = \begin{bmatrix} 1 & \mathrm{d}B_1 & \mathrm{d}L_1 & \mathrm{d}B_1{}^2 & \mathrm{d}L_1{}^2 & \mathrm{d}B_1\mathrm{d}L_1 \\ 1 & \mathrm{d}B_2 & \mathrm{d}L_2 & \mathrm{d}B_2{}^2 & \mathrm{d}L_2{}^2 & \mathrm{d}B_2\mathrm{d}L_2 \\ & \vdots & \vdots & \vdots & \vdots & \vdots \\ 1 & \mathrm{d}B_m & \mathrm{d}L_m & \mathrm{d}B_m{}^2 & \mathrm{d}L_m{}^2 & \mathrm{d}B_m\mathrm{d}L_m \end{bmatrix}$$

$$X = \begin{bmatrix} a_0 & a_1 & a_2 & a_3 & a_4 & a_5 \end{bmatrix}^{\mathrm{T}}$$

$$V = \begin{bmatrix} N_1 & N_2 & \cdots & N_m \end{bmatrix}$$

通过最小二乘可求解出多项式系数

$$X = -(A^{T}PA)^{-1}(A^{T}PL) \tag{2.14}$$

式中，权阵 $P$ 根据大地高和正高的精度来确定。

可见，采用二次多项式来拟合大地水准面差距，至少需要 6 个公共点，才能求出多项式系数。解出系数后，可按式(2.12)来内插确定出待定点的大地水准面差距。从而求出正高。求出 GNSS 水准，可替代传统三、四等水准测量，大大提高作业效率。

### 2.3.3 提高 GNSS 高程精度的措施

1. 提高大地高(高差)测定的精度

大地高(高差)测定的精度是影响 GNSS 高程精度的主要因素之一。因此，要提高 GNSS 高程的精度，必须有效地提高大地高(高差)测定的精度，其主要措施有：

①提高局部 GNSS 网基线解算的起算点坐标的精度。尽量采用国家 A、B 级 GNSS 网点为局部 GNSS 网的起算点。

②尽量采用精密星历。

③选用双频 GNSS 接收机。

④选择最佳的观测时间。

⑤减弱多路径误差和对流层延迟误差的影响。

⑥对于 10km 以上的基线，两端应实测气象参数。

2. 提高联测几何水准的精度

尽量采用三等几何水准来联测 GNSS 点，对于有特殊应用的 GNSS 网，用二等精密水准来联测，有效地提高 GNSS 水准高程的精度。

3. 提高转换参数的精度

提高转换参数的精度的方法是利用我国已有的 VLBI 和 SLR 站的地心坐标转换参数，或利用国家 A、B 级 GNSS 网点来推算转换参数。

4. 提高拟合精度的办法

①测区中联测的几何水准点的点数，视测区的大小和(似)大地水准面的变化情况而定，但联测的几何水准的点数不能少于待定点的个数。

②联测的几何水准点的点位，应均匀布设于测区，并能包围整个测区。

③对含有不同趋势地区的地形，在地形突变处的 GNSS 点，要联测几何水准，大的测区还可采取分区计算的方法。

④计算时，坐标取到米或十米，但高程异常应取到毫米。计算结果以测区高程异常值线图显示，由计算机绘出。以此为依据来分析测区高程异常变化情况，提高拟合计算精度。

## 2.4 GNSS 测量的基本方法

### 2.4.1 GNSS 测量方法概述

GNSS 的测量方法，如果按用户接收机天线在测量中所处的状态来分，可分为静态测量和动态测量；如果按定位的结果来分，可分为绝对定位和相对定位。

静态测量，即在定位过程中，接收机天线(观测站)的位置相对于周围地面点而言，处于静止状态；而动态测量则正好相反，即在定位过程中，接收机天线处于运动状态，定位结果是连续变化的。

绝对定位亦称单点定位，是利用 GNSS 独立确定用户接收机天线(观测站)在 WGS-84 坐标系中的绝对位置。相对定位则是在 WGS-84 坐标系中确定收机天线(观测站)与某一地面参考点之间的相对位置，或两观测站之间相对位置的方法。

各种定位方法还可有不同的组合，如静态绝对定位、静态相对定位、动态绝对定位、动态相对定位等。目前工程、测绘领域，应用最广泛的是静态相对定位和动态相对定位。

按相对定位的数据解算，是否具有实时性，又可将其分为后处理定位和实时动态定位(RTK)，其中，后处理定位又可分为静态(相对)定位和动态(相对)定位。

### 2.4.2 GNSS 静态测量

在定位过程中，接收机的位置是固定的，处于静止状态，这种定位方式称为静态定位。根据参考点的位置不同，静态定位又包含绝对定位与相对定位两种方式。

①绝对定位(或单点定位)以卫星与观测站之间的距离(距离差)观测量为基础，根据已知的卫星瞬时坐标，来确定观测站的位置，其实质就是测量学中的空间距离后方交会，如图 2.7 所示。由于卫星钟与接收机钟难以保持严格同步，所测站星距离均包含了卫星钟与接收机钟不同步的影响，故习惯称为伪距。卫星钟差可以导航电文中给出的钟差参数加以修正，而接收机钟差，通常难以准确确定。一般将接收机钟差作为未知参数，与观测站的坐标一并求解。因此，进行绝对定位，在一个观测站至少需要同步观测 4 颗卫星才能求出观测站三维坐标与接收机钟差 4 个未知参数。

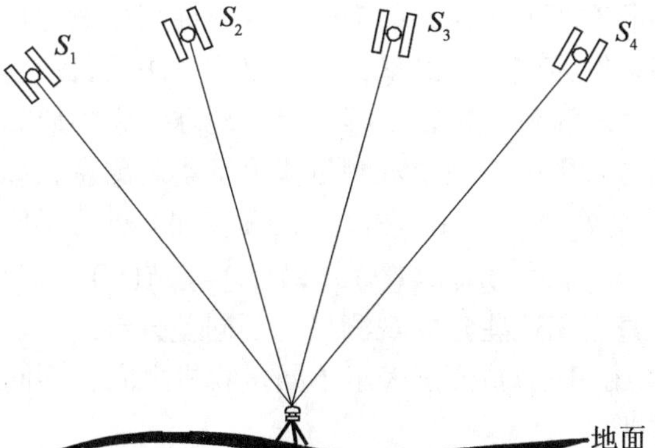


图 2.7　GNSS 绝对定位

测码伪距观测方程可表示为：

$$\rho = \sqrt{(x_i - x)^2 + (y_i - y)^2 + (z_i - z)^2} + c(v_{ti} - v_{t0}) \tag{2.15}$$

其中，$x$、$y$、$z$ 为待测点坐标的空间直角坐标。

$x_i$、$y_i$、$z_i(i=1, 2, 3, 4)$分别为四颗卫星在 $t$ 时刻的空间直角坐标，由卫星导航电文求得。

$V_{ti}(i=1, 2, 3, 4)$分别为四颗卫星的卫星钟钟差，由卫星星历提供。

$V_{to}$为接收机的钟差。

在图 2.7 中，若已知卫星 $S_1$、$S_2$、$S_3$、$S_4$的坐标分别为$(x_1, y_1, z_1)$、$(x_2, y_2, z_2)$、$(x_3, y_3, z_3)$、$(x_4, y_4, z_4)$，测得的距离分别为 $d_1$、$d_2$、$d_3$、$d_4$，则可以列出如下方程式：

$$\begin{cases} \left((x_1-x)^2+(y_1-y)^2+(z_1-z)^2\right)^{\frac{1}{2}}+c(v_{t_1}-v_{t_1})=d_1 \\ \left((x_2-x)^2+(y_2-y)^2+(z_2-z)^2\right)^{\frac{1}{2}}+c(v_{t2}-v_{t0})=d_2 \\ \left((x_3-x)^2+(y_3-y)^2+(z_3-z)^2\right)^{\frac{1}{2}}+c(v_{t3}-v_{t0})=d_3 \\ \left((x_4-x)^2+(y_4-y)^2+(z_4-z)^2\right)^{\frac{1}{2}}+c(v_{t4}-v_{t0})=d_4 \end{cases} \tag{2.16}$$

由式(2.16)即可解算出待测点的坐标分量 $x$、$y$、$z$ 和接收机的钟差 $V_{to}$ 这 4 个未知参数。

②静态相对定位，就是将 GNSS 接收机安置在不同的观测站上，保持各接收机固定不动，同步观测相同的 GNSS 卫星，以确定各观测站在 WGS-84 坐标系中的相对位置或基线向量的方法，图 2.8 即是相对定位最基本的情况。在两个观测站或多个观测站同步观测相同卫星的情况下，卫星轨道误差、卫星钟差、接收机钟差、电离层折射误差和对流层折射误差等，对观测量的影响具有一定的相关性，所以，利用这些观测量的不同组合进行相对定位，便可有效地消除或消弱上述误差的影响，从而提高相对定位的精度。静态相对定位一般采用载波相位观测量作为基本观测量，这一定位方法是目前 GNSS 定位中精度最高的一种方法，广泛应用于大地测量、精密工程测量、地球动力学研究等领域。

静态相对定位一般均采用载波相位观测量作为基本观测量，如图 2.8 所示，假设安置于基线两端点接收机 $T_1$和 $T_2$，于历元 $t_1$和 $t_2$对卫星 $s^j$和 $s^k$进行了同步观测，得到如下独立的载波相位观测量 $\varphi_1^j(t_1)$ 、$\varphi_1^j(t_2)$ 、$\varphi_1^k(t_1)$ 、$\varphi_1^k(t_2)$ 、$\varphi_2^j(t_1)$ 、$\varphi_2^j(t_2)$ 、$\varphi_2^k(t_1)$ 、$\varphi_2^k(t_2)$ 。在静态相对定位中，普遍应用这些独立观测量的不同差分形式。

设 $\Delta\varphi^j(t)$ 、$\nabla\varphi_i(t)$ 和 $\delta\varphi_i^j(t)$ 分别表示不同接收机之间、不同卫星之间和不同观测历元之间的观测量之差，即

$$\left.\begin{aligned} \Delta\varphi^j(t) &= \varphi_2^j(t)-\varphi_1^j(t) \\ \nabla\varphi_i(t) &= \varphi_i^k(t)-\varphi_i^j(t) \\ \delta\varphi_i^j(t) &= \varphi_i^j(t_2)-\varphi_i^j(t_1) \end{aligned}\right\} \tag{2.17}$$

式中，基本观测量的一般形式为

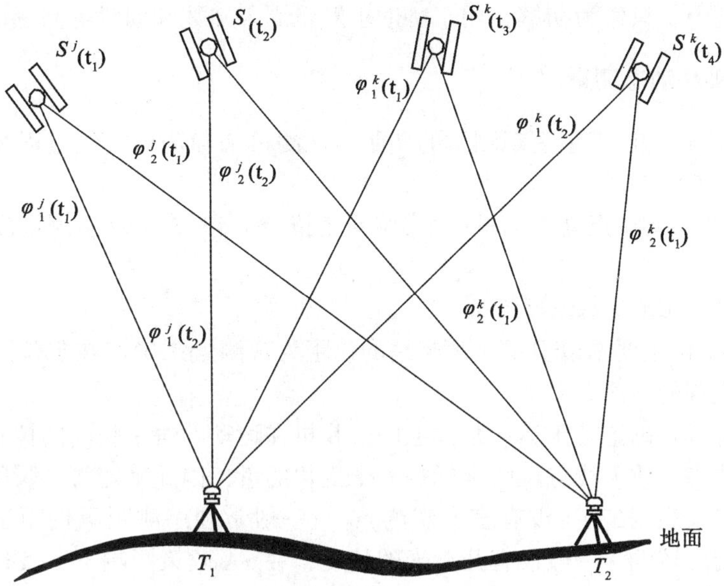


图 2.8　GNSS 相对定位

$$\varphi_i^j(t)=\frac{f}{c}\rho_i^j(t)+f\left[\delta t_i(t)-\delta t^j(t)\right]-N_{0i}^j(t_0)+\frac{f}{c}\left[\Delta_{i,\text{电离}}^j(t)+\Delta_{i,\text{对流}}^j(t)\right] \tag{2.18}$$

在 GNSS 相对定位中，常用的三种差分(线性组合)是单差、双差和三差。

单差即在相同历元，不同观测站间同步观测相同卫星的观测量之差，其表达形式为

$$\Delta\varphi^j(t)=\varphi_2^j(t)-\varphi_1^j(t) \tag{2.19}$$

单差观测方程的优点是消除了卫星钟差的影响，同时，有效地削弱了卫星轨道误差和大气折射误差的影响，但缺点是使观测方程的个数明显减少。

双差即在相同历元，不同观测站间同步观测的不同卫星所得观测量的单差之差，其表达形式为

$$\nabla\Delta\varphi^k(t)=\Delta\varphi^k(t)-\Delta\varphi^j(t)=\varphi_2^k(t)-\varphi_1^k(t)-\varphi_2^j(t)+\varphi_1^j(t) \tag{2.20}$$

双差观测方程进一步消除了接收机相对钟差的影响，这是双差观测方程的重要优点。但双差观测方程的个数比单差观测方程更为减少，对解算精度可能造成不利影响。

三差即在不同历元，不同观测站间同步观测的不同卫星所得观测量的双差之差，其表达形式为

$$\begin{aligned}\delta\nabla\Delta\varphi^k(t)&=\nabla\Delta\varphi^k(t_2)-\nabla\Delta\varphi^k(t_1)\\&=[\varphi_2^k(t_2)-\varphi_1^k(t_2)-\varphi_2^j(t_2)+\varphi_1^j(t_2)]\\&\quad-[\varphi_2^k(t_1)-\varphi_1^k(t_1)-\varphi_2^j(t_1)+\varphi_1^j(t_1)]\end{aligned} \tag{2.21}$$

三差观测方程的最主要优点是进一步消除了整周未知数的影响，但其观测方程数量比双差观测模型更为减少；且求三差后，相位观测值的有效数字大为减少，增大了计算过程

的凑整误差，这些将对未知参数产生不良影响。所以，三差模型求得的基线结果精度不够高，在数据处理中，只作为初解，用于协助求解整周未知数和周跳等问题。

### 2.4.3 GNSS 动态测量

GNSS 动态定位是以卫星至观测站的伪距为观测量来确定在定位过程中处于运动状态的接收机位置的方法。

GNSS 动态测量有单点动态测量(动态绝对定位)和实时差分动态测量(动态相对定位)方法。

1. 单点动态定位(动态绝对定位)

GNSS 绝对定位主要是以卫星至观测站的伪距为观测量来确定在定位过程中处于运动状态的接收机位置的方法。

动态绝对定位是确定处于运动载体上的接收机在运动的每一瞬间的位置。由于接收机天线处于运动状态，故天线点位的坐标是一个变化的量，因此确定每一瞬间坐标的观测方程只有较少的多余观测(甚至没有多余观测)，且一般常利用测距码伪距进行动态绝对定位。因此，其精度较低，一般仅有几十米的精度，在 SA 政策影响下，其精度甚至低于百米。通常这种定位方法只用于精度要求不高的飞机、船舶以及陆地车辆等运动载体的导航。

2. 实时差分动态测量(动态相对定位)

动态相对定位是用一台接收机安置在基准站上固定不动，另一台接收机安置在运动的载体上，两台接收机同步观测相同的卫星，以确定运动点相对基准站的位置。如图 2.9 所示，$T_1$ 为基准站，安置于其上的接收机固定不动，另一台接收机安置于运动的载体上，其位置 $T_i$ 是运动变化的。

在同步观测相同卫星的情况下，卫星轨道误差、卫星钟差、电离层折射误差和对流层折射误差等，对不同观测站的 GNSS 观测量的影响具有较强的相关性，特别是几十公里以下的短距离，其相关性更好，因此，我们可以利用各观测量的不同线形组合进行相对定位，来有效地消除或削弱上述各项误差对定位结果的影响，从而提高动态定位的精度。

实时差分动态测量分为位置差分、伪距差分、相位平滑伪距差分、载波相位差分等方法。

(1)位置差分

位置差分原理为用户站用接收到的坐标改正数对其坐标进行改正，经过坐标改正后的用户坐标已消去了基准站与用户站的共同误差，如卫星星历误差、大气折射误差、卫星钟差、SA 政策影响等，提高了定位的精度。位置差分的优点是需要传输的差分改正数较少，计算方法较简单，任何一种 GNSS 接收机均可改装成这种差分系统。其缺点主要为：要求基准站与用户站必须保持观测同一组卫星，由于基准站与用户站接收机配备的不完全相同，且两站观测环境也不完全相同，因此难以保证两站观测同一组卫星，并会导致定位所产生的误差可能会不很匹配，从而影响定位精度；位置差分定位效果不如伪距差分好。

(2)伪距差分

伪距差分是目前应用最广泛的一种差分定位技术之一。该定位技术通过在基准站上利

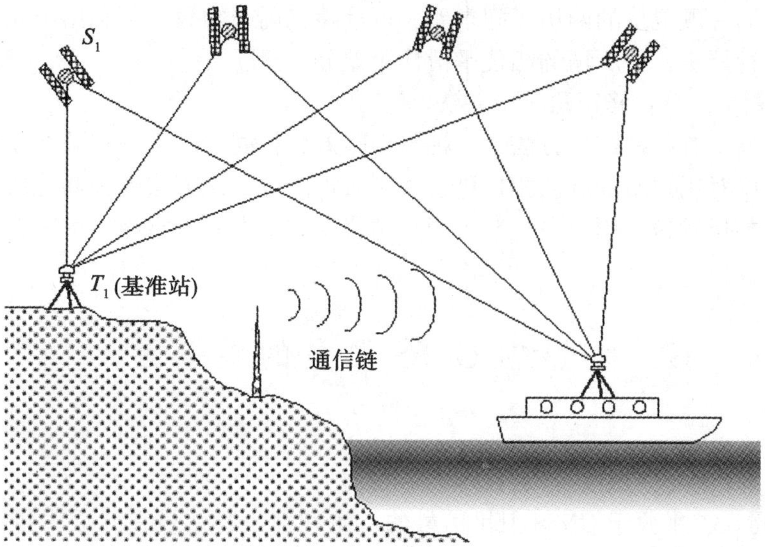


图 2.9　动态相对定位

用已知坐标求出测站至卫星的距离，并将其与含有误差的测量距离比较，然后利用一个 α-β 滤波器将此差值滤波并求出其偏差，并将所有卫星的测距误差传输给用户，用户利用此测距误差来改正测量的伪距。最后，用户利用改正后的伪距求出自身的坐标。如果基准站、用户站均观测了相同的 4 颗或 4 颗以上的卫星，即可实现用户站的定位。

由于伪距差分可提供单颗卫星的距离改正数，因此用户站可选其中任意 4 颗相同卫星的伪距改正数进行改正，而不必要求两站观测的卫星完全相同，且伪距改正数是直接在 WGS-84 坐标系上进行的，是一种直接改正数，不必先变换为当地坐标，定位精度更高，且使用更方便。

由于伪距差分定位依赖于两站公共误差的抵消来提高定位精度，误差抵消的程度决定了精度的高低。而误差的公共性在很大程度依赖于两站距离，随着两站距离的增加，其误差公共性逐渐减弱，例如对流层、电离层误差。因此用户和基准站之间的距离对精度有着决定性的影响，用户站离基准站的距离越大，伪距差分后的剩余误差越大，定位精度越低。

(3)相位平滑伪距差分

伪距差分实际上是在测站之间求伪距观测值的一次差，因而消除了两伪距观测值中所含有的共同的系统误差，但是却无法消除伪距观测值中所含有的随机误差，从而限制了伪距差分定位的精度。

载波相位测量的精度较测距码伪距测量的精度高 2 个数量级，如果能用载波相位观测值对伪距观测值进行修正，就可提高伪距定位的精度，但是载波相位整周数无法直接测得，因而难以直接利用载波观测值。

虽然整周数无法获得，但可由多普勒频率计数获得载波相位的变化信息，即可获得伪距变化率的信息，可利用这一信息来辅助伪距差分定位，称为载波多普勒计数平滑伪距差分；另外，在同一颗卫星的两历元间求差，可消除整周未知数，可利用历元间的相位差观测值对伪距进行修正，即所谓的相位平滑伪距差分。

(4)载波相位差分：修正法、求差法

载波相位差分有两种定位方法，一种与伪距差分相同，基准站将载波相位的修正量发送给用户站，以对用户站的载波相位进行改正实现定位，该方法称为修正法。另一种是将基准站的载波相位发送给用户站，并由用户站将观测值求差进行坐标解算，这种方法称为求差法。

## 2.5 影响 GNSS 测量的误差因素

### 2.5.1 GNSS 测量的误差来源及分类

GNSS 测量误差来源于 GNSS 卫星信号的产生和发出、信号在介质中传播和接收机接收信号的各个过程中；按照误差性质分类，可以分为系统误差和偶然误差。

在 GNSS 定位中出现的各种误差从误差源来讲大体可分为下列三类：与卫星有关的误差、与信号传播有关的误差、与接收机有关的误差。各种误差源给 GNSS 定位带来的影响如表 2.1 所示。

表 2.1 **GNSS 定位误差分类及对基线测量的影响**

| 误差来源 | 误差分类 | 对基线测量的影响(m) |
| --- | --- | --- |
| GNSS 卫星 | 卫星星历误差<br>卫星钟的钟误差<br>相对论效应 | 1.5~15 |
| 信号传播 | 电离层延迟误差<br>对流层延迟误差<br>多路径效应 | 1.5~15 |
| 接收机 | 接收机钟的钟误差<br>接收机的位置误差<br>接收机相位中心变化引起的误差 | 1.5~5 |
| 其他影响 | 地球潮汐<br>负荷潮 | 1 |

其中，系统误差包括：卫星星历误差、卫星钟误差、接收机钟误差以及大气折射误差等。系统误差的特点是：具有一定的规律性，影响大。为了消除、减弱或修正系统误差的影响，通常采用如下措施：

①引入未知参数，在数据处理中与其他参数同时求解。

②建立系统误差改正模型，修正观测量。

③将不同测站的相同卫星的同步观测值求差。

④忽略一些系统误差影响。

偶然误差包括：多路径效应引起的误差和观测误差。偶然误差的特点是：无规律性，影响相对较小，无法消除。

### 2.5.2 与卫星有关的误差

与 GNSS 卫星有关的误差主要包括：卫星的星历误差、卫星钟的钟差和相对论效应。

*1. 卫星星历误差*

描述某一时刻卫星运动轨道的参数及其变率称卫星星历。根据卫星星历就可以计算出任一时刻的卫星位置及其速度。由星历所给出的卫星在空间的位置与实际位置之差，称为星历误差。卫星作为在高空运行的动态已知点，其瞬时的位置是由卫星星历提供的。卫星星历的误差实质就是卫星位置的确定误差，即由卫星星历计算得到的卫星的空间位置与卫星实际位置之差。

(1)星历误差来源

星历误差的大小主要取决于卫星跟踪站的数量及空间分布、观测值的数量及精度、轨道计算时所用的轨道模型及定轨软件的完善程度。

GPS 卫星星历分为广播星历(预报星历)和精密星历(后处理星历)。

①广播星历的误差。广播星历是通过卫星发射的含有轨道信息的导航电文传递给用户的，用户接收机接收到这些信号，经过解码便可获得所需要的卫星星历，所以这种星历也叫预报星历，它是卫星导航电文中所携带的主要信息。广播星历包括相对于某一参考历元的开普勒轨道参数和必要的轨道摄动改正参数，目前仅凭地面监测站不能精确确定这些参数，因此，广播星历数据中存在较大误差。广播星历所得到的卫星轨道信息的位置误差约为 20~40m，随着定轨技术和摄动力模型的改善，位置精度可以提高到 5~10m。

②精密星历的误差。精密星历也称后处理星历。它是由分布在全球的地面跟踪站精密观测资料，按照一定的计算方法，计算得出的卫星星历。由于精密星历是实测星历，不可避免存在误差。虽然精密星历的精度可以达到厘米级，但是它需要观测后 1~2 个星期才可以向美国国家大地测量局购买到，只在静态精密定位中有重要作用，对于动态定位无任何意义。

(2)星历误差对定位的影响

1)星历误差对单点定位的影响

在单点定位中，卫星星历为已知数据，星历误差必然传递给测站，产生定位误差。一般广播星历误差对测站的影响为几十米。

2)星历误差对相对定位的影响

在相对定位中，随着基线长度的增加，卫星星历误差成为影响定位精度的主要因素，如 10km 的基线会产生 10mm 的误差，1000km 的基线产生 1m 的误差。在实际应用中，对于基线长度不长，定位精度要求不高的情况，如相对定位精度为$(1\sim2)\times10^{-6}$ppm，采用相对定位，可以直使用广播星历。对于基线较长，定位精度较高的情况，需要采用精密星历。

(3)解决星历误差的方法

1)建立自己的卫星跟踪网独立定轨

建立用户自己的卫星跟踪网，独立测定卫星轨道参数，可以获得很高的定位精度。例如，我国在上海、长春、武汉、昆明和乌鲁木齐建立 GNSS 跟踪网，通过跟踪监测 GNSS 卫星信号，计算精密星历。为满足 1000km 基线条件下的相对定位精度为 $1\times10^{-8}$的要求，精密星历精度要达到为 0.25m。

2)轨道改进法

采用轨道改进法处理观测数据，基本思路是在数据处理中引入表达卫星轨道偏差的改正数，并假设在短时间内这些改正参数为常量，将其作为待求量与其他未知参数一并求解，以校正卫星星历误差。轨道改进法包括短弧法和半短弧法两种方法。轨道改进法一般用于精度要求较高的定位工作中，需要测后处理。

3)同步观测求差法

由于卫星星历误差对相距不远的两个测站的定位影响大致相同，因此，采用两个或多个近距离测站对同一颗卫星进行同步观测，然后求差，可以减弱卫星轨道误差的影响，这种方法称为同步观测求差法。

2. *卫星钟的钟误差*

GNSS 卫星上使用的原子钟的钟面时间与 GNSS 标准时间之间的误差称为卫星钟的钟误差。我们已经知道只有精确测定了卫星信号到测站的时间才能确定测站与卫星间的距离，因此，GNSS 卫星钟误差是影响精度的重要影响因素。

(1)卫星钟钟误差来源

在 GNSS 测量中，无论是测距码观测还是载波相位观测，都要求卫星钟与接收机钟保持严格同步。虽然卫星上使用了高精度的原子钟(铯钟和铷钟)，但是这些钟与 GNSS 时之间会有频漂、频偏，随着时间的推移，这些频漂、频偏还会发生变化。

(2)卫星钟钟误差对定位的影响

频漂、频偏的偏差总量约为 1ms 以内，由此引起的等效距离误差为 300km，显然无法满足精密定位的要求。

(3)解决卫星钟钟误差的方法

1)钟差改正法

对于卫星钟的钟误差可以通过卫星钟运行状态的连续监测而精确确定，表示为以下二阶多项式的形式：

$$\delta_t=a_0+a_1(t-t_{oe})+a_2(t-t_{oe})^2 \tag{2.22}$$

式中，$t_{oe}$为星钟修正参考历元；

$a_0$、$a_1$、$a_2$为卫星钟的钟差、钟速(或频率偏差)、钟速变率(或老化率)。

这些参数由卫星的主控站测定，通过导航电文提供给用户。

经过以上钟差模型改正后，各卫星钟与 GNSS 标准时之间的同步差，可以保持在 20ns 以内，由此引起的等效距离误差不超过 6m。

2)观测量差分法

欲要进一步削弱经过钟差模型改正后的卫星钟残差，可以通过观测量的差分技术来进行消除。

3. 相对论效应

相对论效应是由于卫星钟和接收机钟所处的状态(运动速度和重力位)不同而引起的两台钟之间产生的相对钟误差现象。

GNSS 卫星在离地面 20200km 高空的轨道上运行，由于相对论效应的影响，使一台钟放到卫星上去后的频率比在地面时增加 $\Delta f = 4.449 \times 10^{-10} f_0$。从而，解决相对论效应的最简单的办法就是在制造卫星钟的时候预先把频率降低 $\Delta f$。GNSS 卫星钟的标准频率 $f_0 =$ 10.23MHz，所以厂家在生产时应把频率降为：

$$10.23\text{MHz} \times (1-4.449\times10^{-10}) = 10.22999999545\text{MHz}$$

### 2.5.3 卫星信号的传播误差

距离地面约 2 万 km 的卫星发射的电磁波必须穿过电离层和对流层才能到达地面(见图 2.10)，又因为折射系数不同，电磁波在电离层和对流层中的传播情况不同于其在真空中传播的情况。与卫星信号传播有关的误差包括：卫星信号通过大气中的电离层、对流层时产生的误差，以及信号到达地面时产生反射信号所引起的多路径效应。

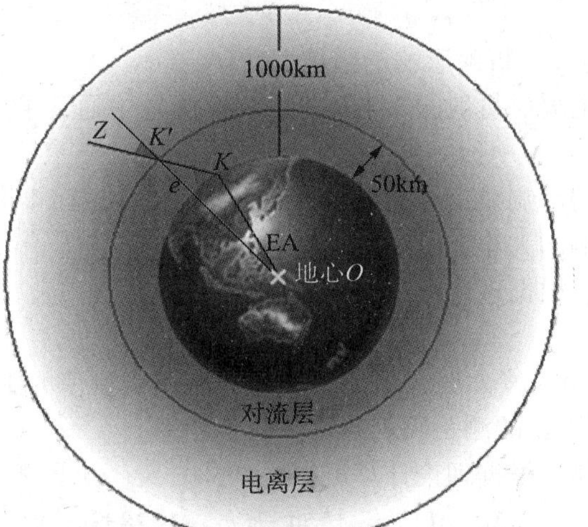


图 2.10　电离层、对流层

1. 电离层折射的影响

(1)电离层及其影响

电离层是指地球上空距地面高度在 50~1000km 的大气层。由于电离层中的气体分子吸收了太阳紫外线的的能量，因此，该大气层的温度随着高度的增加而迅速升高。同时，由于太阳和其他天体的各种射线作用，使该大气层的大气分子大部分发生电离，从而具有密度较高的带电粒子。该大气层对电磁波的传播属弥散性介质，也就是说，这时的电磁波的传播速度与频率有关。当 GNSS 信号通过电离层时，信号的传播路径会发生弯曲，使其传播速度发生变化，这种现象称为电离层折射。由此产生的距离差对测量的精度影响较大，必须采取有效措施削弱其影响。

测距码和载波通过电离层时的影响不同。

对于测距码观测，相应的传播路径延迟为：

$$\Delta_{Ig} \approx 40.28 \frac{N_{\Sigma}}{f^2} \tag{2.23}$$

对于载波相位观测，相应的传播路径延迟为：

$$\Delta_{Ip} \approx -40.28 \frac{N_{\Sigma}}{f^2} \tag{2.24}$$

式中，$N_{\Sigma}$为信号传播路径上的电子总量；

$f$为信号的频率。

由两式可知，信号在电离层中产生的的路径延迟取决于传播路径上的电子总量$N_{\Sigma}$和电磁波频率$f$。对于确定的频率$f$，电子总量$N_{\Sigma}$为唯一的变量。电离层电子密度，与太阳黑子活动强度最为密切相关，随着太阳及其他天体的辐射强度、季节、时间以及地理位置等因素的变化而发生变化。对于 GNSS 信号来说，白天正午前后，当卫星接近地平线时，电离层折射影响约为 150m，在夜间，当卫星处于天顶方向时，电离层折射的影响，小于 5m。

(2)消除或减弱电离层折射影响的措施

为了消除或减弱电离层折射的影响，在 GNSS 测量中通常采用以下的方法和措施：

1)利用双频观测

因为电离层折射的影响是信号频率的函数，因此，利用不同频率的电磁波信号进行观测，就可能确定其影响的大小，以便对观测量进行修正。

对于测距码观测，根据理论计算可得：

$$\Delta_{Ig}(L_1) = -1.5457\delta\rho \tag{2.25}$$

式中，$\Delta_{Ig}(L_1)$为用载波$L_1$时，电离层折射对距离观测值的影响；

$\delta\rho$为根据载波$L_1$和$L_2$的测距码观测得到的伪距差。

对于载波相位观测，根据理论计算可得：

$$\Delta\varphi_{Ip}(L_1) = -1.5457(\varphi_{f_1} - 1.2833\varphi_{f_2}) \tag{2.26}$$

式中，$\Delta\varphi_{Ip}(L_1)$为用频率为$f_1$的载波观测时，电离层折射对相位观测量的影响；

$\varphi_{f_1}$为频率为$f_1$的载波相位观测量；

$\varphi_{f_2}$为频率为$f_2$的载波相位观测量。

利用两式进行修正，其消除电离层的有效性不低于 95%。例如，$f_1 = 1575.42$MHz 和 $f_2 = 1227.60$MHz 的两种频率信号经过双频改正后电离层折射影响的残差最大为 45cm，平均为 0.3cm，90%小于 1.7cm。也就是说，经 GNSS 双频观测改正后的距离残差为厘米级。因此，双频接收机在精密定位中得到了广泛的应用。不过，在太阳辐射强烈的正午，或是太阳黑子活动的异常期，虽经过上述模型修正，但由于模型的不完善而引起的残差，仍然是很明显的。这在拟定精密定位计划时，应当慎重考虑，尽量避免在这个时间段进行观测。

2) 利用电离层模型修正

对于单频 GNSS 接收机，为了减弱电离层折射的影响，通常是由导航电文所提供的电离层模型（Klobuchar 模型）或是其他适宜的模型对观测量加以修正。目前这些模型正在完善中，经过模型修正的有效性为 75%，也就是说，当电离层对距离观测值的影响为 20m 时，修正后的残差仍为 5m。

3) 利用同步观测值求差

当测站相距不太远时，由于 GNSS 信号到达不同测站的路径相近，所经过的介质状况相近，因此，利用两台或多台接收机在基线的端点进行同步观测并取其观测量之差，可以减弱电离层折射的影响。这是这种方法对短基线（<20km 的基线）的效果明显，对基线成果的影响一般也不会超过 $1\times10^{-6}$。对于单频接收机的用户，这种方法意义明显。

2. 对流层折射的影响

(1) 对流层及其影响

对流层是指从地面向上约 50km 范围的大气层。整个大气层质量的 99%，几乎都集中在该大气层中。对流层与地面接触并从地面得到辐射热能，其温度随高度的增加而降低。对流层中的少量带电离子对电磁波的传播几乎没有影响，对流层的大气是中性的，对于电磁波的传播不属于弥散性介质。也就是说，电磁波在对流层的传播与频率无关，与大气的折射率有关。GNSS 信号通过对流层时，也使传播的路径发生弯曲，从而使测量距离产生偏差，这种现象称为对流层折射。

实际测量资料表明，由于对流层折射的影响，在天顶方向，可使电磁波的传播延迟约 2.3m，当高度角为 10°时，可达 20m。因此，在精密 GNSS 测量中必须考虑对流层折射的影响。对流层折射的影响还与大气压力、温度和湿度有关。由于大气对流较强，温度、湿度等因素的变化非常复杂，因此，大气对流层折射率的变化和影响难以精确模型化。当要求定位精度较高或基线较长（>50km 的基线）时，对流层折射是误差的主要来源之一。

(2) 消除或减弱电离层折射影响的措施

为了消除或减弱对流层折射的影响，在 GNSS 测量中通常采用以下的方法和措施：

①采用对流层模型改正。常用的对流层模型有萨斯塔莫宁（Saastamoinen）模型、霍普菲尔德（Hopfield）模型、勃兰克（Black）模型等。目前采用的各种对流层模型即使应用实时测量的气象资料，电磁波的传播路径延迟，经过改正后的残差仍为对流层折射影响的 5%左右。

②引入描述对流层折射影响的附加待估参数，在数据处理时一并求解。

③采用同步观测量求差。

与电离层折射的影响类似，当测站相距不远（<20km）时，GNSS 信号通过对流层的路径相近，对流层的物理性质相似，因此，对同一组卫星的同步观测值求差，可以明显的减弱对流层折射的影响。在精密相对定位中，通常采用此种方法。但是，随着同步观测测站的距离增加，地区的大气状况的相关性不强，这种方法的有效性会降低。根据经验，当距离大于 100km 时，对流层折射的影响成为 GNSS 定位的决定性因素之一。

3. 多路径效应的影响

多路径误差亦称多路径效应，是指接收机天线除直接接收到卫星发射的信号外，还能收到经天线周围地物一次或多次反射的卫星信号，这些信号相互叠加，引起测量参考点(相位中心点)位置的变化，从而使观测量产生误差，如图2.11所示。多路径误差随着天线周围反射面的性质而异，难以控制。多路径效应对伪距测量的影响比载波相位测量的影响严重，该项误差取决于测站周围的环境和接收天线的性能。资料表明，在一般反射环境下，多路径效应对测距码伪距的影响可达米级，对载波相位测量伪距的影响达厘米级。在高反射环境的条件下，多路径效应的影响明显增大，而且常常导致接收的卫星信号失锁和使载波相位观测量产生周跳。在精密 GNSS 导航和测量中，多路径效应的影响是不容忽视的。

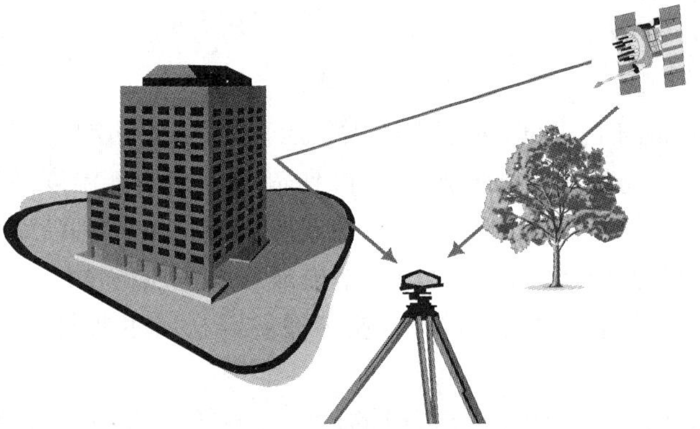

图 2.11　多路径效应

减弱多路径效应影响的主要措施有：

①测站要远离较强的反射面，如平坦的地面、大面积平静的水面等。草地、灌木丛等地面植被可以较好地吸收微波信号能量，是较理想的测站站址。粗糙不平的地面和翻耕的土地的反射能力较差，也可以作为测站站址。

②测站要远离高层建筑物，观测时测站附近也不要停放汽车。

③测站不宜选在山坡、山谷和盆地中。

④选择抑径圈和抑径板天线，改善 GNSS 接收机的电路设计。

⑤适当延长观测时间，削弱多路径效应的周期性影响。

### 2.5.4　与接收设备有关的误差

与接收机有关的误差主要包括：观测误差、接收机钟差、天线相位中心误差、载波相位测量中的整周未知数误差及接收机软、硬件造成的误差。

1. 观测误差

观测误差包括接收机对 GNSS 信号的分辨误差和接收机相对测站点中心的安置误差。观测误差属于偶然误差，适当增加观测量会显著地减弱其影响。

一般认为，分辨误差约为信号波长的1%，如P码、C/A码、载波 $L_1$ 和载波 $L_2$ 的分辨误差分别为：0.3m、2.9m、2.0mm 和 2.5mm。

接收机相对测站点中心的安置误差，主要包括天线的置平、对中误差以及量取天线高的误差。例如，当天线高为 1.6m 时，如果天线置平误差为 0.1°，则对中误差约为 3mm。因此，在 GNSS 测量中，架设仪器时要仔细操作，严格对中整平，测量过程中仪器保持稳定。应用 GNSS 进行变形观测时，要采用强制对中装置。量仪器高时，尽量选用经过检验的高精度钢尺，多量几遍。

### 2. 接收机钟差

GNSS 接收机的钟面时与 GNSS 标准时之间的差异成为接收机钟差。在 GNSS 测量时，为了保证随时导航定位的需要，卫星钟必须具有极好的长期稳定度。由于接收机钟只需要在一次定位的期间内保持稳定，因此，一般使用短期稳定较好、便宜轻便的石英钟，其稳定度约为 $10^{-11}$。如果接收机钟与卫星钟间的同步差为 1μs，则由此引起的等效距离差约为 300m。减弱接收机钟差比较有效的方法是：

①在单点定位中，把每个观测时刻的接收机钟差当做一个独立的未知数，在数据处理中与观测站的位置参数一并求解。

②在载波相位相对定位中，采用对观测值的求差(星间单差、星站间双差)的方法。

③在高精度 GNSS 定位中，可以采用外接频标的方法，如铯钟和铷钟等，为接收机提供高精度时间标准。这种方法常用于固定观测法。

### 3. 天线相位中心位置误差

在 GNSS 测量中，测距码和载波相位观测值都是以接收机天线的相位中心位置为准的，因此，天线的相位中心要与其几何中心保持一致。但实际天线的相位中心位置随信号输入的强度和方向不同会发生变化，使其偏离几何中心，这种偏差称为天线相位中心位置误差。天线相位中心位置误差视天线性能的好坏可达数毫米至数厘米，对精密相对定位也是不容忽视的。如何减小天线相位中心位置偏移，也是天线设计中的一个重要问题。

在实际工作中，如果使用同一类型天线，在相距不远的两个或多个测站同步观测同一组卫星，可以通过观测值求差来减弱相位中心偏移的影响。各测站的天线均应按天线附有的方位标志进行定向，使之根据罗盘指向磁北极，其定向偏差应在 3°~5°以内。

### 4. 载波相位测量中的整周未知数误差

我们已经知道，载波相位测量是目前普遍采用的最精密的观测方法，可以精确测定卫星至测站的距离。但是，由于接收机只能测定载波相位非整周的小数部分和从锁定载波这一起始时刻至观测历元之间的载波相位变化的整周数，不能直接获得载波相位锁定时刻在传播路径上变化的整周数。因此，在载波相位伪距观测值中，需要求出载波相位整周未知数，整周未知数计算值的精确度直接影响测距精度。

在载波相位测量中，还经常出现周跳问题。当接收机锁定卫星信号后，载波信号的整周数便由接收机自动计数，但是，在计数过程中，由于卫星信号受遮挡或被干扰，出现失锁现象，当接收机重新锁定卫星信号后，整周计数不再和中断前连续，载波相位非整周的小数部分仍和中断前的情况一样，这种现象称为周跳。它也是精密定位中的一个重要问题。

5. 接收机软、硬件造成的误差

在 GNSS 测量中，测量结果会受到接收机硬件、控制软件以及数据处理软件的影响，主要包括 GNSS 控制部分或计算机造成的影响和数据处理软件的算法不完善对解算结果的影响。

## ◎ 习题和思考题

1. 简述国家坐标系与地方独立坐标系的区别。
2. GNSS 时间系统的重要意义是什么？
3. 简述恒星时与平太阳时的区别。
4. 什么叫大地高？什么叫正常高？它们之间的关系如何？
5. 联系理论研究和实践经验，谈谈提高 GNSS 水准精度的措施。
6. GNSS 单点定位的基本原理是什么？
7. 与 GNSS 卫星有关的误差有哪些？简述减弱相应误差的方法。
8. 电离层折射和对流层折射对信号传播的影响有什么不同？

# 第3章　GNSS静态测量的设计与实施

【教学目标】

本章首先介绍了GNSS静态测量工作的技术设计、图形设计，还讨论了GNSS的测前准备工作及设计书的编写内容，详细讨论了GNSS外业施测包括：选点、埋石、野外观测的方法和注意事项；数据的预处理及外业成果检核内容。最后学习了GNSS测量的技术总结内容及上缴的技术成果资料。

## 3.1　GNSS静态测量设计

### 3.1.1　GNSS测量的技术设计

技术设计是依据GNSS网的用途及用户的要求，按照国家及行业主管部门颁布的GNSS测量规范(规程)，对精度、密度、基准及作业纲要(如观测的时段数、每个观测时段的长度、采样间隔、截止高度角、接收机的类型及数量、数据处理的方案)等所作出的具体规定和要求。技术设计是建立GNSS网的首要工作，它提供了建立GNSS网的技术准则，是项目实施过程中以及成果检查验收时的技术依据。精心的计划可以最大限度地确保项目按时按质完成。

1. GNSS测量的设计依据

技术设计必须依据相关标准、技术规程或要求来进行，常用的依据有GNSS测量规范及规程、测量任务书或测量合同书。

(1)GNSS测量规范(规程)

GNSS测量规范(规程)是由国家质量监督检验检疫总局或行业主管部门制定的GNSS测量技术标准，是GNSS测量工作必须遵守的指令性法规。目前现行的GNSS测量规范(规程)主要有：

①2009年国家质量监督检验检疫总局和国家标准化管理委员会发布的《全球定位系统(GNSS)测量规范》(GB/T 18314—2009)，以下简称《GB规范》。

②2005年国家测绘局发布的行业标准《全球导航卫星系统连续运行参考站网建设规范》CH/T 2008—2005。

③1998年交通部发布的交通行业标准《公路全球定位系统(GNSS)测量规范》(JTJ/T 066—98)，以下简称《JT规范》。

④1997 年建设部发布的建设行业标准《全球定位系统城市测量技术规程》(CJJ73-97)，以下简称《JJ 规程》。

⑤各部委根据本部门 GNSS 测量的实际情况所制定的其他 GNSS 测量规程及细则。

(2)测量任务书或合同书

测量任务书是测量单位的上级主管部门下达的具有强制约束力的文件。任务书常用于下达指令性任务。测量合同书是由业主方(或上级主管部门)与测量实施单位所签订的合同，该合同书经双方协商同意并签订后便具有法律效力。测量合同书是在市场经济条件下广泛采用的一种形式。测量单位必须按照测量任务书或测量合同书中所规定的测量任务的目的、用途、范围、精度、密度等进行实施，在规定的时间内提交合格的成果及相关资料。上级主管部门及业主方也应按照测量任务书或测量合同书中的规定及时拨付工作经费，并在资料、场地、生活方面给予必要的协助和照顾。技术设计必须保证测量任务书或合同书所提出的各项技术指标均能得以满足，并在时间和进度安排上适当留有余地。

2. GNSS 测量的精度设计

(1)GNSS 测量的精度分级及标准

精度是用来衡量 GNSS 网的坐标参数估值受偶然误差影响程度的指标。GNSS 控制网虽然不存在常规控制网的那种逐级控制问题，但是，不同的 GNSS 网的应用目的不同，其精度要求也不相同。在《GB 规范》中，GNSS 测量按其精度划分为 AA、A、B、C、D、E 六个精度级别。AA、A 级 GNSS 网主要用于全球性地球动力学、精密定轨、地壳形变及国家基本大地测量；B 级主要用于局部形变监测和各种精密工程测量；C 级主要用于大、中城市及工程测量的基本控制网；D、E 主要用于中、小城市、城镇及测图、地籍、地信、房产、物探、勘测、建筑工程等的控制测量。

精度分级见表 3.1 和表 3.2。

表 3.1　**《GB 规范》的 GNSS 测量精度分级**

| 级　别 | 主　要　用　途 | 固定误差 $a$/mm | 比例误差系数 $b$ |
|---|---|---|---|
| AA | 全球性的动力学研究、地壳变形测量和精密规定 | ≤3 | ≤0.01 |
| A | 区域性的地球动力学研究和地壳变形测量 | ≤5 | ≤0.1 |
| B | 局部变形监测和各种精密工程测量 | ≤8 | ≤1 |
| C | 大、中城市及工程测量基本控制网 | ≤10 | ≤5 |
| D | 中、小城市及测图、物探、建筑施工等控制测量 | ≤10 | ≤10 |
| E | | ≤10 | ≤20 |

表 3.2　　**《JJ 规程》的 GNSS 测量精度分级**

| 等　级 | 平均距离/km | 固定误差 $a$/mm | 比例误差系数 $b$ | 最弱边相对中误差 |
|---|---|---|---|---|
| 二 | 9 | ≤10 | ≤2 | 1/12 万 |
| 三 | 5 | ≤10 | ≤5 | 1/8 万 |
| 四 | 2 | ≤10 | ≤10 | 1/4.5 万 |
| 一级 | 1 | ≤10 | ≤10 | 1/2 万 |
| 二级 | <1 | ≤15 | ≤20 | 1/1 万 |

注：当边长小于 200m 时，以边长中误差小于 20mm 来衡量。

各等级 GNSS 相邻点间基线长度的精度通常用下式表示

$$\sigma = \sqrt{a^2 + (bd \times 10^{-6})^2} \tag{3.1}$$

式中，$\sigma$ 为 GNSS 基线向量的弦长中误差(mm)，亦即等效距离误差。

$a$ 为 GNSS 接收机标称精度中的固定误差(mm)。

$b$ 为 GNSS 接收机标称精度中的比例误差系数(ppm)。

$d$ 为 GNSS 网中相邻点间的距离(mm)。

实际工作中，精度标准的确定要根据用户的实际需要以及人力、物力、财力情况合理设计，也可参照本部门已有的生产规程和作业经验适当掌握。在具体布设中，可以分级布设，也可以越级布设，或布设同级全面网。

(2)GNSS 网的精度设计

网的精度设计就是根据偶然误差的传播规律，按照一定的精度设计方法，分析网中各未知点平差后预期能达到的精度，这常被称为网的统计强度设计与分析。一般常用坐标的方差-协方差阵来表示，也可用点位误差椭圆(球)来描述坐标点的精度状况，或用点之间的方位、距离和角度的中误差来表示。

在 GNSS 网总体设计中，精度指标是比较重要的参数，它将直接影响 GNSS 网的布设方案、外业观测实施、内业数据处理及测量工作经费。在实际工作中，可根据实际需要合理地确定；既不能制定过低标准而影响网的精度，也不必要盲目追求高精度造成浪费。

对于 GNSS 网的精度要求，一般用网中点之间的距离误差来表示。然而，对于大多数控制网和精密工程控制网来讲，仅用点位之间距离的相对精度还不够，通常以网中各点的点位精度，或网中的平均点位精度来表征网的精度，亦即用网点坐标的方差-协方差阵构成描述精度的纯量精度标准和准则矩阵来实现。纯量精度标准是选择一个描述全网总精度的一个变量作出不同选择，构成了不同的纯量精度标准，并用其来建立优化设计的精度目标函数。准则矩阵是将网中点的坐标方差-协方差阵构造成具有理想结构的矩阵，它代表了网的最佳精度分布，具有更细致描述网的精度结构的控制标准。但是，对于 GNSS 测量，正如前述，其精度与网的点位坐标无关，与观测时间无明显相关性(整周模糊度一旦被确定以后)，GNSS 网平差的法方程只与点间的基线数目有关，且基线向量的三个坐标分量之间又是相关的，因此，很难从数学的角度和实际应用出发，建立使未知数的协因数阵逼近理想的准则矩阵。所以，目前较为可行的方法是给出坐标协因数阵的某种纯量精度标准函数。设 GNSS 网有误差方程

$$\begin{cases} V = B\hat{X} + l \\ D_u = \sigma_0^2 P^{-1} \end{cases} \tag{3.2}$$

式中，$l$、$V$ 分别为观测向量及其改正数；$\hat{X}$ 为坐标未知参数向量；$P$ 为观测向量的权阵；$\sigma_0^2$ 为先验单位权方差(也称先验方差因子，在设计阶段取 $\sigma_0^2=1$)。

由最小二乘原理可得参数的估值及其协因数阵为

$$\begin{cases} \hat{X} = (B^{\mathrm{T}}PB)^{-1}B^{\mathrm{T}}Pl \\ Q_{\hat{X}\hat{X}} = (B^{\mathrm{T}}PB)^{-1} \end{cases} \tag{3.3}$$

优化设计中常用的纯量精度标准，根据其由 $Q_{\hat{X}\hat{X}}$ 构成的函数不同而有 4 种不同的最优纯量精度标准函数。

(1) $A$ 最优性标准

$$f = \mathrm{Trace}(Q_{\hat{X}\hat{X}}) = \lambda_1 + \lambda_2 + \Lambda + \lambda_t \to \min$$

式中，Trace 表示矩阵的迹，$\lambda_1$、$\lambda_2$、$\Lambda$、$\lambda_t$ 为 $Q_{\hat{X}\hat{X}}$ 的非零特征值。

(2) $D$ 最优性标准

$$f = \mathrm{Det}(Q_{\hat{X}\hat{X}}) = \lambda_1 \cdot \lambda_2 \cdot \Lambda \cdot \lambda_t \to \min$$

式中，Det 表示行列式的值。

(3) $E$ 最优性标准

$$f = \lambda_{\max} \to \min$$

式中，$\lambda_{\max}$ 为 $Q_{\hat{X}\hat{X}}$ 的最大特征值。

(4) $C$ 最优性标准

$$f = \frac{\lambda_{\max}}{\lambda_{\min}} \to \min$$

以上四个纯量精度标准最优函数标准中，$C$、$D$、$E$ 三个标准需要计算行列式和特征值，而对于高阶矩阵，这些计算都是比较困难的，因此，在实际中应用较少，一般多用于理论研究。相反，A 最优性标准函数求的是 $Q_{\hat{X}\hat{X}}$ 的迹，计算简便，避免了特征值的计算，因此在实际中应用较多。但在实际应用中还可根据工程对网的具体要求，将 A 最优性标准变形为

$$f=\mathrm{Trace}(Q_{\hat{X}\hat{X}}) \leqslant C \tag{3.4}$$

GNSS 网精度设计可按下列步骤进行：

①首先根据布网目的，在图上进行选点，然后到野外实地踏勘选点，以保证所选点位满足本次控制测量任务的要求和野外观测应具备的条件，进而在图上获得要施测点位的概略坐标。

②根据本次 GNSS 控制测量使用的接收机台数 $N$，按照上节所述布网原则，先取($N-1$)条独立基线设计网的观测图形，并选定网中可能追加施测的基线。

③根据本次控制测量的精度要求，采用解析模拟方法，依据精度设计模型，计算该网可能达到的精度数值。

④采用逐步增减网中独立观测基线，直至精度数值达到网的精度指标，并获得最终网形及施测方案。

GNSS 测量规范及规程中的各项规定和指标通常都是针对一般情况而制定的，并不适合所有场合。所在在特殊情况下，测量单位仍需要按照测量任务书或测量合同书中提出的技术要求单独进行技术设计，而不可一概套用 GNSS 测量规范及规程中的相关规定。如在混凝土大坝外观变形监测中，平面位移和垂直位移的监测精度均要求优于 1mm(精度要求优于 B 级 GNSS 测量)，而边长通常仅为数百米到数千米(基本相当于 E 级 GNSS 测量)，故不宜直接套用规范和规程，应另行进行技术设计。如前所述，当某工程项目的精度要求介于两个等级之间，而上靠一级又会大幅度增加工作量时，也应另行进行技术设计，对时段数、时段长度、图形结构等作出适当规定，以便使成果既能满足要求，又不致付出过高的代价。

(3)提高 GNSS 网精度的方法

为保证 GNSS 网中各相邻点具有较高的相对精度，对网中距离较近的点一定要进行同步观测，以获得它们间的直接观测基线。

为提高整个 GNSS 网的精度，可以在全面网之上布设框架网，以框架网作为整个 GNSS 网的骨架。

在布网时要使网中所有最小异步环的边数不大于 6 条。

若要采用高程拟合的方法测定网中各点的正常高/正高，则需在布网时选定一定数量的水准点。水准点的数量应尽可能多些，且应在网中均匀分布，还要保证有部分点分布在网中的四周，将整个网包含在其中。

为提高 GNSS 网的尺度精度，可采用增设长时间、多时段的基线向量。

(4)GNSS 网精度设计实例

**【实例 3-1】**对一个由 8 点组成的 GNSS 模拟网，进行网的精度设计。该网 8 个点的概略大地坐标由图上量出并列于表 3.3，点位及网形如图 3.1 所示。

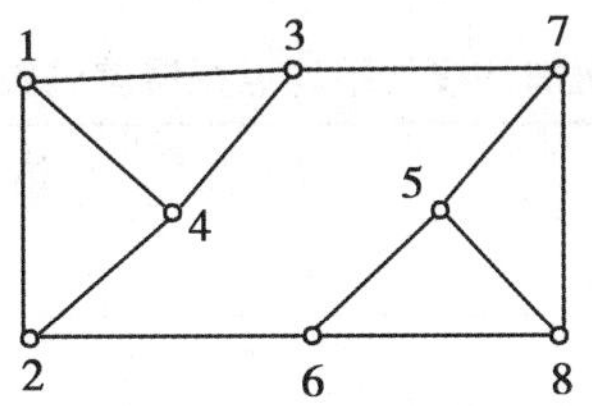


图 3.1　GNSS 模拟

在图 3.1 中，独立基线为 1~2，1~3，1~4；2~4，2~6；3~4，3~7；5~6，5~7，5~8；6~8，7~8，共计 12 条 GNSS 基线。

表 3.3　　**GNSS 模拟网坐标值**

| 点　号 | 纬　度/° | 精　度/° | 大地高程/m |
|---|---|---|---|
| 1 | 36.16 | 112.30 | 100 |
| 2 | 36.11 | 112.30 | 80 |
| 3 | 36.16 | 112.34 | 120 |
| 4 | 36.14 | 112.32 | 150 |
| 5 | 36.14 | 112.36 | 120 |
| 6 | 36.11 | 112.34 | 100 |
| 7 | 36.16 | 112.38 | 200 |
| 8 | 36.11 | 112.38 | 110 |

假定单位权方差 $\sigma_0^2 = 1$，以 1 号点作为基准点，设计后的平均点位误差要求为 2.2cm（即 $C = 2.2\text{cm}$）。

假定 GNSS 基线长、方位和高差的精度如表 3.4 所示。

表 3.4　　**GNSS 基线长、方位和高差精度**

| 项目 | 固定误差 | 比例误差 |
|---|---|---|
| 边长 $D$ | 5mm | $1 \times 10^{-6}$ |
| 方位 $A$ | 3″ | 1″ |
| 高差 $H$ | 10mm | $2 \times 10^{-6}$ |

根据图 3.1 独立基线构成的 GNSS 网形结构，由公式(3.4)可求出网的平均协因数值 Trace(Qxx)，进而求出网的平均点位误差为

$$\bar{m}^2 = \sigma_0^2 \sqrt{\text{Trace}(Q_{xx})} = 2.9\text{cm} \tag{3.5}$$

可见，没有达到设计精度要求。因此，需要在网中加测基线，并重新计算协因数及平均点位误差见表 3.5。

表 3.5　　**增加基线与平均点位误差的关系**

| 增加基线 | 达到的平均点位误差/cm |
|---|---|
| 4~6 | 2.5 |
| 3~5 | 2.3 |
| 4~5 | 2.2 |

可以看出，需要增加3~5、4~5、4~6(图3.2中的虚线边)共3条基线后，即可达到设计精度要求。因此，最终设计图形及需观测的独立基线如图3.2所示。

实际工作中，精度设计的试算过程，都是利用计算机编程软件进行的。

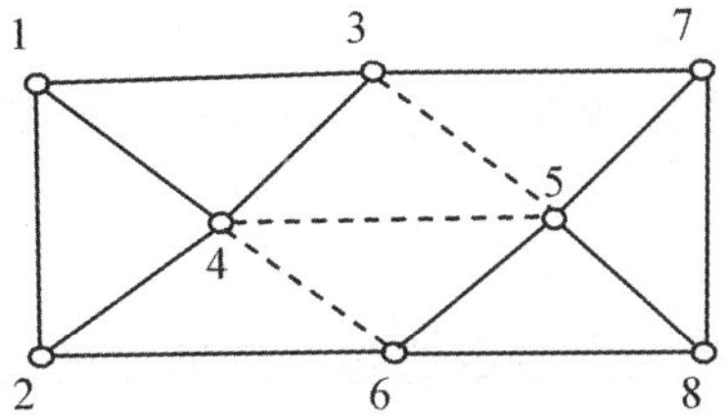


图3.2　增加基线后的GNSS模拟

3. GNSS网的密度设计

(1)GNSS网点的密度标准

针对不同的任务要求和服务对象，GNSS网点的密度要求也不相同。对于国家特级(AA、A级)基准点及大陆地球动力学研究监测所布测得GNSS网点，主要用于提供国家级基准、精密定轨、星历计划及高精度变形信息，所以布设时平均距离可达数百公里。而一般城市和工程测量GNSS网点的布设密度，主要是满足测图加密和工程测量的需要，平均边长往往在几公里以内。因此现行《GB规范》对GNSS网中两相邻点间的距离和最简独立闭合环或符合路线的边数，根据不同的需要做出了如表3.6所示的规定。

表3.6　**GNSS网点的平均距离及边数**

| 级　别 | AA | A | B | C | D | E |
|---|---|---|---|---|---|---|
| 平均距离/km | 1000 | 300 | 70 | 10~15 | 5~10 | 0.2~5 |
| 闭合环或附和路线边数 | — | ≤5 | ≤6 | ≤6 | ≤8 | ≤10 |

《JJ规程》还对平均边长作出了说明：规定了最小距离是平均距离的1/2~1/3，最大距离是平均距离的2~3倍。在特殊情况下，个别边长还可以超出表中规定。由此可见，对于城市和工程测量而言，《JJ规程》比《GB规范》有较大灵活性。

(2)GNSS网点的密度设计

GNSS测量规范及规程中一般都对GNSS测量的等级进行了划分，不同等级的GNSS测量有不同的密度指标，适于不同的用途。因而在一般情况下，测量单位只需要依据项目的目的、用途和具体要求就能对号入座，确定相应的等级，然后按规范及规程的密度、施测纲要及数据处理方法来加以执行即可，而无需专门进行密度设计。当用户的上述要求介于两个等级之间时，在无需大量增加工作量的情况下，一般就直接上靠到较高的等级上去；否则应专门为该项目进行密度设计。

4. GNSS 网的基准设计

GNSS 测量获得的是 GNSS 基线向量，属于 WGS-84 坐标系的三维坐标向量，而实际工作中需要的是国家坐标系或地方独立坐标系的坐标。在 GNSS 网的技术设计时，必须明确 GNSS 成果转换时所采用的坐标系统和起算数据。我们将这项工作称为 GNSS 网的基准设计。

GNSS 网的基准设计包括位置基准、方位基准和尺度基准。GNSS 网的基准设计，主要是指确定网的位置基准。

(1)位置基准设计

GNSS 网的位置基准一般都是由给定的起算点坐标确定。研究表明，GNSS 基线向量解算中作为位置基准的固定点误差，是引起基线误差的一个重要因素，使用测量时获得的单点定位坐标成果作为起算坐标，由于其误差可达数十米以上，所以选用不同点的单点定位坐标值作为固定点时，引起的基线向量误差可达数厘米。因此，必须对网的位置基准进行设计。应按如下优先顺序采用：

①如果网中有国家 A、B 级 GNSS 网控制点或其他高等级 GNSS 网控制点，应优先采用这些点在 WGS-84 坐标系的坐标值。也可采用测区内的国家多普勒点在 WGS-84 坐标系的坐标值，作为解算基线向量的固定位置基准。

②若网中的点具有较高等级的国家坐标系下或地方坐标系下的坐标，可以通过它们所属的坐标系与 WGS-84 坐标系的转换参数，求得它们在 WGS-84 坐标系的坐标值，把它作为 GNSS 网的固定位置基准。

③若网中无任何其他已知起算数据，可选网中长时间观测(不少于 30min)的点(比如：可以在其他接收机迁站时，本站接收机不关机而连续观测，以增长观测时间)，将其长时间观测的单点定位结果作为基线向量解算的位置基准。

(2)尺度基准设计

尺度基准一般由地面电磁波测距边确定，也可由两个以上起算点间的距离确定，还可由 GNSS 基线向量的距离确定。尽管 GNSS 观测量本身已经含有尺度信息，但由于 GNSS 网的尺度含有系统误差，所以，还需要提供外部尺度基准。

GNSS 网的尺度系统误差有两个特点：一是随时间变化，由于美国政府的 SA 政策，使广播星历误差大大增加，从而对基线带来较大误差；二是随地域变化，由于区域重力场模型不准确引起的重力摄动造成。因此，如何有效地降低或消除这种尺度误差，提供可靠的尺度基准，有以下几种方案：

①提供外部尺度基准。对于边长小于 50km 的 GNSS 网，可用较高精度的测距仪($10^{-6}$以上)测量 2~3 条基线边，作为整网的尺度基准。对于大型长基线 GNSS 网，可采用 SLR 站的相对定位观测值和 VLBI 基线作为 GNSS 网的尺度基准。

②提供内部尺度基准。在无法提供外部尺度基准时，仍可采用 GNSS 观测值作为 GNSS 网的尺度基准，只是对作为尺度基准的观测量提出一些不同的要求，如图 3.3 所示。

在网中选一条长基线，对该基线应尽可能多地长时间、多次观测，最后取其平均值作为 GNSS 网的尺度基准。由于它是不同时期的平均值，尺度误差可被有效地消除。因此，它的精度要比网中其他短基线高得多，可以作为 GNSS 网的尺度基准。

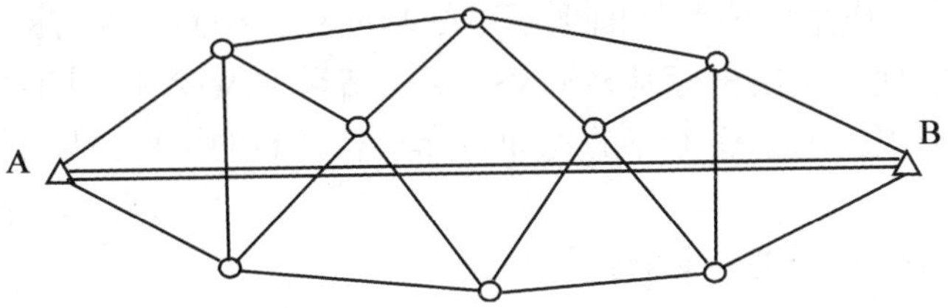

图 3.3　GNSS 网尺度基准设计

(3)方位基准设计

方位基准一般以给定的起算方位角确定，也可由 GNSS 基线向量的方位作为方位基准。

(4)GNSS 网的基准设计必须考虑的问题

①GNSS 测量成果的坐标转换，需要足够的起算数据与 GNSS 测量数据重合，或者联测足够的地方控制点，以求得转换参数。在选择联测点时，既要充分考虑利用旧点资料，又要使新建的高精度 GNSS 网不受旧点精度较低的影响。大、中城市 GNSS 网应与附近的国家控制点联测 3 个以上，小城市或工程控制网可以联测 2~3 个点。此外，若 GNSS 网中有多普勒点，由于其精度较高也可将其联测作为一点或多点基准；若网中无任何其他已知起算点，也可将 GNSS 网中一个点的多次或长时间观测的伪距坐标作为 GNSS 网的位置基准。

②为了保证 GNSS 网进行约束平差后坐标精度的均匀性和减少尺度比误差的影响，对 GNSS 网内重合的高等级国家点或原城市等级控制网点，应与新点一起构成图形。

③在布设 GNSS 网时，可以采用 3~5 条高精度电磁波测距边作为起算边。电磁波测距边两端高差不宜过大，可布设在网中的任何位置。

④在布设 GNSS 网时，可引入起算方位，但起算方位不宜太多。起算方位可布设在网中的任何位置。

⑤GNSS 网经平差计算后，可以得到 GNSS 点在地面坐标系中的大地高，为了求得 GNSS 点的正常高，可根据具体情况联测高程点。高程联测精度应采用不低于四等的水准测量或与其精度相当的方法进行。平原地区联测点宜不少于 5 个，丘陵、山地联测点宜不少于 10 个。联测的高程点应均匀地分布于网中。

⑥新建的 GNSS 网的坐标系应尽量与测区过去采用的坐标系统一致，如果采用地方独立或工程坐标系，一般还应了解以下参数：所采用的参考椭球；坐标系的中央子午线经度；纵、横坐标加常数；坐标系的投影面高程以及测区的平均高程异常值；起算点的坐标值。

5. GNSS 网与地面网的联测设计

GNSS 网所获得的点位坐标是属于 WGS-84 坐标系的坐标值。为了将它们转换为我们常用的国家或地方坐标系的坐标值，在设计 GNSS 网时，一定要考虑联测一定数量的原有地面水平控制网点和高程控制点。

(1)联测(重合)点的精度要求

联测点作为 GNSS 成果转换为地面坐标系的基准点，在 GNSS 测量数据处理中具有重要的意义。联测点的地面实用坐标是将 GNSS 定位结果的 WGS-84 坐标系转换至地面坐标系时的起算数据，所以，要求联测点的地面坐标具有较高的精度。以下几种点均可作为联测点：

①测区内现有的最高等级的常规地面控制点；

②地方坐标系中的控制网定位、定向的起算点；

③连接国家坐标系和地方坐标系的连接点；

④水准点。

(2)平面坐标联测点的密度和分布

GNSS 网与地面网的联测点最少应有两个。其中一个作为 GNSS 网在地面网坐标系内的定位起算点，两点之间的方位和距离作为 GNSS 网在地面坐标系内定向和计算尺度比的数据。

显然，为了更好地解决 GNSS 网与地面网之间的成果转换问题，应有更多的联测点。研究和实践表明，一个 GNSS 网应联测 3~5 个精度较高、分布均匀的地面点，作为 GNSS 网与地面网的重合观测点。测区较大时，还应适当增加重合点数。

(3)高程联测点的选择和分布

GNSS 网一般是求得测站点的三维坐标，其中高程为大地高。而实际应用的高程系统为正常高系统。为此，通常是在 GNSS 网中施测或重合少量的几何水准点，用数值拟合法拟合出测区的似大地水准面，进而内插出其他 GNSS 网点的高程异常值，再求出其正常高。

据研究，在平原地区布测的 GNSS 网中，只要用三等实测并且重合全网五分之一的 GNSS 点的几何水准，用数值拟合法求定 GNSS 网点的正常高，其精度可以代替四等水准测量。所实测或重合的水准点，大部分应位于 GNSS 网的周围，少量在网中间，以便求得最佳拟合效果。

### 3.1.2 GNSS 网的图形设计

对于按常规方法布设的三角网、三边网或导线网，图形设计是非常重要的一项工作，良好的图形设计，既可以减少野外选点的工作量，节省费用，也为获得较高精度的成果打下基础。在建立 GNSS 控制网时，由于 GNSS 的同步观测不要求通视，使得观测具有较大的灵活性，因此，GNSS 网的图形设计也具有较大的灵活性。

1. GNSS 测量的专用术语

为了理解和叙述方便，这里先对 GNSS 测量中的一些专用术语加以介绍。

(1)观测时段(Obervation session)

从测站上开始接收卫星信号起至停止观测间的连续工作时间段称为观测时段，简称时段。时段持续的时间称为时段长度。时段是 GNSS 测量观测工作的基本时间单位，不同精度等级的 GNSS 测量对每点观测的时段数和时段长度均有不同的要求。

(2)同步观测(Simultaneous observation)

同步观测是指使用两台或两台以上 GNSS 接收机，在相同的时段内连续跟踪接收相同卫星组的信号。只有进行同步观测，才有可能通过在接收机间求差的方式来消除或大幅度削弱卫星星历误差、卫星星钟钟差、电离层延迟等这些具有强空间相关性的因素对相对定位结果的影响。因此，同步观测是进行相对定位时必须遵循的一条原则。

(3)基线向量

基线向量是利用进行同步观测的 GNSS 接收机所采集的观测数据计算出的接收机间的三维坐标差，简称基线，其与计算时所采用的卫星轨道数据同属一个坐标参照系。基线向量是 GNSS 相对定位的结果，在建立 GNSS 网的过程中，它是网平差时的观测量。

(4)复测基线及长度较差

在某两个测站间，由多个时段的同步观测数据所获得的多个基线向量解结果称为复测基线。两条复测基线的分量较差的平方和开方称为复测基线的长度较差。

(5)闭合环及环闭合差

闭合环是由多条基线向量首尾相连所构成的闭合图形。环闭合差是组成闭合环的基线向量按同一方向的矢量和。

(6)同步观测环和同步环检验

同步观测环(Simultaneous observation loop)是三台或三台以上的 GNSS 接收机进行同步观测所获得的基线向量构成的闭合环，简称为同步环。同步环闭合差从理论上讲应等于零，若基线向量采用单基线解模式求解，由于计算环中各基线向量时所用的观测资料和处理方式实际上并不严格相同，数据处理软件不够完善，以及计算过程中舍入误差等原因，同步环闭合差实际上并不为零。同步环闭合差可以从某一侧面反映 GNSS 测量的质量，但对中误差、量取天线高粗差等无法反映。

(7)独立基线向量

若一组基线向量中的任何一条基线向量皆无法用该组中其他基线向量的线性组合来表示，则该组基线向量就是一组独立的基线向量。满足以下条件之一的一组基线向量均为独立基线向量：

①一组未构成任何闭合环的基线向量；

②一组虽然构成了若干闭合环的基线向量，但所构成的环均为非同步环。

用 $N$ 台 GNSS 接收机进行同步观测时，可求得 $N(N-1)/2$ 条基线向量，但其中只有 $N-1$ 条基线向量是独立基线向量。

(8)独立观测环和独立环检验

独立观测环(independent observation loop)是指由独立基线所构成的闭合环，即前面的非同步观测环，也被称为异步环。我们可以根据 GNSS 测量的精度要求，为独立环闭合差制定一个合适的限差(GNSS 测量规范中已作了相应的规定)。这样，用户就能通过此项检验较为科学地评定 GNSS 测量的质量。与同步环检验相比，独立环检验能更加充分地暴露出基线向量中存在的问题，更客观地反映 GNSS 测量的质量。

(9)数据剔除率(percentage of data rejection)

同一时段中，删除的观测值个数与应获取的观测值总数的比值。

(10)天线高(antenna height)

观测时接收机天线相位中心至测站中心标志面的高度。

(11)参考站(reference station)

在一定的观测时间内，一台或几台接收机分别固定在一个或几个测站上，一直保持跟踪观测卫星，其余接收机在这些测站的一定范围内流动设站作业，这些固定测站就称为参考站。

(12)流动站(roving station)

在参考站一定范围内流动设站作业的接收机所设测站。

(13)GNSS 静态定位测量(static GNSS positioning)

通过在多个测站上进行若干时段同步观测，确定测站之间相对位置的 GNSS 定位测量。

(14)GNSS 快速静态定位测量(rapid static GNSS positioning)

利用快速整周模糊度解算法原理所进行的 GNSS 静态定位测量。

(15)单基线解(single baseline solution)

在多台 GNSS 接收机同步观测中，每次选取两台接收机的 GNSS 观测数据解算相应的基线向量。

(16)多基线解(multi-baseline solution)

从 $N$ ( $N \geqslant 3$) 台 GNSS 接收机同步观测值中，由 $N-1$ 条独立基线构成观测方程，统一解算出 $N-1$ 条基线向量。

(17)永久性跟踪站(permanent tracking station)

长期连续跟踪接收卫星信号的永久性地面观测站。

2. GNSS 控制网图形构成的基本概念和网的特征条件

在进行 GNSS 网图形设计前，必须明确有关 GNSS 网构成的几个概念，掌握网特征条件的计算方法。

(1)GNSS 网特征条件的计算

设 $N$ 为接收机台数，$n$ 为网点数，$C$ 为观测时段数，$m$ 为每点设站次数，则按 R. A. sany 提出的计算公式为

$$C = n \cdot m/N \tag{3.6}$$

在 GNSS 网中

总基线数：

$$J_{总} = C \cdot N \cdot (N-1)/2 \tag{3.7}$$

必要基线数：$J_{必} = n - 1$ (3.8)

独立基线数：$J_{独} = C \cdot (N-1)$ (3.9)

多余基线数：$J_{多} = C \cdot (N-1) - (n-1)$ (3.10)

根据以上公式，就可以确定出一个具体的 GNSS 网图形结构的主要特征。

(2)GNSS 网同步图形构成及独立边选择

根据公式(3.7)，对于由 $N$ 台 GNSS 接收机构成的同步图形中，一个时段包含的基线(GNSS 边)数为

$$J = N(N-1)/2 \tag{3.11}$$

但是其中仅有 $N-1$ 条是独立边，其余为非独立边。图 3.4 给出了当接收机数 $N=2\sim5$ 时所构成的同步图形。

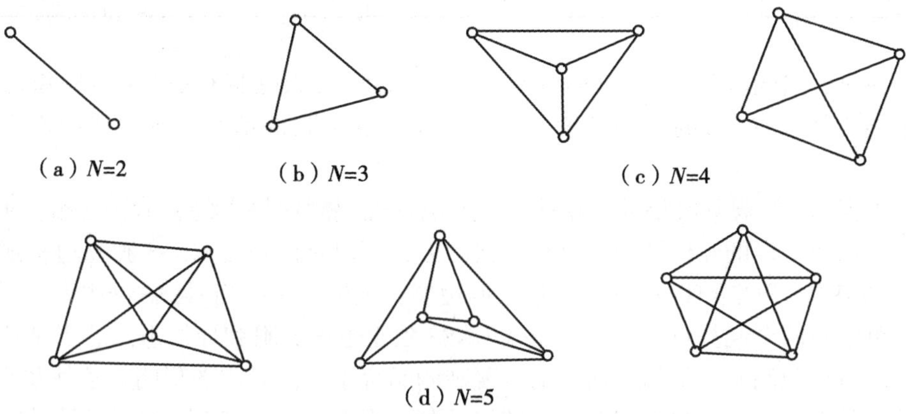


图 3.4　N 台接收机的同步观测

对应于图 3.4，独立的 GNSS 边可以有不同的选择。如图 3.5 所示。

当同步观测的 GNSS 接收机数 $N \geqslant 3$ 时，同步闭合环的最少个数应为

$$T = J - (N-1) = (N-1)(N-2)/2 \tag{3.12}$$

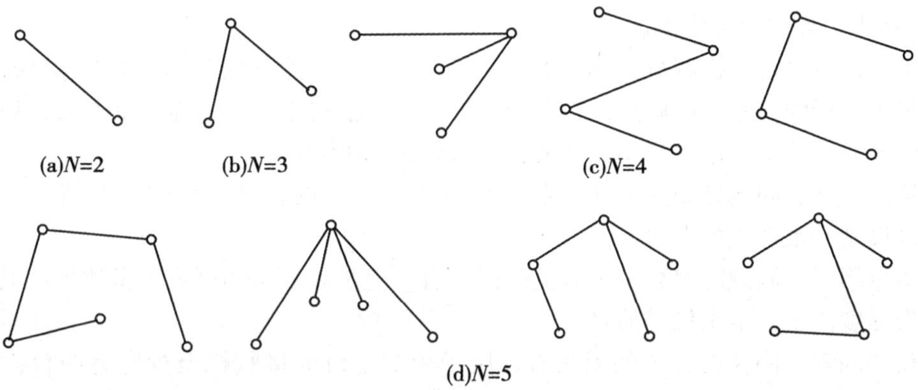


图 3.5　GNSS 独立边的不同选择

接收机数 $N$ 、GNSS 边数 $J$ 和同步闭合环数 $T$（最少个数）的对应关系如表 3.7 所示。理论上，同步闭合环中各 GNSS 边的坐标差之和（即闭合差）应为零。但由于有时各台 GNSS 接收机并不是严格地同步观测，导致同步闭合环的闭合差并不为零。有的 GNSS 规范规定了同步闭合差的限差，对于同步较好的情况，应遵守此项限差的要求；但由于某种原因，同步不是很好时，可适当放宽此项限差。

表 3.7　**GNSS 接收机数与边数、同步闭合环的关系**

| 接收机数 $N$ | 2 | 3 | 4 | 5 | 6 |
|---|---|---|---|---|---|
| 边数 $J$ | 1 | 3 | 6 | 10 | 15 |
| 同步闭合环数 $T$ | 0 | 1 | 3 | 6 | 10 |

值得注意，当同步闭合环的闭合差较小时，通常只能说明 GNSS 基线向量的计算合格，并不能说明 GNSS 边的观测精度高，也不能发现接收的信号受到干扰而产生的某些粗差。

为了确保 GNSS 观测成果的可靠性，有效地发现观测成果中的粗差，必须使 GNSS 网中的独立边构成一定的几何图形。这种几何图形，可以是由数条 GNSS 独立边构成的非同步多边形(亦称异步闭合环)，如三角形、四边形、五边形……当 GNSS 网中有若干个起算点时，也可以在两个起算点间，由若干条 GNSS 独立边构成附和导线形式。当某条基线环两个及以上时段观测时，即形成所谓的重复观测闭合条件。异步图形闭合条件及重复基线闭合条件，是衡量精度、检验粗差和系统误差的重要指标。GNSS 网的图形设计，也就是根据对所布设的 GNSS 网的精度和其他方面的要求，设计出由独立 GNSS 边构成的多边形网(或称为环形网)。

对于异步环的构成，一般应按所设计的网图选定，必要时在经过技术负责人审定后，也可根据具体情况适当调整。当接收机多于 3 台时，也可按软件功能自动挑选独立基线构成异步环路。

3. GNSS 控制网的图形设计原则

(1)技术设计中应考虑的因素

技术设计主要是根据测量合同或上级主管部门下达的测量任务书，以及 GNSS 测量规范或规程来进行的。总的原则是，在满足用户要求的前提下，尽可能减少人力、物资和时间上的消耗。在技术设计过程中，还要充分考虑以下因素：

①测站因素。同测站布设有关的技术因素有：网点的密度、网的图形结构；时段分配、重复设站和重合点的布置等。

②卫星因素。同观测对象卫星有关的因素有：卫星高度角和可见卫星数目；卫星分布几何图形强度因子；卫星信号质量。

③仪器因素。同仪器有关的因素有：用于相对定位的接收机至少应有两台；天线质量；记录设备。

④后勤因素。后勤保障方面的因素有：接收机总台数、来源和使用时间；各观测时段的机组调度；交通工具和通信设备的配置等。

(2)图形设计的原则

根据不同的组网形式，在 GNSS 网的技术设计中应设计出一个比较实用的网形，既可以满足一定的精度和可靠性要求，又有较高的经济指标。因此，GNSS 网形设计应遵循以下原则：

①GNSS 网应根据测区实际需要和交通状况，作业时的卫星情况，预期达到的精度，

成果的可靠性以及工作效率，按照优化设计的原则进行。

②在 GNSS 网中不应存在自由基线。因为自由基线不构成任何闭合图形，不具备发现粗差的能力。

③GNSS 网应按“每个观测至少应独立设站观测两次”的原则进行布网。这样不同接收机观测量构成网的精度和可靠性指标比较接近。

④GNSS 网一般应通过独立观测边构成闭合图形，例如一个或多个独立观测环，或者附和路线形式，以增加检核条件，提高网的可靠性。

⑤GNSS 网点之间虽不要求必须通视，但考虑到采用常规测量方法加密时的需要，一些 GNSS 点至少应有一个通视方向。为了便于施测，减少多路径效应的影响，GNSS 点位应选在交通便利、视野开阔的地方。

⑥在可能的条件下，新布测的 GNSS 网应与附近已有的高级 GNSS 点进行联测；为了实现新 GNSS 网与地面网之间的坐标转换，新布测的 GNSS 网点还应尽量与地面原控制网点联测，重合点数不应少于 3 个，且在 GNSS 网中分布均匀。

⑦GNSS 网点，应利用已有水准点联测高程。C 级网每隔 3~6 点联测一个高程点；D 级和 E 级网视具体情况确定联测点数；A 级和 B 级的高程联测应分别采用三、四等水准测量方法；C 级至 E 级网可采用等外水准或与此精度相当的方法进行。

4. GNSS 控制网的图形设计步骤

①测区踏勘；

②收集已有控制点资料和已有图纸资料；

③根据测量任务书、工程特点和测区面积确定控制网的精度等级；

④根据接收机数量确定同步观测图形；

⑤选取适当比例尺地形图；

⑥在地形图上展绘已有控制点；

⑦根据选点要求和精度等级在地形图上选取新点；

⑧将所选取新点构成同步观测图形，并逐步扩展为 GNSS 网图形。

5. GNSS 控制网的图形设计

GNSS 控制网是由同步图形作为基本图形扩展得到的，采用的连接方式不同，网的形状结构也不同。GNSS 控制网的图形设计就是如何将各同步图形合理地连接为一个整体，使其达到图形强度高、精度好、可靠性强、观测效率高的目的。

根据不同的用途，GNSS 网的布设按网的结构形式可分为：星形、点连、边连、网连、边点混连、导线连接及三角锁连接等多种形式。选择怎样的组网，取决于工程所要求的精度、外业观测条件及 GNSS 接收机数量等因素。

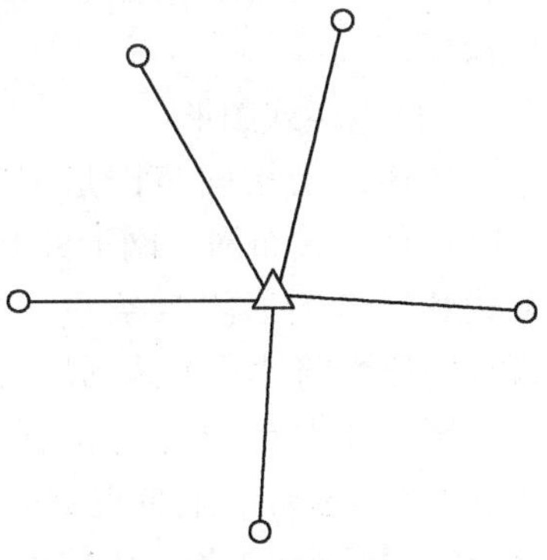

图 3.6　星形网图

(1)星形网

星形网的几何图形简单，其直接观测边之间不构成任何图形。如图 3.6 所示。作业中只需要两台 GNSS 接收机，是一种快速定位作业方式，常用于快速静态定位和准动态定位。然而，由于这种图形基线间不构成任何同步闭合图形，其抗粗差能力极差。因此，星形网广泛地应用于精度较低的工程测量、地址、边界测量、地籍测量和地形测量等领域。在实际布网时还应注意各级 GNSS 网中每个最简单独立闭合环或附和路线中的边数应符合表 3.8 中的规定。

表 3.8 **各级 GNSS 测量基本技术要求规范**

| 项目 \ 级别 | A | B | C | D | E |
|---|---|---|---|---|---|
| 卫生截止高度角(°) | 10 | 15 | 15 | 15 | 15 |
| 同时观测有效卫星数 | ≥4 | ≥4 | ≥4 | ≥4 | ≥4 |
| 有效观测卫星总数 | ≥20 | ≥9 | ≥6 | ≥4 | ≥4 |
| 观测时段数 | ≥6 | ≥4 | ≥2 | ≥1.6 | ≥1.6 |
| 基线平均距离(km) | 300 | 70 | 10~15 | 5~10 | 0.2~5 |
| 时段长度(min) | ≥540 | ≥240 | ≥60 | ≥45 | ≥40 |

注：夜间可以将观测时间缩短一半，或者把距离延长一倍。

(2)点连式图形

点连式是指相邻同步图形之间仅由一个公共点连接。这种布网方式所构成的几何图形其强度很弱，没有或几乎没有异步图形闭合条件，在一般作业中不单独采用。在图 3.7 中有 15 个定位点，无多余观测(即无异步检核条件)，最少观测时段 7 个(同步环)，最少观测基线为 $n-1=14$ 条($n$ 为点数)，独立基线数为 14 条。

显然，这种点连式图形的几何强度很差，所构成的网形抗粗差能力也不强。若在这种网的布设中，在同步图形的基础上，再加测几个时段，以增加网的异步图形闭合条件个数和几何强度，从而可以大大改善网的可靠性指标。

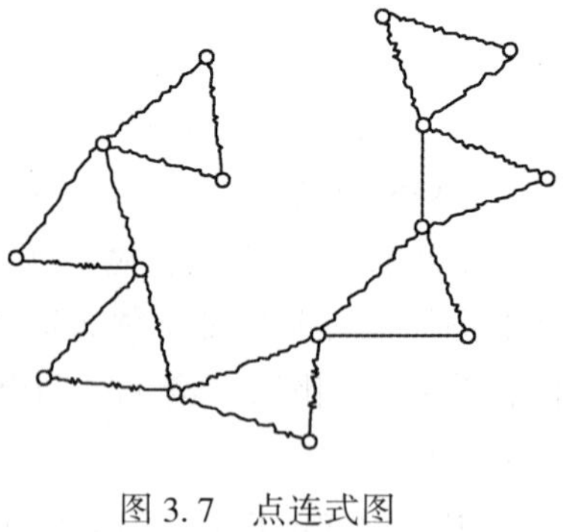

图 3.7 点连式图

(3)边连式图形

边连式是指同步图形之间由一条公共基线边相连接。这种方式布网，网形的几何强度较高，有较多的重复边和异步图形闭合条件。在相同的仪器台数条件下，观测时段数将比点连式图形大大增加。

图 3.8 中有 13 个定位点，12 个观测时段，9 条重复边，3 个异步环。最少观测同步图形为 12 个，总基线数为 36 条，独立基线数为 24 条，多余基线数为 12 条。比较图 3.7 和图 3.8，显然，边连式布网有较多的异步图形闭合条件，几何强度和可靠性均优于点连式。

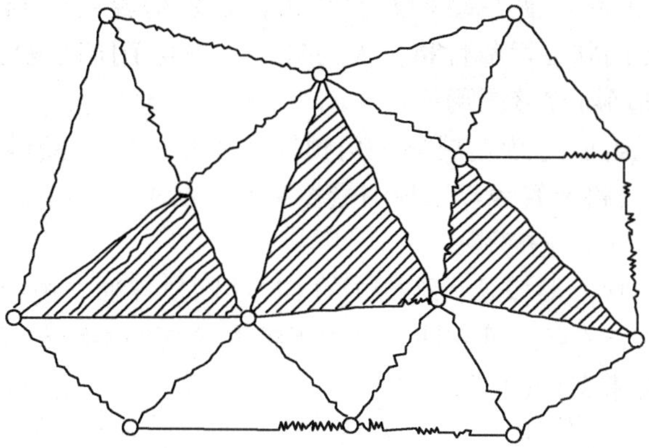

图 3.8　边连式图

(4)网连式图形

网连式是指相邻同步图形之间由两个以上公共点相连接，这种方法需要 4 台以上接收机同时作业。显然这种密集的布网方法，它的几何强度和可靠性指标相当高，但花费的经费和时间也较多，一般仅用于较高精度的控制测量。

(5)边点混连式图形

边点混连式是指把点连式与边连式有机地结合起来组成 GNSS 网，以保证网的几何强度，提高网的可靠性指标，这样既减少了外业工作量，又降低了成本，是一种较为理想的布网方式。

图 3.9 是在点连式(见图 3.10)的基础上，加测了 4 个时段，把边连式与点连式结合起来，得到的几何强度改善了的布网设计方案。

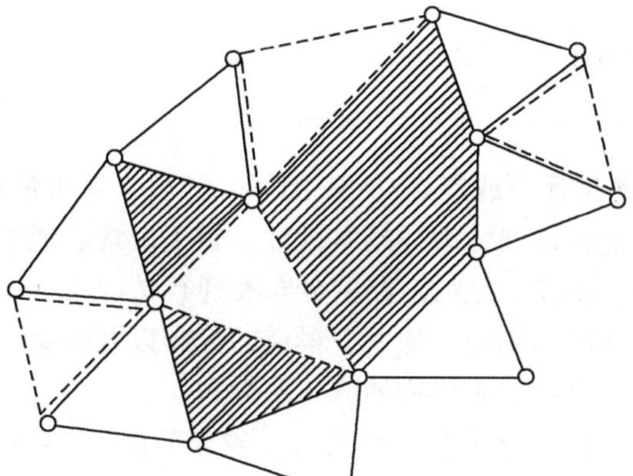

图 3.9　边点混连式图

如图 3.9 所示的三台接收机的观测方案中，共有 11 个同步三角形，3 个异步环，5 条复测边，总基线数为 33 条，独立基线数为 22 条，必要基线数为 14 条，多余基线数为 8 条。显然，该图形呈封闭状，可靠性指标大为提高，外业工作量也比边连式有所减少。

(6)三角锁(或多边形)连接图形

用点连式或边连式组成连续发展的三角锁同步图形，此连接形式适用于带状地区的 GNSS 布网，如铁路、公路及管线等工程测量控制网(见图 3.10)。

(7)导线网形(环形网)连接图形

将图形布设成直伸状，形如导线结构式的 GNSS 网，各独立边应构成封闭状态的异步闭合图形，用以检核 GNSS 点的可靠性，适用于精度较高的 GNSS 布网。该布网方式也可以与点连式布网结合起来布设(见图 3.11)。

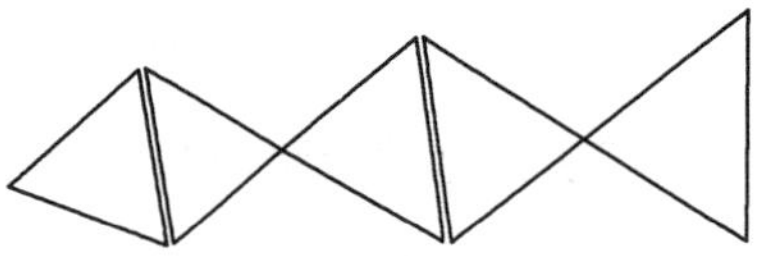

图 3.10　三角锁式连接图形

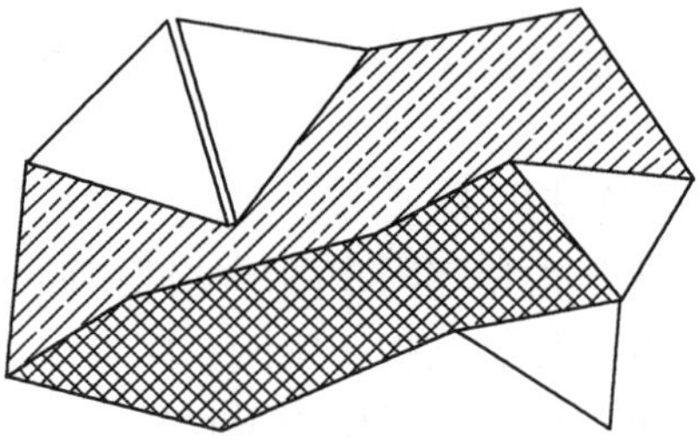

图 3.11　导线网

## 3.2　GNSS 测前准备及技术设计书的编写

在进行 GNSS 外业观测工作之前，应做好施测前的测区踏勘、资料收集、器材准备、观测计划拟定、GNSS 接收机检验以及设计书的编写等工作。

### 3.2.1　GNSS 测前准备

1. 踏勘测区

接受下达的 GNSS 测量任务或签订 GNSS 测量合同后，就可依据施工设计图踏勘测区。主要了解测区的下列情况，以便为编写技术设计、施工设计、成本预算提供基础资料。

①交通情况：公路、铁路、乡村道路的分布及通行情况。

②水系分布情况：江河、湖泊、池塘、渠道的分布以及桥梁、码头、水路交通情况。

③植被情况：森林、草原、农作物的分布及面积。

④控制点情况：三角点、导线点、水准点、多普勒点、GNSS 点的等级、坐标、高程及其系统，点位的数量、分布、标志及保存现状。一般采取省、市、县从上至下的调查顺序。为了节省埋设标石的费用，应尽可能多利用原有控制点的标石。

⑤居民点情况：测区内城镇、村庄居民点的分布，食宿及供电情况。

⑥当地风俗民情：民族的分布，习俗、习惯、方言以及社会治安情况。

2. 收集资料

结合 GNSS 测量工作的特点并结合测区的具体情况，收集资料的内容包括：

①各类图件：1∶1 万~1∶10 万比例尺地形图(我国的 1/万地形图，每十年更新一次)，大地水准面起伏图，交通图等。

②各类控制点成果：三角点、导线点、水准点、多普勒点、GNSS 点及各控制点的坐标系统、技术总结等有关资料。

③测区有关的地理位置、气候特点；气象、地质、交通、通信等方面条件的资料。

④城镇、村庄的行政区划表。

3. 器材准备及人员组织

器材、人员的筹组包括如下内容：

①根据观测等级，筹备仪器、计算机及配套设备。

②结合测区交通情况，筹备运输工具及通信设备。

③结合测区材料情况，筹备施工器材，计划油料、材料的消耗。

④根据测区具体情况，并结合测量技术力量组建施工队伍，拟定工作人员名单及岗位。

⑤结合测区情况和测量任务进行详细的经费预算。

4. 外业观测计划的拟定

外业观测工作是 GNSS 测量的主要工作。观测开始之前，外业观测计划的拟定对于顺利完成野外数据采集任务，保证测量精度，提高工作效率都是极为重要的。在施测前，建议用户根据网的布设方案、规模的大小、精度要求、GNSS 卫星星座、参与作业的 GNSS 数量以及后勤保障条件(交通、通信)等，制定观测计划。

(1)拟定观测计划的依据

①GNSS 网规模的大小：网的规模越大，观测计划越应制定得详细周密。

②点位精度要求。

③GNSS 卫星分布的几何图形强度：PDOP 值不得大于 6；必须作可见星历预报。

④参加作业的 GNSS 接收机类型及数量。

⑤测区的交通、通信及后勤保障条件。

(2)观测计划的主要内容

1)确定工作量

用户根据网的精度要求、接收机数目，顾及效率和网的精度、可靠性而确定工作量。具体方法可参考有关规范。这里仅强调一下观测时段、时段长度(同步观测时间)与基线长度等的关系。

为了在后处理中能取得符合精度的成果，必须保证接收机的一定同步观测时间，其取决于众多的因素：如基线长度、观测卫星的数目、卫星的空间位置精度因子(PDOP)及大气层(主要指电离层)状况。如果用户在 4 颗以上的卫星且 PDOP 值小于 4.0 的情况下进行观测，那么所需的观测时间将主要取决于基线的长度及电离层扰动。

电离层的扰动是随时间及点位的位置而变化的。由于电离层的扰动在夜间要小得多，因此夜间的观测时间通常可以减小一半，或者测程增加一倍。所以，夜间将有利于 10km 以上的长基线测量。

但是，除非有特别的限制条件，否则要规定精确的观测时间是不客观的。表 3.8 仅就一般情况下同步观测的时段数及时段的长度必须满足的要求提供一个参考值。

当采用边连接方式可以用下式估算所需时段总数( $N_T$ )。

$$N_T = \left(1 + \frac{n_p - k_i}{k_i - 2}\right) n_T \tag{3.13}$$

其中，$k_i$ 为为接收机的数目；

$n_P$ 为 GNSS 网的点数；

$n_T$ 为相对定位的观测时段数。

值得注意的是，大多数情形下只需对基线向量观测一个时段。

2) 采用分区观测

若 GNSS 网的点数较多，而参与同步观测时段的接收机数目有限时，建议分区进行观测。但必须在相邻分区设置公共点，且公共点的数量一般不得少于 3 个。当相邻分区的公共点点数过少，将使网的整体性变差，从而影响网的精度，如增加公共点数则又会延缓测量工作的进程，这一点请用户根据网的要求慎重考虑。

在一个观测分区内，用户还可根据参加作业的接收机数量，分成若干个同步观测的子区(每个子区必须有两台以上的接收机)，这样整个测区就很容易进行作业管理，从而有利于作业效率的提高。

3) 选择卫星的几何图形强度

在 GNSS 测量中，被测卫星与观测站所构成的几何图形，其强度因子用空间位置因子 PDOP 来表示，无论是绝对定位还是相对定位，PDOP 的值都不得大于 6。

4) 选择最佳观测时段

卫星数≥4 颗且分布均匀，PDOP 值小于 6 的时段，就是最佳观测时段。

5) 选择迁站方案

迁站方案是在连续多个时段的观测作业期间，各小组的调度部署计划，它是计划拟定的核心内容，解决的是何组、何时在何点进行测量，以及如何到达该点的问题。

在制定迁站方案时，需要考虑以下因素：一天内观测时段的数量，迁站及设置安置和拆卸时间，每点的观测次数，可供使用的车辆，观测小组成员到达点位的交通路线熟练程度，点与点之间的交通状况等。

制定迁站方案的基本原则是高可靠、高精度和高效率。在工程应用中，常用的迁站方案有平推式、翻转式和伸缩式等。

平推式迁站的基本原则是在进行同步图形的推进时，各小组从一点到另一点的路线距离长度基本一致，且每组运动的距离最短。在推进时，通常是所有的小组都需要迁站，每个小组基本上都向前迁到邻近的一个点。平推式迁站的效率很高，因为每个小组在一个共同的时间里进行迁站，时间利用率非常高。另外，平推式迁站也提高了测量成果的可靠性，因为在网中将会有许多的点是由不同的小组采用不同的设备测量的，这有利于发现测站错误及削弱对中整平误差的影响。平推式迁站人员和设备搬迁频繁，需要增加交通运输工作，同时加大了小组的作业强度，加大了某组出现意外而导致整个观测作业延误的可能性，还增加了各组协同的难度。

翻转式迁站的基本做法是在进行同步图形扩展时，一部分小组留在原测站上，另一部分小组则迁站到新的测站上；在进行下一次同步图形扩展时，则上一次留在原测站上的小组迁站，而上一次迁站的小组则留在原测站上。翻转式迁站的调度比较简单，各作业小组在外业观测过程中的作业强度较小。但是，这种方式无法发现上一测站的错误情况。另外，为了削弱仪器对中整平误差的影响，在原测站上连续观测多个时段的小组一定要在进行每个时段的测量时，重新安置仪器。

伸缩式迁站也是小组轮流迁站，其具体方法是：在开始进行同步图形扩展时，位于扩展方向后部的数个小组留在测站上，位于扩展方向前部的数个小组则迁站到新的测站上；到了下一次同步图形扩展时，位于后部的数个小组迁至前面小组在前次迁站前的测站上，而位于前部的小组留在测站上；这样完成一次伸缩循环，以此类推，完成整个网的测量。伸缩式迁站的特点是所构成的边长长短结合，精度均匀；每个点都采用不同的仪器进行了观测，有利于发现一些人为误差。不过，与翻转式相比，调度略显复杂，而且每个小组需要寻找更多的点。

(3)确定观测进程及调度

最佳观测时间确定后，在观测工作开始之前，须制定观测工作的进程表及接收机的调度计划。作业组应根据测区的地形、交通状况、网的大小、精度高低、仪器的数量、GNSS 网设计、卫星预报表和测区的天气、地理环境等编制作业调度表，以提高工作效益。作业调度表包括观测时段、测站号、测站名称及接收机号等。作业调度表格式见表 3.9。

表 3.9 **GNSS 作业调度表**

| 时段编号 | 观测时间 | 测站号/名 | 测站号/名 | 测站号/名 | 测站号/名 | 测站号/名 | 测站号/名 |
|---|---|---|---|---|---|---|---|
| | | 机号 | 机号 | 机号 | 机号 | 机号 | 机号 |
| 1 | | | | | | | |
| | | | | | | | |
| 2 | | | | | | | |
| | | | | | | | |
| 3 | | | | | | | |
| | | | | | | | |

若作业仪器台数、观测时段数及测站数较多时，在每日出测前应采用外业观测通知单进行调度。

观测工作的进程计划，涉及网的规模、精度要求、作业的接收机数目和后勤保障条件等，在实际工作中，应根据最优化的原则合理制定。

### 3.2.2 技术设计书的编写

测区外业踏勘与资料收集完成后，根据测量任务书或测量合同的要求，按照 GNSS 测量的设计原则和方法进行 GNSS 控制网设计，并编写相应的技术设计书，用于指导 GNSS 的外业观测和数据处理。技术设计书是保证 GNSS 测量工作任务圆满完成的一项重要技术文件，其主要内容包括：

(1)工程及测区概况

包括作业 GNSS 控制网服务对象的工程建设项目概况，GNSS 测量任务的来源和性质，GNSS 网的用途及意义等。测区的行政隶属、测区范围的地理坐标、控制面积、测区的交通状况和人文地理、测区的地形及气候状况、测区控制点的分布及对控制点的分析、利用和评价。GNSS 测量点的数量(包括新定点数、约束点数、水准点数、检查点数)、精度指标及坐标、高程系统。点位的保存状况，可利用的情况介绍。

(2)作业依据及技术要求

GNSS 网设计、观测和数据处理所依据的测量规范、工程规范、行业标准。根据任务书或合同的要求或网的用途提出具体的精度指标要求、提交成果的坐标系统和高程系统等。

(3)布网方案

在适当比例尺地形图上进行 GNSS 网的图上设计，包括 GNSS 网的图形、点的数量、连接方式，GNSS 网结构特征的测算与统计，精度估算和点位图的绘制。

(4)选点与埋石

GNSS 点位的选择要求、埋设方法和点位编号等。

(5)GNSS 网的外业观测

采用的仪器与测量模式，观测的基本程序与基本要求，观测计划的制订。对数据采集提出应注意的问题，包括外业观测时的具体操作规程、对中整平的精度、天线高的测量方法与精度要求，气象元素测量等。

(6)数据处理

数据处理的基本方法及使用的软件，起算点坐标选择，闭合环和重复基线的检验及点位精度的评定指标。

(7)质量保证措施

要求措施具体，方法可靠，能在实际中贯彻执行。包括人员配备情况，设备配备情况，作业进度计划，经费预算等。

(8)提交成果资料

提交成果资料包括：测量任务书与技术设计书，点之记、环视图和测量标志委托保管书，卫星可见性预报表和观测计划，外业观测记录(包括原始记录的存储介质及其备份)、测量手簿及其他记录(包括偏心观测)，接收设备、气象及其他仪器的检验资料，外业观测数据的质量分析及野外检核计算资料，数据加工中生成的文件(含磁盘文件)、资料和成果表，GNSS 网展点图，技术总结和成果验收报告等。

## 3.3 GNSS 静态测量外业实施

### 3.3.1 GNSS 静态测量的选点与埋石

1. 选点

选点即观测站位置的选择。在 GNSS 测量中并不要求观测站之间相互通视，网的图形选择也比较灵活，因此选点比经典控制测量简便得多。但由于点位的选择对保证观测工作的顺利进行和保证测量结果的可靠性具有重要意义，故在选点工作开始前，除了收集和了解有关测区的地理情况和原有控制点分布及标架、标型、标石的完好状况，决定其适宜的点位外，选点工作还应遵循以下原则：

①确保 GNSS 接收机上方的天空开阔　GNSS 测量主要利用接收机所接收到的卫星信号，而且接收机上空越开阔，则观测到的卫星数目越多。一般应该保证接收机所在平面 15°以上的范围内没有建筑物或者大树的遮挡。如图 3.12 所示。

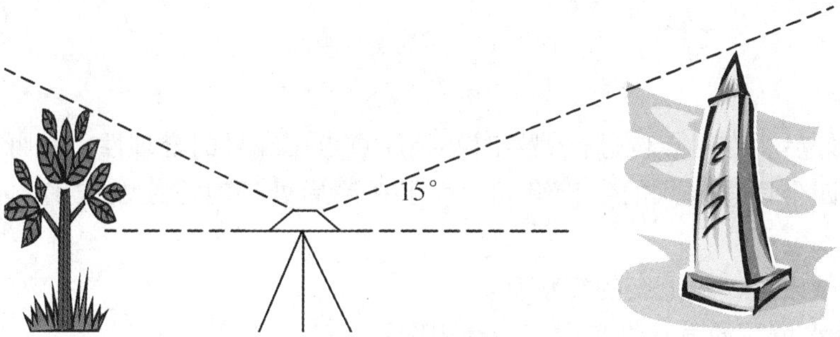


图 3.12　高度截止角

②周围没有反射面，如大面积的水域，或对电磁波反射(或吸收)强烈的物体(如玻璃墙，树木等)，不致引起多路径效应。

③远离强电磁场的干扰。GNSS 接收机接收卫星广播的微波信号，微波信号都会受到电磁场的影响而产生噪声，降低信噪比，卫星信号将产生畸变，影响观测成果。所以 GNSS 控制点最好离开高压线、微波站或者产生强电磁干扰的场所。邻近不应有强电磁辐射源，如无线电台、电视发射天线、高压输电线等，以免干扰 GNSS 卫星信号。通常，在测站周围约 200m 的范围内不能有大功率无线电发射源(如电视台、电台、微波站等)；在 50m 内不能有高压输电线和微波无线电信号传递通道。

④观测站最好选在交通便利的地方。

⑤地面基础稳固，易于点的保存。

⑥根据需要在 GNSS 点大约 300m 附近建立与其通视的方位点，以便在必要时采用常规经典的测量方法进行联测。

⑦选点人员应按照技术设计图形进行实地踏勘，在现场按要求选定点位。

⑧网形应有利于同步观测及边、点连接。

⑨当所选点位需要进行水准联测时，选点人员应实地踏勘水准路线，提出有关建议。

⑩当利用旧点时，应对旧点的稳定性、完好性，以及觇标是否安全可用逐一进行检查，符合要求方可利用。

⑪点位周围有高于10°的障碍物时，应绘制点的环视图，如图3.13所示。

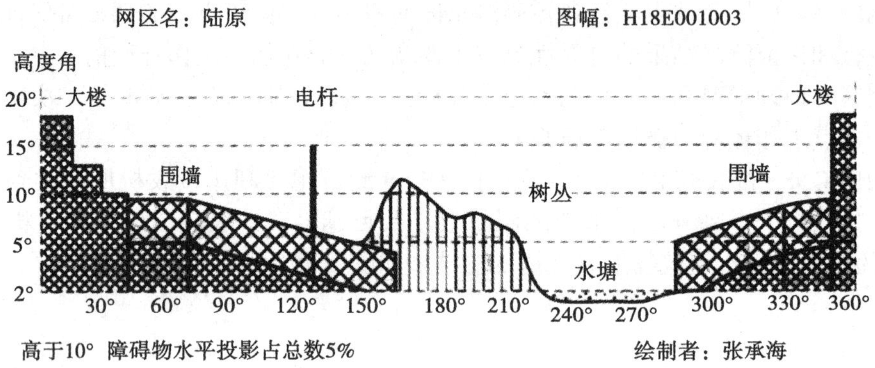


图3.13　东局点环视图

在点位选好后，在对点位进行编号时必须注意点位编号的合理性，在野外采集时输入的观测站名由四个任意输入的字符组成，为了在测后处理时方便及准确，必须不使点号重复。

选点工作结束后，应上交的资料有：

- 用黑墨水填写的道林纸点之记、环视图；
- GNSS选点图(测区较小，选点埋石与观测一期完成时，可以展点图代替)；
- 选点工作总结。

选点完成后应填写点之记、环视图。点之记样式见表3.10。

2. *埋设标石*

在GNSS测量中，网点一般应设置具有中心标志的标石，以精确标志点位。埋设标石工作可以分为标石制作、现场埋设、标石外部整饰等工序。均应严格按照《GB规范》的有关规定执行。GNSS网点一般应埋设具有中心标志的标石，以精确标示点位。基岩和基本标石的中心标志应用铜或不锈钢制作。普通标石的中心标志可用铁或坚硬的复合材料制作。标志中心应刻有清晰、精细的十字线或嵌入不同颜色金属(不锈钢或铜)制作的直径小于0.5mm的中心点。并应在标志表面制有“GNSS”及施测单位名称。点的标石和标志必须稳定、坚固，以利长期保存和利用。在基岩露头地区，也可直接在基岩上嵌入金属标志。每个点位标石埋设结束后，应按表3.10的格式填写点之记，并提交以下资料：

①填写了埋石情况的点之记。

②土地占用批准文件与测量标志委托保管书。

③埋石建造拍摄的照片：包括钢筋骨架、标石坑、基座、标志、标石整饰以及标石埋设的远景照片。

④埋石工作技术总结。

表 3.10　　　　　　　　　　　　　　　　　工程 GNSS 测量技术点点之记

日期：　　年　　月　　日　　　　　　记录者：　　　　　　绘图者：　　　　　　校对者：

<table>
<tr><td rowspan="4">点名及种类</td><td rowspan="2">GNSS 测量技术点</td><td>名</td><td></td><td rowspan="2">土　质</td><td rowspan="2"></td></tr>
<tr><td>号</td><td></td></tr>
<tr><td rowspan="2">相邻点<br>(名、号、里程、通视否)</td><td rowspan="2" colspan="2"></td><td>标石说明(单双层、类型)</td><td></td></tr>
<tr><td>旧点名</td><td></td></tr>
<tr><td colspan="2">所 在 地</td><td colspan="4"></td></tr>
<tr><td colspan="2">交通路线</td><td colspan="4"></td></tr>
<tr><td colspan="2" rowspan="2">所在图幅号</td><td colspan="2" rowspan="2"></td><td rowspan="2">概略位置</td><td>$X$　　$Y$</td></tr>
<tr><td>$L$　　$B$</td></tr>
<tr><td>略<br>图</td><td colspan="5"></td></tr>
<tr><td>备注</td><td colspan="5"></td></tr>
</table>

3. GNSS 点命名

《GB 规范》规定如下：

①GNSS 点命名时，应以该点所在地命名，无法区分时可在点名后加注(一)、(二)等予以区别。少数民族地区应使用规范的音译汉语名，在译音后可附上原文。

②新旧点重合时，应采用旧点名，不得更改。如原点位所在地名称已变更，应在新点名后以括号注明旧点名。如与水准点重合时，应在新点名后以括号注明水准点等级和编号。

③点名书写应准确、正规，一律以国务院公布的简化汉字为准。

④当对 GNSS 点编制点号时，应整体考虑、统一编号，点号应唯一，且适于计算机管理。

### 3.3.2　外业观测

1. 观测时依据的技术指标

GNSS 观测工作与常规测量在技术要求上有很大区别，各级 GNSS 测量基本技术规定按表 3.11 中规定执行，对城市及工程 GNSS 控制测量应按表 3.12 中的规定执行。

表 3.11　　**各级 GNSS 测量作业基本技术要求**

| 项目＼级别 | | | AA | A | B | C | D | E |
|---|---|---|---|---|---|---|---|---|
| 卫星截止高度角/° | | | 10 | 10 | 15 | 15 | 15 | 15 |
| 同时观测有效卫星数 | | | ≥4 | ≥4 | ≥4 | ≥4 | ≥4 | ≥4 |
| 有效观测卫星总数 | | | ≥20 | ≥20 | ≥9 | ≥6 | ≥4 | ≥4 |
| 观测时段数 | | | ≥10 | ≥6 | ≥4 | ≥2 | ≥1.6 | ≥1.6 |
| 时段长度/min | 静　态 | | ≥720 | ≥540 | ≥240 | ≥60 | ≥45 | ≥40 |
| | 快速静态 | 双频+P(Y)码 | — | — | — | ≥10 | ≥5 | ≥2 |
| | | 双频全波 | — | — | — | ≥15 | ≥10 | ≥10 |
| | | 单频或双频半波 | — | — | — | ≥30 | ≥20 | ≥15 |
| 采样间隔/s | 静　态 | | 30 | 30 | 30 | 10~30 | 10~30 | 10~30 |
| | 快速静态 | | — | — | — | 5~15 | 5~15 | 5~15 |
| 时段中任一卫星有效观测时间/min | 静　态 | | ≥15 | ≥15 | ≥15 | ≥15 | ≥15 | ≥15 |
| | 快速静态 | 双频+P(Y)码 | — | — | — | ≥1 | ≥1 | ≥1 |
| | | 双频全波 | — | — | — | ≥3 | ≥3 | ≥3 |
| | | 单频或双频半波 | — | — | — | ≥5 | ≥5 | ≥5 |

注：1. 在时段中观测时间符合表 3.11 中第 7 项规定的卫星，为有效卫星。

2. 计算有效卫星总数时，应将各时段的有效观测卫星数扣除期间的重复卫星数。

3. 观测时段长度，应为开始记录数据到结束记录数据的时间段。

4. 观测时段数≥1.6，指每站观测一时段，至少有 60%的测站再观测一个时段。

表 3.12 各级 GNSS 测量基本技术要求

| 项目 | 等级<br>方法 | 二 | 三 | 四 | 一级 | 二级 |
| --- | --- | --- | --- | --- | --- | --- |
| 卫星高度角/° | 相对　快速 | ≥15 | ≥15 | ≥15 | ≥15 | ≥15 |
| 有效观测卫星数 | 相　对<br>快　速 | ≥4<br>— | ≥4<br>≥5 | ≥4<br>≥5 | ≥4<br>≥5 | ≥4<br>≥5 |
| 观测时段数 | 相　对 | ≥2 | ≥2 | ≥2 | ≥2 | ≥1 |
| 重复设站数 | 快　速 | — | ≥2 | ≥2 | ≥2 | ≥2 |
| 时段长度/min | 相　对<br>快　速 | ≥90<br>— | ≥60<br>20≥ | ≥45<br>≥15 | ≥45<br>≥15 | ≥45<br>≥15 |
| 数据采样间隔/s | 相对　快速 | 10~60 | 10~60 | 10~60 | 10~60 | 10~60 |
| PDOP | 相对　快速 | <6 | <6 | <8 | <8 | <8 |

2. 安置仪器

首先，在选好的观测站点上安放三脚架。注意观测站周围的环境必须符合上述的条件，即净空条件好，远离反射源，避开电磁场干扰等。因此，安放时应尽量避免将接收机放在树荫、建筑物下，也不要在靠近接收机的地方使用对讲机、手机等无线设备。

然后，小心打开仪器箱，取出基座及对中器，将其安放在脚架上，在测点上对中、整平基座。

最后，从仪器箱中取出 GNSS 天线或内置天线的 GNSS 接收机，将其安放在对中器上，并将其紧固，再分别取出电池、电缆等其他配件(内置电池的接收机除外)，并将它们安装在脚架上，同时连接 GNSS 接收机。

在安置仪器时用户要注意下面几点：

①当仪器需安置在三角点觇标的基板时，应先将觇标顶部拆除，以防止对信号的干扰，这时，可将标志的中心投影在基板上，作为安置仪器的依据。

②基座上的水准管必须严格居中。

③如整个控制网在同步观测过程中使用同样的 GNSS 接收天线，则应使天线朝同一个方向，如使用不同的 GNSS 接收天线，则应使天线的极化方向指向同一方向，如指北。大部分天线用指北方向来表明天线的极化方向。由于天线的相位中心与几何中心不重合，两者可能有 2~3 毫米之差，如它们不指向同一方向，则会影响 GNSS 测量的精度。

安置好仪器后，应在各观测时段的前后，各量测天线高一次，量至毫米。量测时，由标石(或其他标志)中心顶端量至天线中规定量测天线的位置。两次量测的结果之差不应超过 3mm，并取其平均值。

3. 观测作业

GNSS 网的观测作业应按如下要求进行：

①各作业组必须严格遵守调度命令，按规定的时间进行作业。

②经检查接收机电源电缆和天线等连接无误后方可开机。

③只有在有关指示灯和仪表显示正常后方可进行接收机的自我测试，输入测站、观测单元和时段等控制信息。

④在观测前和作业过程中，作业员应随时填写表 3. 13 中的记录项目。

⑤按要求进行相关观测记录。

⑥除特殊情况外，一般不得进行偏心观测。迫不得已进行时，应精确测定归心元素。

⑦观测时，在接收天线 50m 以内不得使用电台，10m 以内不得使用对讲机。

⑧在一个时段的观测过程中，不允许进行下列操作：关机后重新启动接收机，进行仪器自检，改变截止高度角或采样间隔，改变天线位置，按键关闭文件或删除文件。

⑨观测期间防止接收设备震动，更不得移动天线，要防止人员和其他物体碰动天线或阻挡信号。

⑩经认真检查，所有预定的作业项目均已全面完成且符合要求，记录和资料完整无误，方可迁站。

表 3. 13　　＿＿＿＿＿＿工程 GNSS 测量技术外业观测手簿

观测者姓名：＿＿＿＿＿　　日　期：＿＿年＿＿月＿＿日

测　站　名：＿＿＿＿＿　　测站号：＿＿＿＿　　时段号：＿＿＿＿

天 气 状 况：＿＿＿＿＿

| | |
|---|---|
| 测站近似坐标：<br>经度：E ＿＿°＿＿′<br>纬度：N ＿＿°＿＿′<br>高程：＿＿＿＿＿ | 本测站为：<br>□＿＿＿＿新点<br>□＿＿＿＿等大地点<br>□＿＿＿＿等水准点<br>□＿＿＿＿＿ |

记录时间：□北京时间　□UTC　□区时

开机时间：＿＿＿＿　　结束时间：＿＿＿＿

接收机号：＿＿＿＿

天线高：（m）　　测后校核值：＿＿＿＿

1. ＿＿＿＿　2. ＿＿＿＿　3. ＿＿＿＿　平均值：＿＿＿＿

| 天线量取方式略图 | 测站略图及障碍物情况 |
|---|---|
| | |

观测状况记录：

1. 电 池 电 压：＿＿＿＿＿＿＿＿（快、条）
2. 接收卫星号：＿＿＿＿＿＿＿＿
3. 信　噪　比：＿＿＿＿＿＿＿＿
4. 故 障 情 况：＿＿＿＿＿＿＿＿
5. 备　　　注：＿＿＿＿＿＿＿＿

4. 数据预处理

为了获得 GNSS 观测基线向量，并对观测成果进行质量检核，首先要进行 GNSS 数据预处理。根据预处理结果对观测数据的质量进行分析并做出评价，以确保观测成果和定位结果的预期精度。

(1)数据处理软件的选择

GNSS 网数据处理分基线向量解算和网平差两个阶段。各阶段数据处理软件可采用随机所带软件，或经正规鉴定过的软件，对于高精度的 GNSS 网成果处理则可采用国际著名的 GAMIT/GLOBK，BERNESE，GIPSY，GFZ 等软件。

(2)基线向量解算(数据预处理)

对于两台或两台以上接收机同步观测值进行独立基线向量(坐标差)的平差计算叫做基线向量解算，也有的称其为观测数据预处理。

预处理的主要目的是对原始数据进行编辑、加工整理、分流并产生各种专用信息文件，为进一步平差计算作准备。它的基本内容是：

①数据传输：启动软件，调用传输命令，将 GNSS 接收机记录的原始观测数据传输到计算机内，或将外存储介质中的原始观测数据读入计算机中。

②数据分流：从原始记录中，通过解码将各种数据分类整理，剔除无效观测值和冗余信息，形成各种数据文件，如星历文件、观测值文件、测站信息文件等。

③统一数据文件格式：将不同类型接收机的数据记录格式、项目和采样间隔，统一为标准化的文件格式，以便统一处理。

④卫星轨道的标准化：采用多项式拟合法，平滑 GNSS 卫星每小时发送的轨道参数，使观测时段的卫星轨道标准化。

⑤探测周跳，修复载波相位观测值。

⑥对观测值进行必要的改正：在 GNSS 观测值中加入对流层改正，对单频接收机的观测值再加入电离层改正。

基线向量解算一般采用多站、多时段自动处理的方式进行，具体处理过程中应注意以下几个问题：

①基线解算一般采用双差观测值，对于边长超过 30km 的基线，解算时应采用三差相位观测值。

②卫星广播星历坐标值，可以作为基线解算的起算数据。对于特大城市的首级控制网，也可采用其他精密星历作为基线解算得起算数据。

③基线解算中所需的基准点坐标，应按以下优先顺序采用：

国家 GNSS A、B 级网控制点或其他高级 GNSS 网控制点已有的 WGS-84 坐标系坐标值。

国家或城市较高等级的控制点转换到 WGS-84 坐标系后的坐标值。

观测时间不少于 30min 的单点定位结果的平差值提供的 WGS-84 坐标系坐标值。

④在使用多台接收机同步观测的一个同步时段中，可采用单基线模式解算，也可只选独立基线按多基线模式统一解算。

⑤同一等级的 GNSS 网，根据基线长度的不同，可采用不同的处理模型。若基线在

8km 以内，可采用双差固定解；小于 30km，可在双差固定解和双差浮动解中选择最优结果；大于 30km 时，则应采用三差解作为基线解算结果。

⑥在同步观测时间小于 35min 时的快速定位基线，应采用合格的双差固定解作为基线解算的最终结果。

5. 外业观测成果的检核

对野外观测成果资料首先要进行复查，内容包括：成果是否符合调度命令和规范的要求；进行的观测数据质量分析是否符合实际。然后进行下列项目的检核：

(1)各时段同步边观测数据的检核

同步边是指接收机设于基线两端，通过多历元同步观测，经平差计算获得的基线边。对其进行检核的内容包括：

①观测数据的剔除率：由于不合格而剔除的观测数据个数，与应获取的参加同步边平差计算的观测值总数之比，称为数据剔除率。其值应小于 10%。

②平差值的精度指标：同步边每一时段平差值的中误差应小于 0.1m；而其相对中误差应符合表 3.12 的规定。

(2)重复观测边的检核

同一条基线边，若观测了 2 个及以上时段，则可得到多个边长结果，这种具有多个独立边长结果的基线，称为重复观测边(亦称复测边)。对于重复观测边，不同时段观测结果的互差，其值应小于相应级别(按平均边长计算)规定精度 $\sigma$ 的 $2\sqrt{2}$ 倍。

(3)同步观测环检核

当环中各边为多台接收机同步观测时，由于各边是不独立的，所以其闭合差应恒为零。例如三边同步环中只有两条同步边可以认为是独立的同步观测边，第三边的成果应为其余两边的代数和。但是由于模型误差和处理软件的缺陷，使得这种同步环的闭合差实际上仍可能不为零。这种闭合差一般数值很小，不至于对定位结果产生明显影响，所以也把它作为成果质量的一种检核标准。

《GB 规范》规定，三边同步环中第三边处理结果与前两边的代数和之差应小于下列数值

$$\omega_x = \sum_{i=1}^{3} \Delta x_i \leqslant \frac{\sqrt{3}}{5}\sigma,\ \omega_y = \sum_{i=1}^{3} \Delta y_i \leqslant \frac{\sqrt{3}}{5}\sigma,\ \omega_z = \sum_{i=1}^{3} \Delta z_i \leqslant \frac{\sqrt{3}}{5}\sigma,$$

$$\omega = (\omega_x^2 + \omega_y^2 + \omega_2^2)^{1/2} \leqslant \frac{3}{5}\sigma \tag{3.14}$$

式中，$\sigma$ 为相应级别的规定中误差(按平均边长计算)。对于四站以上的多边同步环，可以产生大量的同步闭合环，在处理完各边观测值后，应检查一切可能的闭合环。以图 3.14 为例，$A$、$B$、$C$、$D$ 四站应检核：①$AB-BC-CA$；②$AC-CD-DA$；③$AB-BD-DA$；④$BC-CD-DB$；⑤$AB-BC-CD-DA$；⑥$AB-BD-DC-CA$；⑦$AD-DB-BC-CA$。

对于所有的 $n$ 边闭合环，其坐标分量闭合差不应大于 $\frac{\sqrt{3n}}{5}\sigma$，而环闭合差应符合下式要求。

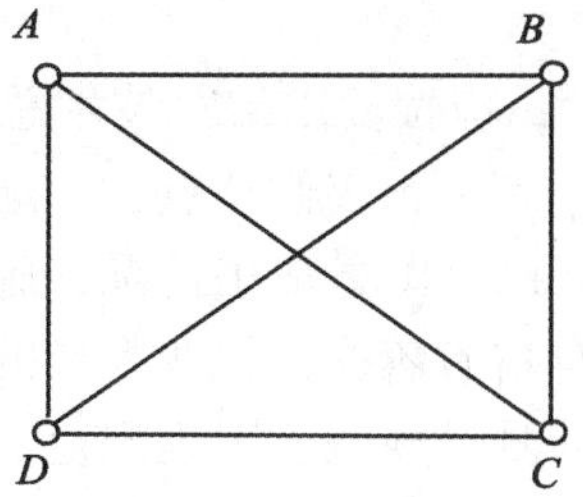


图 3.14　同步闭合环

$$\omega = (\omega_x^2 + \omega_y^2 + \omega_z^2)^{1/2} \leqslant \frac{\sqrt{3n}}{5}\sigma \tag{3.15}$$

(4)异步观测环检核

无论采用单基线模式或多基线模式解算基线，都应在整个 GNSS 网中选取一组完全的独立基线构成独立环，各独立环的坐标分量闭合差和全长闭合差应符合下式的规定。

$$\omega_x \leqslant 2\sqrt{n}\sigma,\ \omega_y \leqslant 2\sqrt{n}\sigma,\ \omega_z \leqslant 2\sqrt{n}\sigma,\ \omega \leqslant 2\sqrt{3n}\sigma \tag{3.16}$$

当发现边闭合数据或环闭合数据超出上述规定时，应分析原因并对其中部分或全部成果重测。需要重测的边，应尽量安排在一起进行同步观测。

6. 补测和重测

当发生如下情况时，应进行补测或重测：

①未按施测方案进行观测，外业缺测、漏测，或观测值不满足相关规定时，应及时补测。

②复测基线的边长较差超限，同步环闭合差超限，独立环闭合差或附和路线的闭合差超限时，可剔除该基线而不必进行重测，但剔除该基线向量后，新组成的独立环所含的基线数不得超过相关规定，否则应重测与该基线有关的同步图形。

③当测站的观测条件很差而造成多次重测后仍不能满足要求时，经主管部门批准后，可舍弃该点或变动测站位置后再进行重测。

对于需补测或重测的时段或基线向量，要具体分析原因，并尽量安排在一起进行同步观测。补测或重测的原因及处理方式等应写入数据处理报告。

## 3.4　技术总结与上缴资料

### 3.4.1　技术总结

1. 技术总结的作用

在完成了 GNSS 网的布设后，应该认真完成技术总结。每项 GNSS 工程的技术总结不仅是工程一系列必要文档的主要组成部分，而且它还能够使各方面对工程的各个细节有完整和充分的了解，从而便于今后对成果充分而全面地加以利用。另一方面，通过对整个工程的总结，测量作业单位还能够总结经验，发现不足，为今后进行新的工程提供参考。

2. 外业技术总结

在 GNSS 测量外业工作完成后，应按要求编写技术总结报告，内容包括：

①测区范围及位置，自然地理条件，气候特点，交通、通信及供电情况。

②任务来源，项目名称，测区已有测量成果情况，施测的目的及基本精度要求。

③实测单位，施测起讫时间，技术依据，作业人员的数量及技术状况。

④技术依据，介绍作业依据的测量规范、工程规范、行业标准等。

⑤施测方案：介绍测量所采用的仪器类型、数量、检验及使用情况，取的布网方案等。

⑥点位观测条件的评价，埋石及重合点情况。

⑦联测方法、完成各级点数与补测、重测情况，以及作业中存在的问题说明。

⑧外业观测数据质量分析与数据检核情况。

⑨结论：对整个工程的质量及成果作出结论。

3. 内业技术总结

内业技术总结的内容包括：

①数据处理情况：数据处理方案、所采用的软件、星历、起算数据、坐标系统、历元，以及无约束平差、约束平差情况。

②误差检验及相关参数和平差结果的精度估计。

③上交成果尚存问题和需要说明的其他问题、建议或改进意见。

④各种附表与附图。

### 3.4.2 成果验收上缴资料

1. 成果验收

GNSS 测量任务完成以后，按 CH1002 的规定进行成果验收。交送验收的成果，包括观测记录的存储介质及其备份，内容与数量必须齐全、完整无缺，各项注记、整饰应符合要求。验收重点包括下列内容：

①实施方案是否符合规范和技术设计要求。

②补测、重测和数据剔除是否合理。

③数据处理的软件是否符合要求，处理的项目是否齐全，起算数据是否正确。

④各项技术指标是否达到要求。

验收完成后，应写出成果验收报告。在验收报告中应该 CH1003 的规定对成果质量做出评定。

2. 上交资料

①测量任务书(或合同书)、技术设计书。

②点之记、环视图、测量标志委托保管书、选点和埋石资料。

③接收设备、气象及其他仪器的检验资料。

④外业观测记录、测量手簿及其他记录(包括偏心观测)。

⑤数据处理中生成的文件、资料和成果表。

⑥GNSS 网展点图；卫星可见性预报表和观测计划。

⑦技术总结和成果验收报告。

## ◎ 习题和思考题

1. 如何表示 GNSS 网的精度？如何划分 GNSS 网的精度等级？
2. 何为同步观测、同步闭合环、非同步闭合环？
3. 简要表述 GNSS 网图形构成的几种基本形式。
4. 如何提高 GNSS 网的可靠性和精度？
5. 在踏勘测区中，一般要收集哪些资料？
6. GNSS 技术设计书编写要包括哪些主要内容？
7. GNSS 测量选点要注意哪些情况？
8. 简述 GNSS 测量外业观测的过程。
9. 一项 GNSS 工程应上交哪些技术成果资料？

# 第 4 章　GNSS 测量数据内业解算

**【教学目标】**

通过本章学习，了解 GNSS 数据处理的基本流程。理解基线向量解算、无约束平差、约束平差以及 GNSS 网与地面联合平差的基本原理。掌握常用 GNSS 随机软件的操作使用、GNSS 基线向量计算的质量评定指标以及利用 GNSS 水准测量将大地高转化为正常高的方法。

## 4.1　概　　述

GNSS 数据处理是指对外业采集的原始观测数据进行处理，得到最终测量成果的过程。GNSS 数据处理分为以下几步：数据预处理，基线向量解算，基线向量网平差或与地面网联合平差几个阶段。如图 4.1 所示。

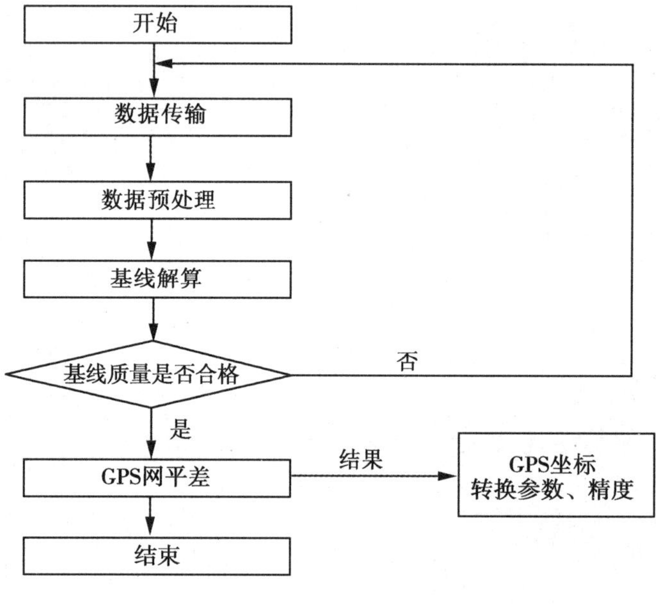


图 4.1　GPS 数据处理流程

### 4.1.1　数据传输

由于观测过程中，接收机采集的数据存储在接收机内部存储器上，进行数据处理时必须将其下载到计算机上，这一数据下载过程即数据传输。通常，不同厂商的 GNSS 接收机有不同的数据存储格式，若采用的数据处理软件不能读取该格式的数据，则需事先进行数据格式转换，通常转换为 RINEX(GNSS 标准数据格式)格式，以便数据处理软件读取。

### 4.1.2 数据预处理

数据预处理的目的是对数据进行平滑滤波检验、粗差剔除；统一数据文件格式，并将各类数据文件加工成标准文件(如 GNSS 卫星轨道方程的标准化、卫星钟钟差标准化、观测文件标准化等)；找出整周跳变点并修复观测值；对观测值进行各种模型改正，为后面的计算工作做准备。

### 4.1.3 基线向量解算

1. 基线向量

基线向量是利用两台或两台以上的接收机所采集的同步观测数据形成的差分观测值通过参数估计的方法所计算出来的两两接收机之间的三维坐标差。与常规的地面测量所测定的基线边长不同，基线向量是既具有长度性，又具有方向特性的矢量。而基线边长则是仅具有长度特性的标量，如图 4.2 所示。

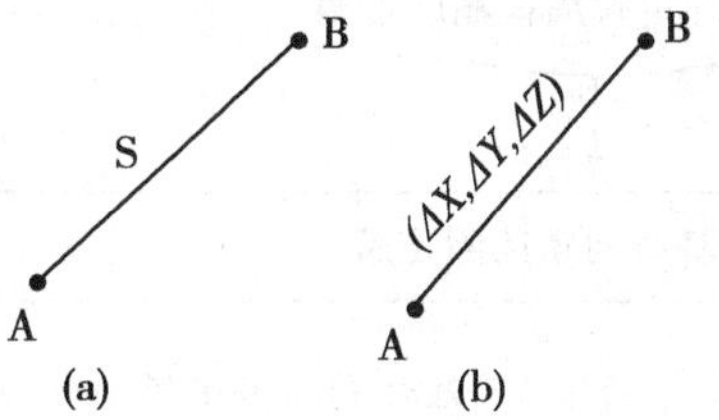


图 4.2

基线向量可采用空间直角坐标差、大地坐标差等形式来表示。采用空间直角坐标差形式表示的一条基线向量为

$$b_i = [\Delta X_i \quad \Delta Y_i \quad \Delta Z_i]^{\mathrm{T}} \tag{4.1}$$

采用大地坐标差形式表示的一条基线向量为

$$b_i = [\Delta B_i \quad \Delta L_i \quad \Delta H_i]^{\mathrm{T}} \tag{4.2}$$

这两种基线向量的表示形式在数学上是等价的，可相互转化。

2. 基线向量解算过程

在基线解算过程中，通过对多台接收机的同步观测数据进行复杂的平差计算，得到基线向量及其相应的方差-协方差矩阵。解算中，要顾及周跳引起的数据剔除、观测数据粗差的发现和剔除、星座变化引起的整周未知数的增加等问题。基线解算的结果除了用于后续的网平差之外，还被用于检验和评估外业观测数据质量，它提供了点与点之间的相对位置关系，可确定网的形状和定向，而要确定网的位置基准，则需要引入外部起算数据。

基线向量解算的基本数学模型有非差载波相位模型、单差载波相位模型、双差载波相位模型、三差载波相位模型四种。在平差计算求解测站之间的基线向量时，一般选取双差载波相位模型，即以双差观测值或其线性组合作为平差解算时的观测量，以测站间的基线向量坐

标 $b_i = [\Delta X_i \quad \Delta Y_i \quad \Delta Z_i]^{\mathrm{T}}$ 为主要未知量，建立误差方程，用方程求解基线向量。其平差方式类似于间接平差法。由于平差过程复杂，这里略去。图 4.3 为基线向量解算的流程。

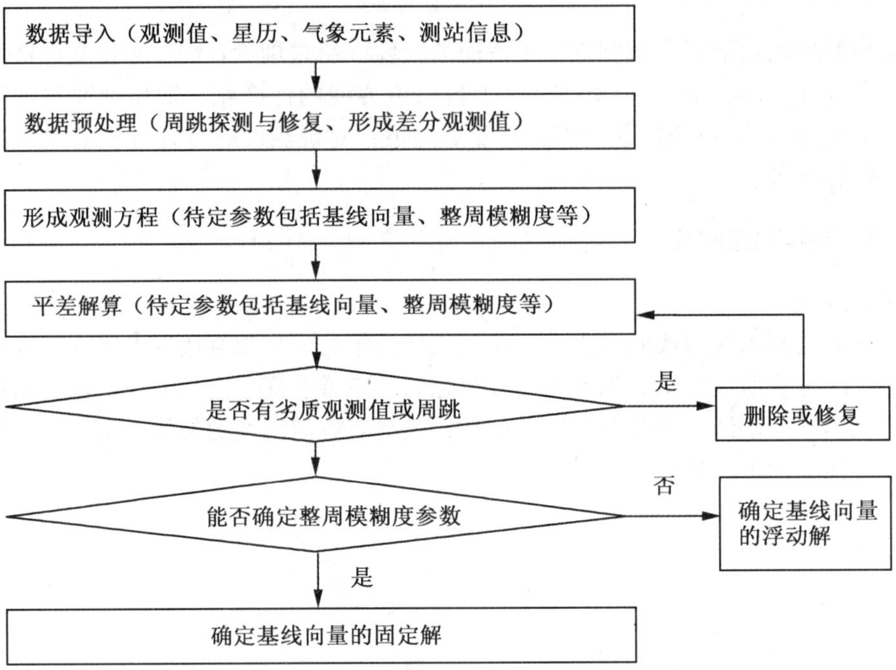


图 4.3　基线向量的解算流程

3. 基线向量解算的质量控制

基线解算是 GNSS 静态相对定位数据后处理过程中的重要环节，其解算结果是 GNSS 基线向量网平差的基础数据，其质量好坏直接影响到 GNSS 静态相对定位测量的成果和精度。

基线解算质量控制的方法主要有以下几个指标：

(1) 观测值残差的均方根 RMS

$$\mathrm{RMS} = \frac{V^{\mathrm{T}}V}{n} \tag{4.3}$$

RMS 表明了观测值与参数估值间的符合程度，观测质量越好 RMS 就越小，反之，观测值质量越差，则越大，它不受观测条件(观测期间卫星分布图形)好坏的影响。

(2) 数据删除率

在基线解算时，如果观测值的改正数大于某一个阈值时，则认为该观测值含有粗差，则需要将其删除。被删除观测值的数量与观测值的总数的比值，就是所谓的数据删除率。

数据删除率从某一方面反映出了 GNSS 原始观测值的质量。数据删除率越高，说明观测值的质量越差。GNSS 测量技术规范一般规定，同一时段观测值的数据剔除率应小于 10%。

(3) 比率 RATIO

$$RATIO = RMS_{次最小} / RMS_{最小} \tag{4.4}$$

由公式可看出：该值大于或等于 1，反映了所确定整周未知数的可靠性，值越大，可靠性越高。它既与观测值的质量有关；也与观测条件的好坏有关，通常观测时卫星数量越多，分布越均匀；观测时间越长，观测条件也越好。

(4)相对几何强度因子 RDOP

RDOP 值指的是在基线解算时待定参数的协因数阵的迹的平方根，即

$$RDOP = \sqrt{tr(Q)} \tag{4.5}$$

RDOP 值的大小与基线位置和卫星在空间中的几何分布及运行轨迹(即观测条件)有关，当基线位置确定后，RDOP 值就只与观测条件有关了，而观测条件又是时间的函数，因此，实际上对于某条基线向量来讲，其 RDOP 值的大小与观测时间段有关。

RDOP 表明了 GNSS 卫星的状态对相对定位的影响，即取决于观测条件的好坏，它不受观测值质量好坏的影响。

(5)单位权方差因子(参考因子) $\hat{\sigma_0}$

$$\hat{\sigma_0} = \frac{V^T - PV}{n} \tag{4.6}$$

其中　$V$ 为观测值的残差；

$P$ 为观测值的权；

$n$ 为观测值的总数。

单位权方差因子以 mm 为单位，该值越小，表明基线的观测值残差越小且相对集中，观测质量也较好，可在一定程度上反映观测值质量的优劣。

(6)同步环闭合差

同步环闭合差指同步观测基线所组成的闭合环闭合差。从理论上讲，同步观测基线间具有一定的内在联系，从而使同步环闭合差三维向量总和为 0。只要基线解算数学模型正确，数据处理无误，即使观测值质量不好，同步环闭合差也有可能非常小。所以，同步环闭合差不超限，不能说明环中所有基线质量合格；同步环闭合差超限肯定表明闭合环中至少有 $i$ 条基线向量有问题。

(7)异步环闭合差

异步环闭合差指相互独立的基线组成闭合环的三维向量闭合差。异步环闭合差满足限差要求，说明组成异步环的所有基线向量质量合格；当异步环闭合差不满足限差要求时，则表明组成异步环的基线向量中至少有 1 条基线向量的质量有问题。若要确定哪些基线向量不合格，可以通过多个相邻的异步环闭合差检验或重复观测基线较差来确定。在实际作业中，将各基线同步观测时间少于观测时间的 40%所组成的闭合环按异步环处理。

(8)重复基线较差

重复观测基线较差指不同观测时段，对同一条基线进行重复观测的观测值间的差异，当其满足限差要求时，说明基线向量解算合格；当不满足时，则说明至少有一个时段观测的基线有问题，这条基线可通过多条复测基线来判定哪个时段的基线观测值有问题。

### 4.1.4 网平差

在网平差阶段，将基线解算所确定的基线向量作为观测值，将基线向量的验后方差-

协方差阵作为确定观测值的权阵，同时，引入适当的起算数据，进行整网平差，确定网中个点的坐标。

在实际应用中，往往还需要将 WGS-84 坐标系统中的平差结果按用户需要进行坐标系统的转换，或者与地面网进行联合平差，确定 GNSS 网与经典地面网的转换参数，改善已有的经典地面网。

1. GNSS 网平差的目的

在 GNSS 网的数据处理过程中，基线解算所得的基线向量仅能确定 GNSS 网的几何形状，但却无法提供最终网中各点的绝对坐标所需的绝对坐标基准。在 GNSS 网平差中，通过起算点坐标可以达到进入绝对基准的目的。不过这不是 GNSS 网平差的唯一目的，总结起来 GNSS 网平差的目的主要有 3 个：

①消除由观测值和已知条件中所存在的误差而引起的 GNSS 网在几何条件上的不一致。例如闭合环的闭合差不为 0、复测基线较差不为 0、由基线向量形成的附和导线闭合差不为 0 等。通过网平差可以消除这些不符值。

②改善 GNSS 网的质量，评定 GNSS 网的精度。通过网平差，我们可以获得一系列可以用于评估 GNSS 网精度的指标，如观测值改正数、观测值验后方差、观测值单位权方差、相邻点距离中误差、点位中误差等。结合这些精度指标，还可以设法确定出可能存在的粗差或者质量不佳的观测值，并对其进行相应的处理，从而达到改善网的质量的目的。

③确定 GNSS 网中点在指标参考系下的坐标以及其他所需参数的估值。在网平差过程中，通过引入起算数据如已知点、已知边长、已知方向等，可最终确定出点在指定参考系下的坐标及其他一些参数，如基准转换参数等。

2. GNSS 网平差的类型

根据 GNSS 网平差时所采用的观测量和已知条件的类型、数量，通常 GNSS 网平差分三维无约束平差、约束平差和联合平差三种模型。

(1) 三维无约束平差

GNSS 网的三维无约束平差是在 WGS-84 三维空间直角坐标系下进行的，指的是在平差时不引入会造成 GNSS 网产生由非观测量所引起的变形的外部起算数据。常见的 GNSS 网的无约束平差，一般是在平差时没有起算数据或没有多余的起算数据。

(2) 三维约束平差

约束平差所采用的观测量也完全是 GNSS 基线向量，但与无约束平差不同的是平差中引入了国家大地坐标系或者地方坐标系的某些点的固定坐标、固定边长及固定方位为网的基准，将其作为平差中的约束条件，并在平差计算中考虑 GNSS 网与地面网之间的转换参数。

(3) 三维联合平差

GNSS 网的联合平差一般是在某一个地方坐标系下进行的，平差所采用的观测量除了 GNSS 基线向量外，有可能还引入了常规的地面观测值，这些常规的地面观测值包括边长观测值、角度观测值、方向观测值等；平差所采用的起算数据一般为地面点的三维大地坐标，除此之外，有时还加入了已知边长和已知方位等作为起算数据。工程中通常采用联合平差。

3. GNSS 网平差的流程

在 GNSS 网平差中，通过起算点坐标可以达到引入绝对基准的目的。在 GNSS 控制网的平差中，是以基线向量及协方差为基本观测量的。通常采用三维无约束平差、三维约束平差及三维联合平差三种平差模型。各类型的平差具有各自不同的功能，必须分阶段采用不同类型的网平差方法。基线向量网平差的流程如图 4.4 所示。

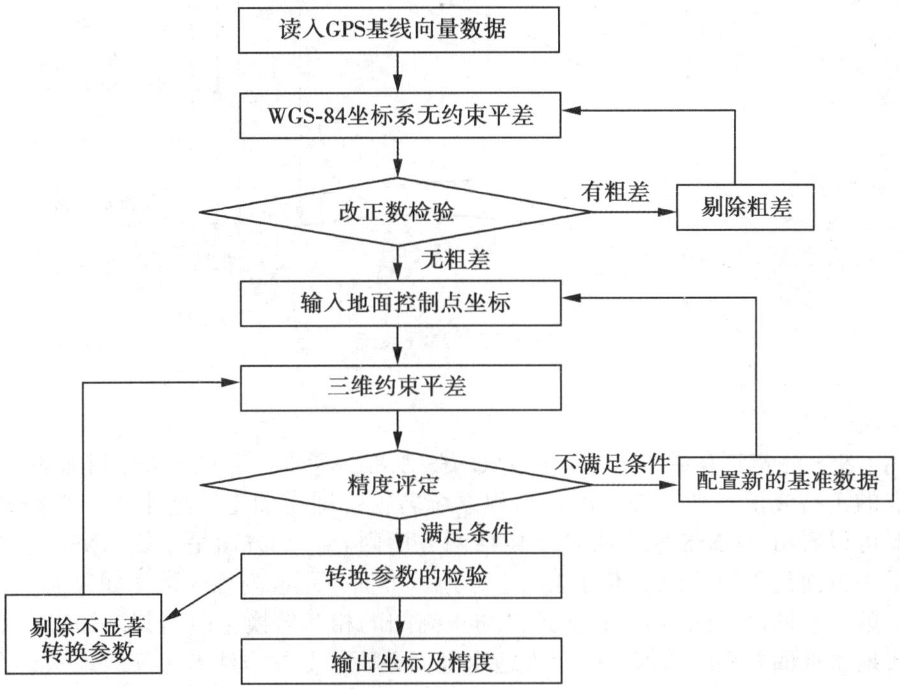


图 4.4　GPS 网平差流程

### 4.1.5　GNSS 高程测量

传统的地面观测技术确定地面点的位置时，由于平面位置和高程所采用的基准面不同，以及确定平面位置和高程的技术手段不同，使平面位置和高程往往分开独立确定。GNSS 虽然可以精确测到点的三维坐标，但是其所确定的高程却是基于 WGS-84 椭球的大地高程，并非实际应用中采用的正常高程系统。因此，应找出 GNSS 点的大地高程同正常高程的关系，并采用一定模型进行转换。

1. 高程系统之间的关系

地面点沿铅垂线方向至大地水准面的距离定义为正高 $H_g$ ，地面点沿铅垂线方向至似大地水准面的距离定义为正常高 $H_\gamma$ ，地面点沿法线方向至椭球面的距离定义为大地高 $H$ ，各高程系统间的关系如图 4.5 所示。

大地水准面到参考椭球面的距离，称为大地水准面差距，记为 $N$ 。大地高 $H$ 与正高 $H_g$ 之间的关系可以表示为：

$$H = H_g + N \tag{4.7}$$

似大地水准面到参考椭球面的距离，称为高程异常，记为 $\zeta$ 。大地高 $H$ 与正常高 $H_\gamma$ 之间的关系可以表示为：

$$H = H_\gamma + \zeta \tag{4.8}$$

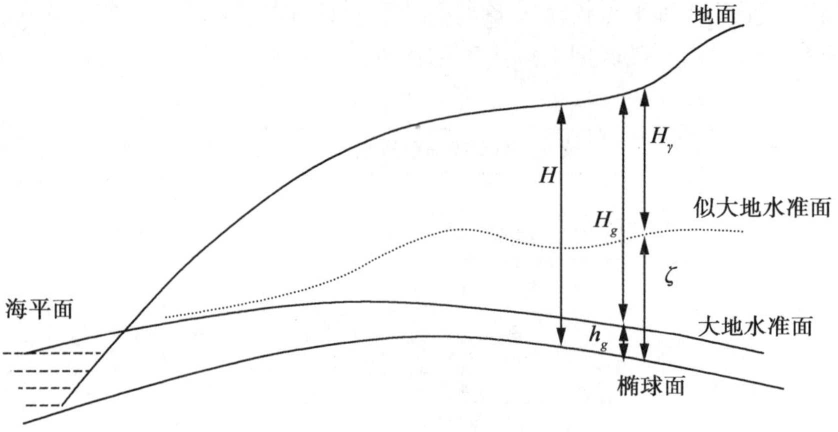


图 4.5　高程系统

2. GNSS 水准

采用 GNSS 测定正高或正常高，称为 GNSS 水准。通常，通过 GNSS 测出的是大地高，要确定点的正高或正常高，需要进行高程系统转换，即需确定大地水准面差距或高程异常。由此可以看出，GNSS 水准实际上包括两方面内容：一方面是采用 GNSS 方法确定大地高，另一方面是采用其他技术方法确定大地水准面差距或高程异常。如果大地水准面差距已知，就能够通过式(4.7)进行大地高与正高间的相互转换，但当其未知时，则需要设法确定大地水准面差距的数值。确定大地水准面差距的基本方法有天文大地法、大地水准面模型法、重力测量法和几何内插法及残差模型法等方法。下以几何内插法为例，介绍高程拟合的方法。

几何内插法的基本原理是，利用既进行了 GNSS 观测，又进行了水准测量的公共点获得相应的大地水准面差距，采用平面或曲面拟合、配置、三次样条等内插方法，拟合出测区大地水准面，得到待定点的大地水准面差距，进而求出待求点的正高。

若在公共点上分别利用 GNSS 和水准测量测得了大地高和正高，利用式(4.9)可得其大地水准面差距，即

$$N = H - H_g \tag{4.9}$$

设大地水准面差距与点的坐标存在以下关系：

$$N = a_0 + a_1 \mathrm{d}B + a_2 \mathrm{d}L + a_3 \mathrm{d}B^2 + a_4 \mathrm{d}L^2 + a_5 \mathrm{d}B\mathrm{d}L \tag{4.10}$$

式中，$\mathrm{d}B = B - B_0$；$\mathrm{d}L = L - L_0$。$B_0 = \frac{1}{n}\sum B$，$L_0 = \frac{1}{n}\sum L$，$n$ 为进行了 GNSS 观测的点数。

若存在 $m$ 个这样的公共点，则有

$$V = AX + L \tag{4.11}$$

式中

$$A = \begin{bmatrix} 1 & \mathrm{d}B_1 & \mathrm{d}L_1 & \mathrm{d}B_1{}^2 & \mathrm{d}L_1{}^2 & \mathrm{d}B_1\mathrm{d}L_1 \\ 1 & \mathrm{d}B_2 & \mathrm{d}L_2 & \mathrm{d}B_2{}^2 & \mathrm{d}L_2{}^2 & \mathrm{d}B_2\mathrm{d}L_2 \\ \vdots & \vdots & \vdots & \vdots & \vdots & \vdots \\ 1 & \mathrm{d}B_m & \mathrm{d}L_m & \mathrm{d}B_m{}^2 & \mathrm{d}L_m{}^2 & \mathrm{d}B_m\mathrm{d}L_m \end{bmatrix}$$

$$X = [a_0 \quad a_1 \quad a_2 \quad a_3 \quad a_4 \quad a_5]^{\mathrm{T}}$$

$$V = [N_1 \quad N_2 \quad \cdots \quad N_m]$$

通过最小二乘可求解出多项式系数

$$X = -(A^{\mathrm{T}}PA)^{-1}(A^{\mathrm{T}}PL) \tag{4.12}$$

式中，权阵 $P$ 根据大地高和正高的精度来确定。

可见，采用二次多项式来拟合大地水准面差距，至少需要 6 个公共点，才能求出多项式系数。解出系数后，可按式(4.10)来内插确定出待定点的大地水准面差距。从而求出正高。求出 GNSS 水准，可替代传统三、四等水准测量，大大提高作业效率。

为了提高拟合的精度，需注意以下问题：

①测区中联测的几何水准点的点数，视测区的大小和(似)大地水准面的变化情况而定，但联测的几何水准的点数不能少于待定点的个数。

②联测的几何水准点的点位，应均匀布设于测区，并能包围整个测区。

③对含有不同趋势地区的地形，在地形突变处的 GNSS 点，要联测几何水准，大的测区还可采取分区计算的方法。

## 4.2 测后处理软件介绍

本节将以南方测绘公司的 GNSS 后处理软件 GNSSpro 为例说明 GNSS 数据处理的全过程。GNSSADJ 基线处理与平差软件主要是对 GNSS 星历数据进行基线处理，并将结果进行约束整网平差，得出控制网最后成果。软件能处理南方公司的静态 GNSS 数据、各种进口 GNSS 接收机 RINEX 标准格式的数据。软件界面友好，全中文操作环境，能在标准的 Windows 平台上运行，自动化程度更高、操作更方便。该软件的功能有：星历预报、数据传输、基线向量解算、网平差、质量分析、坐标转换、报表生成打印、结果输入、RINEX 格式转换等功能。

### 4.2.1 软件的安装

双击软件压缩包，弹出解压窗口如图 4.6 所示。

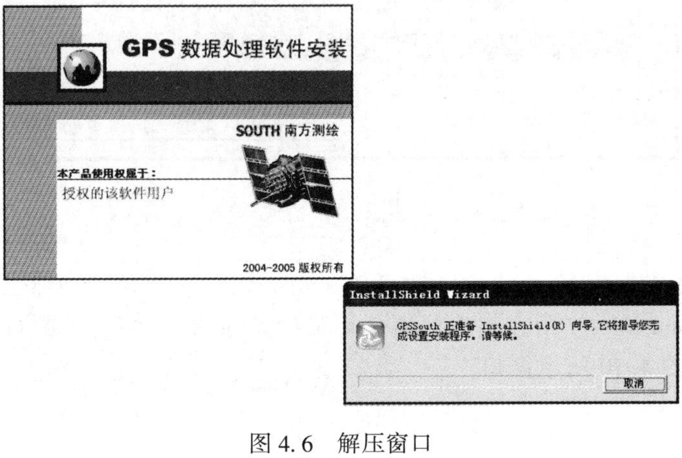


图 4.6　解压窗口

软件开始自解压，解压完毕进入软件安装的提示窗口如图 4.7 所示。

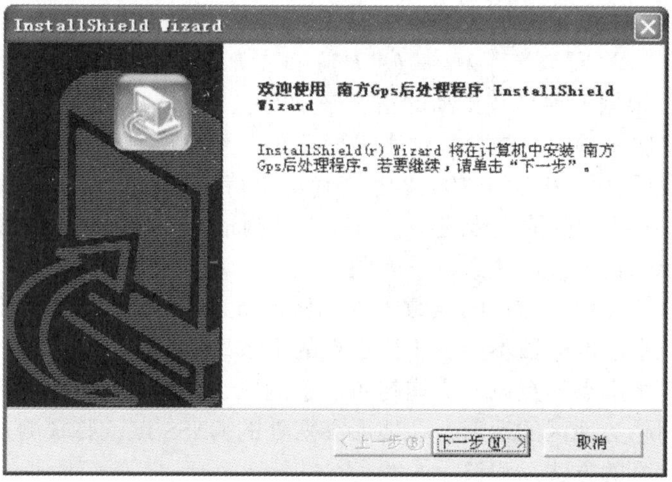


图 4.7　安装提示窗口

同意安装协议并用鼠标单击如图 4.8 所示的“是”，安装将继续，窗口提示软件安装到计算机中的安装路径如图 4.9 所示。

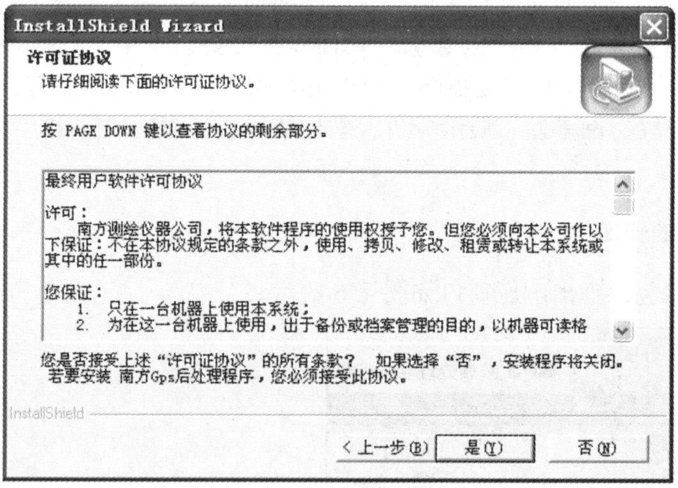


图 4.8　协议窗口

点击图 4.9 中的“浏览”，可选择自定义安装本软件的路径，当然也可使用图示默认路径“C：\ Program Files \ 南方测绘仪器公司 \ GPSSouth”安装，选择好路径后用鼠标单击“下一步”弹出图 4.10 所示窗口。

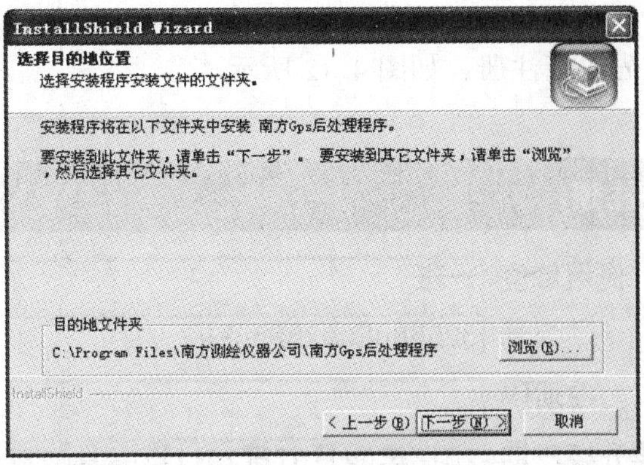


图 4.9　安装路径提示窗口

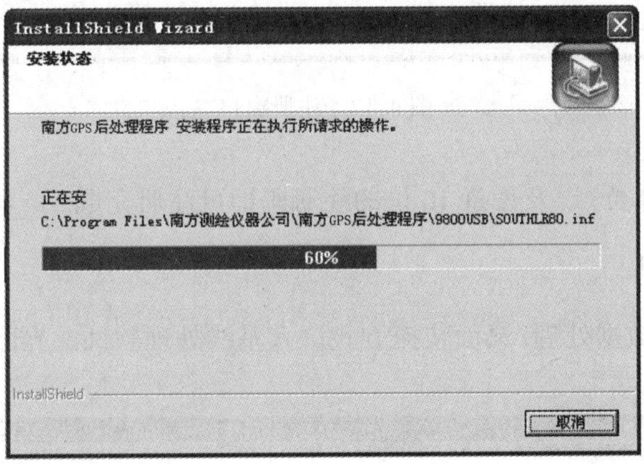


图 4.10　软件安装过程窗口

进度条达到 100%后，弹出如图 4.11 所示的界面，点击“完成”，软件安装完毕。

图 4.11　结束窗口

软件安装完毕后，在计算机的桌面自动生成“南方 GPS 数据处理”快捷方式。双击快捷方式，打开软件后首先进行注册，如图 4.12 所示。

图 4.12　注册窗口

只要输入“使用单位”以及任意 16 位的注册码即可注册完成。

### 4.2.2　新建项目

点击“南方 GPS 数据处理”桌面快捷方式进入基线处理软件，界面如图 4.13 所示。

图 4.13　GPS 处理软件界面主界面

软件主界面由菜单栏、工具栏、状态栏以及当前窗口组成，并采用了工程化的管理模式，因此，在使用之前必须按照要求创建工程项目。创建工程项目的方法为：点击“文件”菜单下的“新建”项目，弹出界面如图 4.14 所示。

在对话框中按照要求填入“项目名称”、“施工单位”、“负责人”，选择相应的“坐标

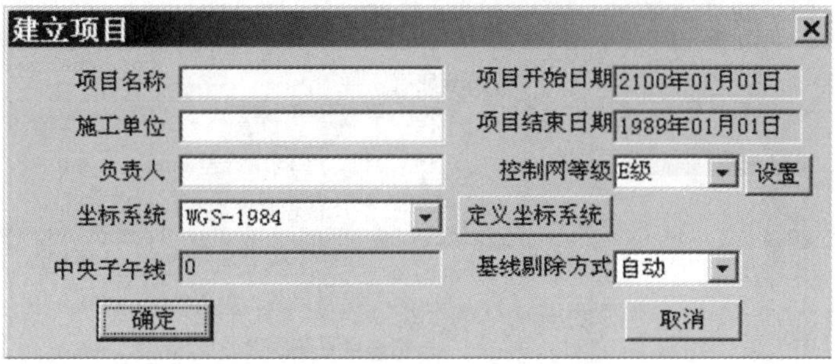


图 4.14　新建工程项目

系统”、“分度带”、“控制网等级”、“基线剔除方式”，最后点击“确定”按钮，完成操作。

这里可以自定义坐标系，单击定义坐标系出现如图 4.15 所示的对话框。

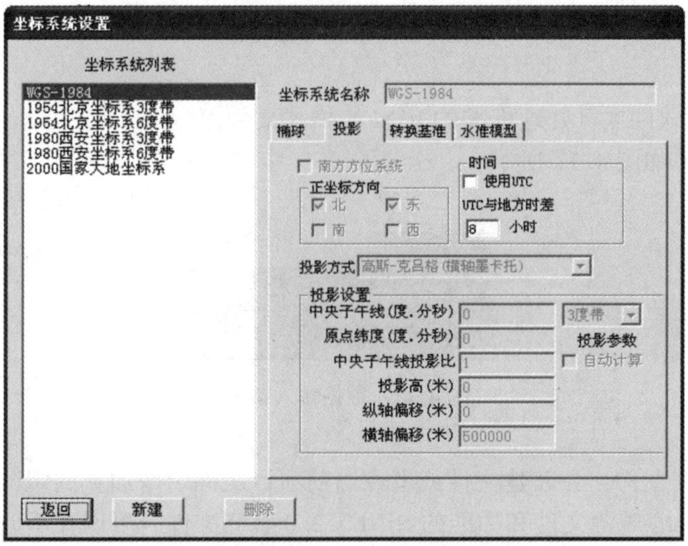


图 4.15　坐标系统设置

可以自定义坐标系，可以给坐标系命名，再输入坐标系的椭球参数和转换基准、投影设置的参数，自定义的坐标系完成，你可以调用你自定义的坐标系。

控制网的等级也可以自己设置，单击图 4.14 中控制网等级后面的设置，出现如图 4.16 所示的对话框。

控制网的等级已经根据国家《全球定位系统(GNSS)测量规范》(GB/T18314—2001)的标准输入，实际工作中也可以根据实际情况输入地方标准。

### 4.2.3　导入数据

1. 导入观测数据

将野外 GNSS 采集数据导入软件，这些数据一般是南方公司的专用格式 *.STH。南方

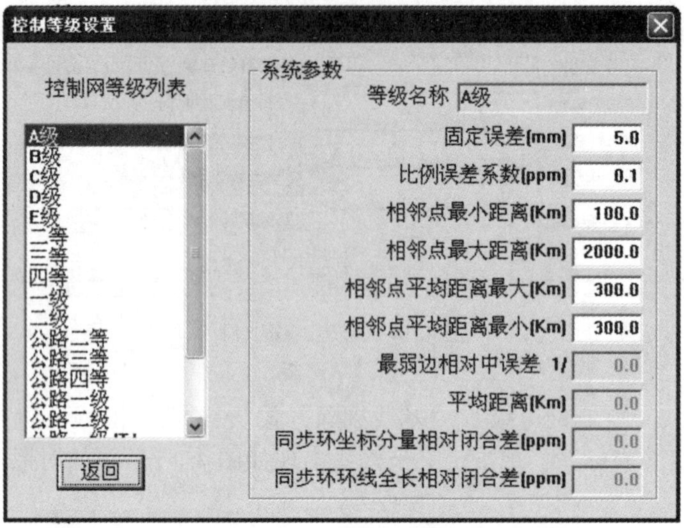


图 4.16　控制等级设置

测绘的 GNSSADJ 软件也可处理标准的 RINEX 格式文件。

数据输入菜单如图 4.17 所示。

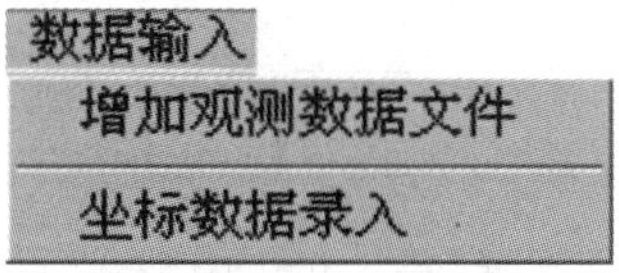


图 4.17　数据输入菜单

增加观测数据文件：在新建文件或者在当前项目文件中增加新的观测文件，可以选择读入南方测绘 *. sth 观测文件和标准的 RINEX 2.0 观测文件。可以在不同的路径中任意选择，如图 4.18 所示。

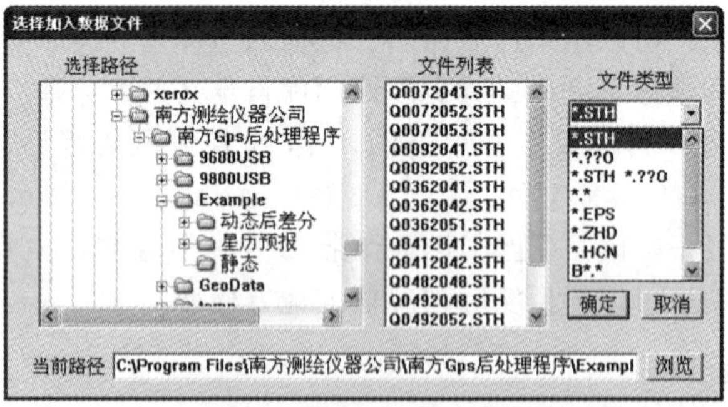


图 4.18　增加新的观测文件窗口

南方 GNSS 测量系统的数据处理软件除了处理南方的数据外，还可对其他厂商的接收机所采集的数据进行处理。处理的方法是先把其他非南方 GNSS 接收机采集的数据转换为标准的 RINEX 2.0(兼容 RINEX 1.0)格式，读入观测文件后进行向量解算以及网平差。

2. 坐标数据录入

在需要原始观测数据录入的情况下，点击“坐标数据录入”，界面如图 4.19 所示，再点击图中“请选择”，选择控制点点名，如图 4.20 所示。

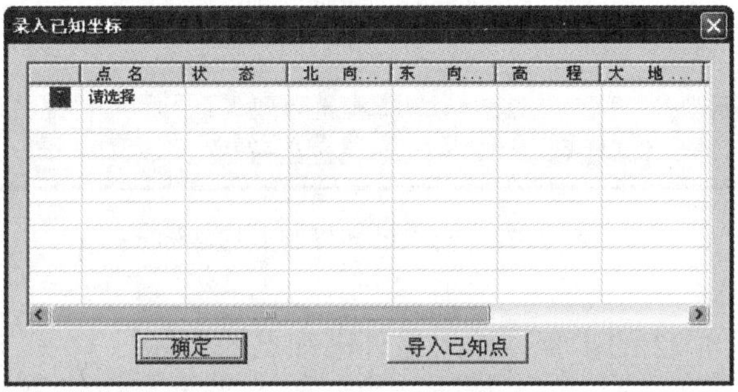


图 4.19　录入已知坐标

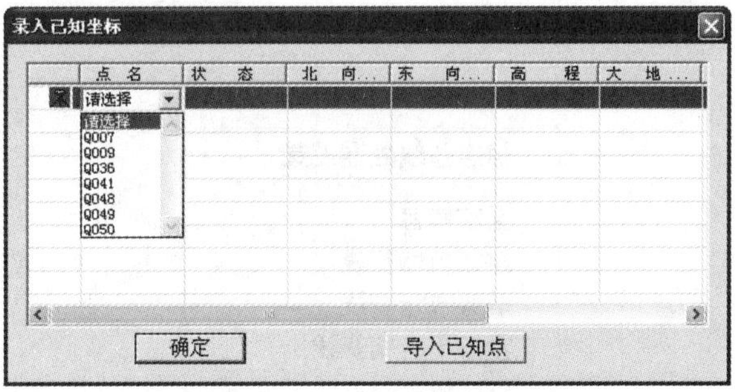


图 4.20　选择已知控制点

然后单击状态，如图 4.21 所示。

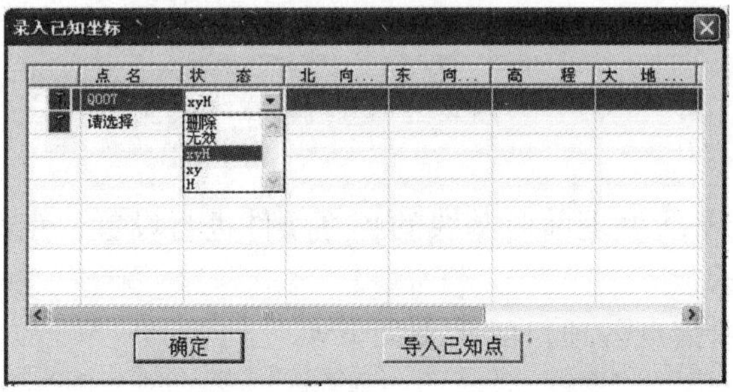


图 4.21　选择已知控制点的状态

然后输入已知点的坐标，如图 4.22 所示。

图 4.22　输入已知控制点的坐标

重复图 4.20 到图 4.22 的步骤，输入另外已知点的坐标。

### 4.2.4　基线的处理与解算

1. 解算设置

基线解算菜单如图 4.23 所示。

图 4.23　基线解算

基线处理设置：在基线处理前对基线的解算条件进行设置，点击此按钮弹出基线设置对话框，如图 4.24 所示。

图 4.24 中基线基本信息各项目的含义如下：

(1)设置作用选择

全部解算：对所有调入软件的观测数据文件进行解算。当一条基线解算结束并解算合

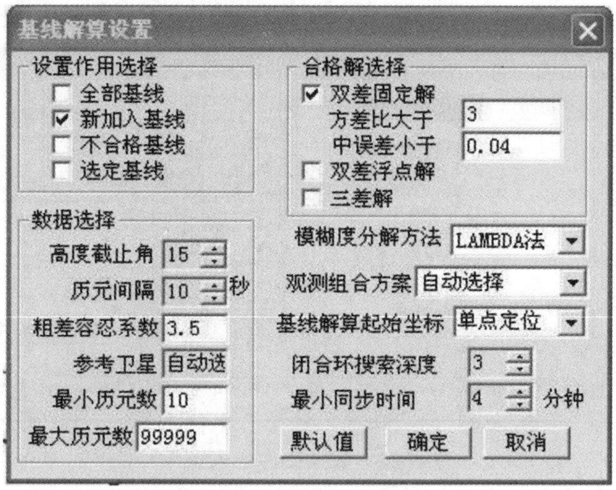


图 4.24　基线处理设置窗口

格(一般情况下要求比值即方差比大于 3.0)后，网图上表示的基线边将变红。不合格的基线将维持灰色。

新增基线：对新增加进来的基线单独解算。

不合格基线：软件只处理上次解算后不合格的基线。

(2)高度截止角

即卫星高度角截止角，通常情况下取其值为 20.0(度)，用户也可以适当地调整使其增大或者减小，但应当注意，当增大卫星高度截止角时，参与处理的卫星数据将减少，因此要保证有足够多的卫星参与运算，且 GDOP 良好，在卫星较多时，取 20.0 较为适宜。默认的设置为 20.0。

(3)历元间隔

指运算时的历元间隔，该值默认取 5s，可以任意指定，但是必须是采集间隔的整数倍。例如，采集数据时设置历元间隔为 15s，而采样历元间隔设定 20s，则实际处理的历元间隔将为 30s。

(4)粗差容忍系数

默认值为 3.5。

(5)合格解选择

可以选择合格固定解、固定解、浮动解、三差解、由基线独立选择。当选择合格固定解、固定解、浮动解和三差解时，是对控制网的全部基线进行统一的设置，要对任一基线进行独立设置则必须选择“由基线独立选择”。

(6)最小同步时间

同步观测时间小于设定值的同步基线将不参与计算。

*2. 基线解算方法*

将野外采集数据调入软件，可以用鼠标左键点击文件，一个个单选，也可“全选”所有文件，如图 4.25 所示。

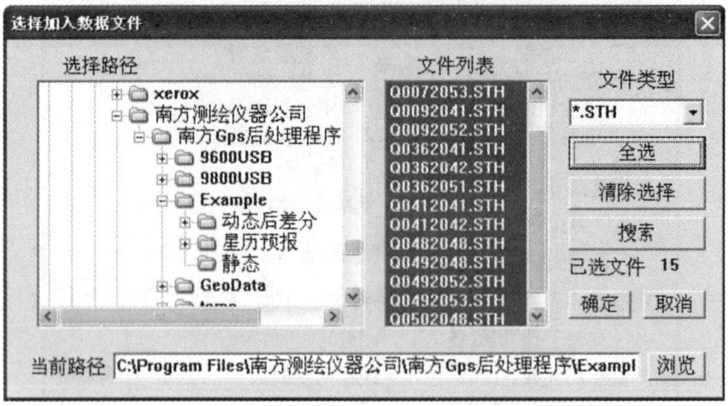


图 4.25　数据文件录入菜单

点击“确定”按钮，然后稍等片刻，调入完毕后，网图如图 4.26 所示。

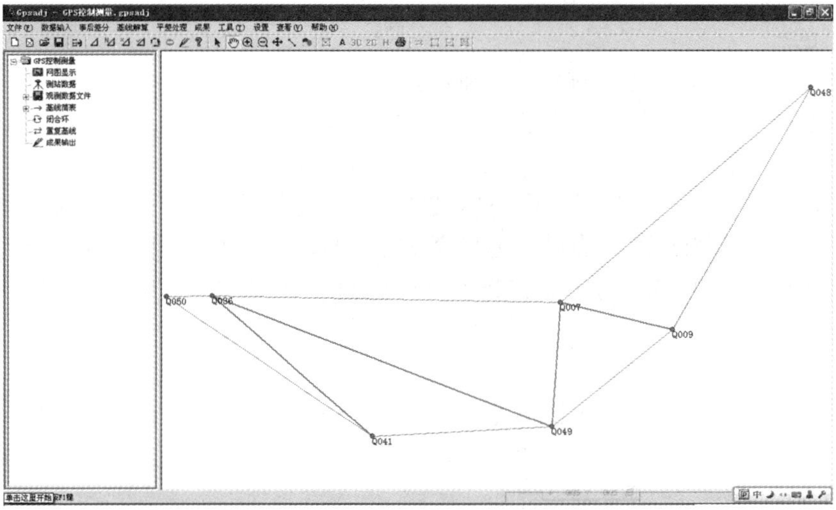


图 4.26　演示网图

在基线解算菜单选择解算全部基线，在软件下方的状态栏可看到处理的进度，如图 4.27 所示。

图 4.27　处理进度

这一解算过程可能等待时间较长，基线处理完全结束后，网图如图 4.28 所示，颜色已由原来的绿色变成红色或灰色。

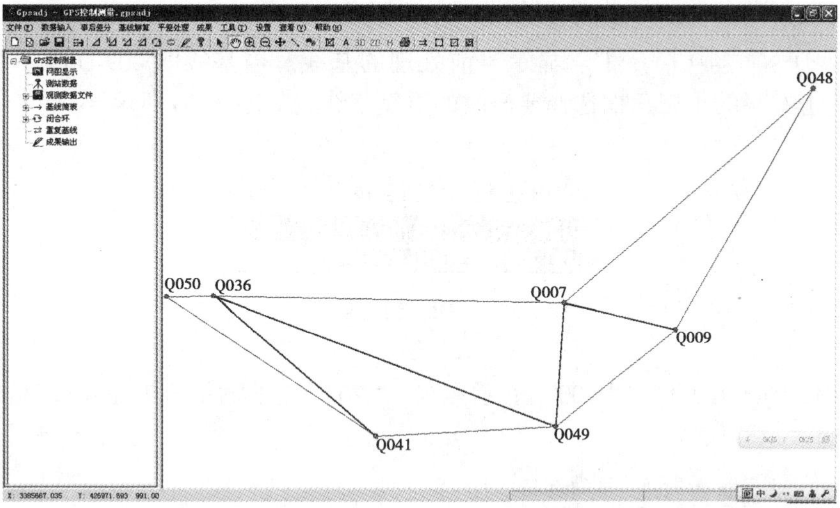


图 4.28　解算结束

基线双差固定解方差比大于 2.5 的基线变红(软件默认值 2.5)，小于 2.5 的基线颜色变灰色。灰色基线方差比过低，可以进行重解。例如对于基线“Q009-Q007”，用鼠标直接在网图上双击该基线，选中基线由实线变成虚线后弹出基线解算对话框如图 4.29 所示，在对话框的显示项目中可以对基线解算进行必要的设置。

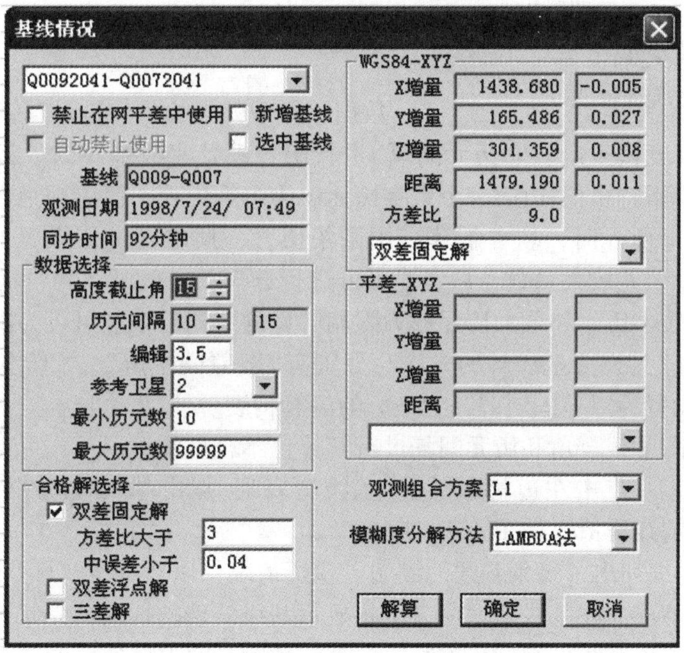


图 4.29　基线情况

基线解算对话框各项设置的意义和使用说明如下：

“

”：显示当前处理的基线。当基线“Q009-Q007”中存在重复基线，可点击右端的小三角框选择要修改的重复基线，如图 4.30 所示。

图 4.30 选择基线

注：文件“Q0092041”中“Q009”表示点名，“204”表示测量日期是 1 年 365 天中的第 204 天，“1”表示时段数。

“

”：在白色小方框中单击鼠标左键后小方框中出现小勾，表示此功能已经被选中。“禁用”表现禁用当前的基线；“新增基线”表示当前基线为新增基线；“自动禁止使用”表示不合格的基线不参加组网，“选中基线”表示当前基线为正在处理的选中基线。

“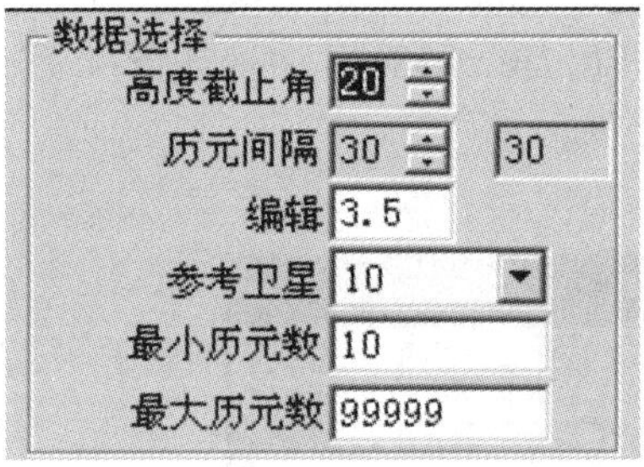

”：数据选择系列中的条件是对基线进行重解的重要条件。可以对“高度截至角”和“历元间隔”进行组合设置完成基线的重新解算以提高基线的方差比。历元间隔中的左边第一个数字历元项为解算历元，第二项为数据采集历元。当解算历元小于采集历元时，软件解算采用采集历元，反之则远用设置的解算历元。“编辑”中的数字表示误差放大系数，参考卫星可进行选择，一般默认为自动选择接收信号效果最好的卫星，最小历元和最大历元数为限制解算的数据，一般可设为默认值即可。

“合格解选择”为设置基线解的方法。分别有“双差固定解”、“双差浮点解”、“三差解”三种，默认设置为双差固定解，为最好的解算精度。

在反复组合高度截至角和历元间隔进行解算仍不合格的情况下，可点状态栏基线简表查看该条基线详表。点击左边状态栏中“基线简表”，点击基线“Q0092041—Q0072041”，显示栏中会显示基线详情，如图 4.31 所示。

图 4.31 中详细列出了每条基线的测站、星历情况，以及基线解算处理中周跳、剔除、精度分析等处理情况。在基线简表窗口中将显示基线处理的情况，先解算三差解，最后解算出双差解，点击该基线可查看三差解、双差浮动解、双差固定解的详细情况。无效历元过多可在左边状态栏中观测数据文件下剔除，例如在 Q0072041.STH 数据双击弹出数据编辑框(见图 4.32)。点中×，然后按住鼠标左键拖拉圈住上图中有历元中断的地方即可剔

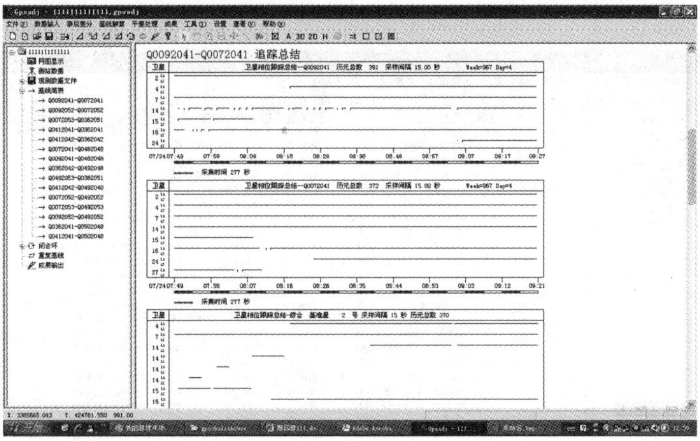


图 4.31　基线详解

除无效历元，点中可恢复剔除历元。在删除了无效历元后从解基线，若基线仍不合格，就应该考虑对不合格基线进行重测了。

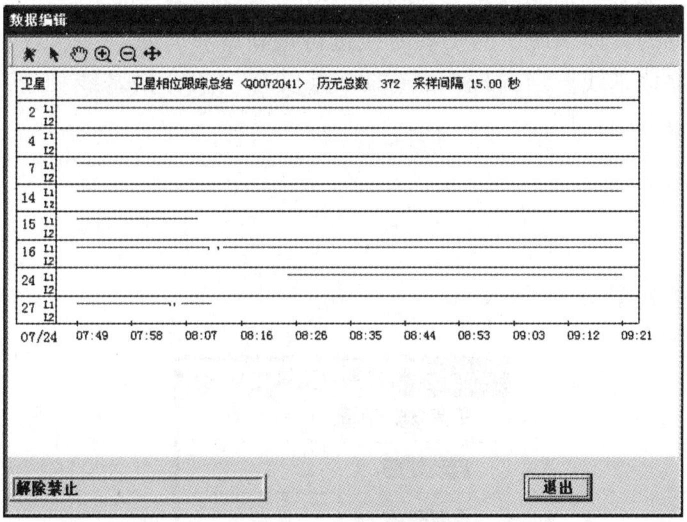


图 4.32　数据编辑

3. 检查闭合环和重复基线

待基线解算合格后(少数几条解算基线不合格可让其不参与平差)，在“闭合环”窗口中进行闭合差计算。首先，对同步时段任一三边同步环的坐标分量闭合差和全长相对闭合差按独立环闭合差要求进行同步环检核，然后计算异步环。程序将自动搜索所有的同步、异步闭合环。

有关同步、异步闭合环、重复基线的要求参照有关国家规范(见附录)。

搜索闭合环点左边状态栏中闭合环，图 4. 33 显示闭合差。

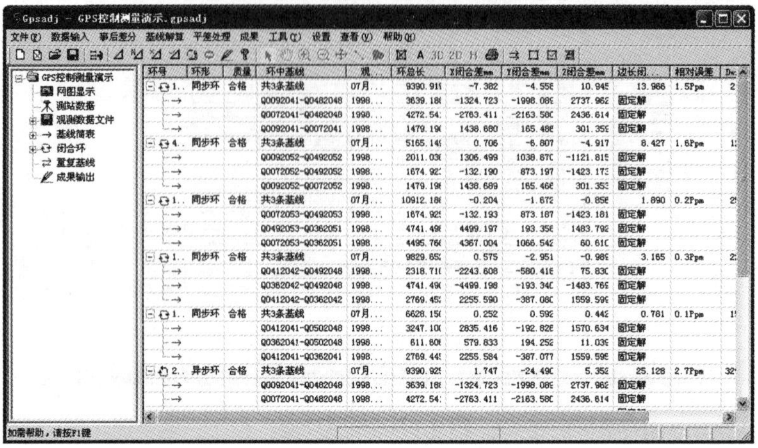


图 4. 33　闭合环

在图 4. 33 中，此网所有的同步闭合环均小于 10ppm，小于四等网(≤10ppm)的要求。闭合差如果超限，那么必须剔除粗差基线。点击“基线简表”状态栏重新算。根据基线解算以及闭合差计算的具体情况，对一些基线进行重新解算，具有多次观测基线的情况下可以不使用或者删除该基线。当出现孤点(即该点仅有一条合格基线相连)的情况下，必须野外重测该基线或者闭合环。

### 4. 2. 5　网平差

1. 平差设置

平差处理菜单如图 4. 34 所示。

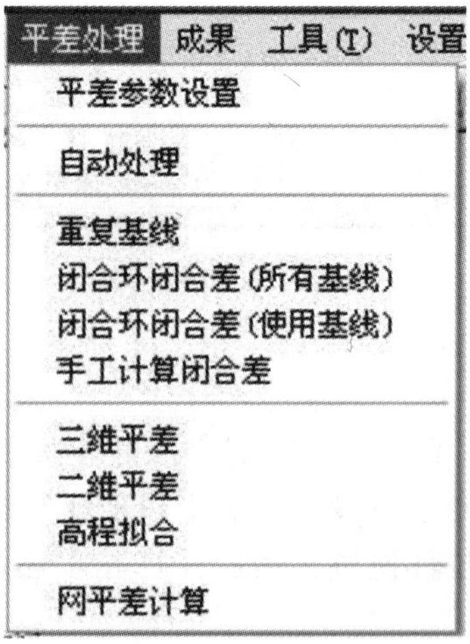


图 4. 34　平差菜单

平差参数设置：本项设置为选择已知点坐标与坐标系匹配的检查和高程拟合方案。在图 4.35 的“二维平差选择”中做了选择后，在进行平差计算时，若输入的已知点坐标和概略坐标差距过大，软件将不进行平差。反之，没有选择，软件对平差已知点不作任何限制。无论输入怎样的已知点坐标，都能计算平差结果。高程拟合方案选取适当的已知水准点来拟合 GNSS 高程控制网，最大限度减少高程异常带来的误差或错误。

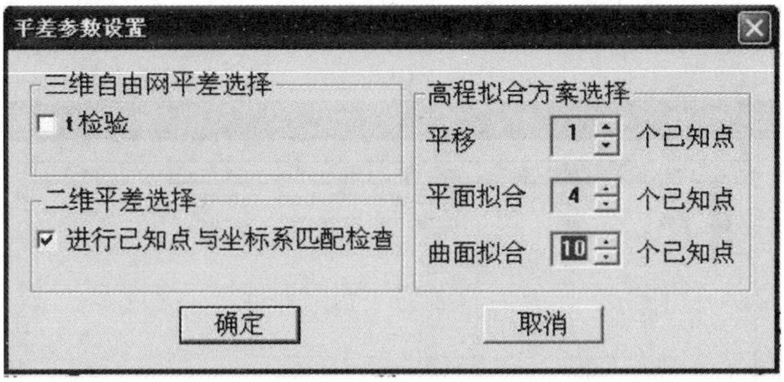


图 4.35　平差参数设置

自动处理：基线处理完后点此菜单，软件将会自动选择合格基线组网。

重复基线：搜索重复基线并将列表显示在“重复基线”项目中，可以比较同样的基线之间的解算结果。

闭合环闭合差：检查闭合环包括同步环和异步环闭合差。

手工计算闭合差：根据用户需要在网图或基线简表中选定需要计算的基线组成闭合环后进行闭合差计算。

三维平差：对空间三维坐标点进行平差。自由网平差提供各控制点在 WGS-84 系下的三维坐标(经度、纬度、大地高)，各基线向量三个坐标差观测值的总改正数，基线边长以及点位边长的精度信息、误差椭圆。

二维平差：对平面位置点进行二维约束平差，约束平差提供在北京 54、全国 80，WGS-84 坐标系，或者城市独立坐标系的二维平面坐标、基线向量改正数、基线边长，以及坐标、基线边长的精度信息、转换参数、误差椭圆等。

高程拟合：测量工作是在地面进行的，而地球的自然表面是一个不规则的复杂曲面，不能用准确的数学模型来描述，也就不能作为基准面。在实际测量中采用与平静海平面相重合大地水准面来代替地球的实际表面，而在全球定位系统中采用的坐标系统是 WGS-84 坐标，这就存在一个转换问题。

南方网平差软件采用二次曲面拟合求取各点的高程异常来对 GNSS 高程进行改正。

注意：输入两个点可以进行平移；输入三个或三个点以上，六个点以下可进行平面拟合；输入六个以上点进行二次曲面拟合。

网平差计算：约束平差提供在北京 54、全国 80、WGS-84 坐标系，或城市独立坐标系的三维坐标、基线向量改正数、基线边长以及坐标、基线边长的精度信息、转换参数、误差椭圆等。

2. *网平差方法*

首先，输入已知点坐标，给定约束条件。

本例控制网中 Q007、Q049 为已知约束点在点击“数据输入”菜单中的“坐标数据录入”弹出对话框如图 4. 36 所示，在“请选择”中选中“Q007”，单击“Q007”对应的“北向 X”的空白框后，空白框就被激活，此时可录入坐标。通过以上操作最终完成已知数据的录入。

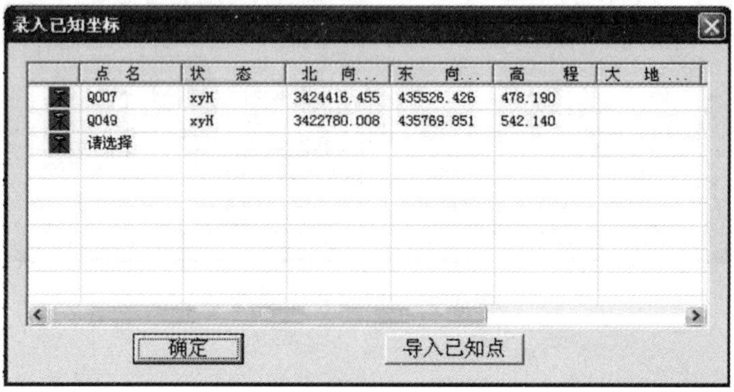


图 4. 36　录入已知数据

第二步，平差处理，进行整网无约束平差和已知点联合平差。根据以下步骤依次处理。

①自动处理：基线处理完后点此菜单，软件将会自动选择合格基线组网，进行环闭合差。

②三维平差：进行 WGS-84 坐标系下的自由网平差。

③二维平差：把已知点坐标带入网中进行整网约束二维平差。但要注意的是，当已知点的点位误差太大时，软件会提示如图 4. 37 所示。在此时点击“二维平差”是不能进行计算的。用户需要对已知数据进行检合。

图 4. 37　错误提示窗口

④高程拟合：根据“平差参数设置”中的高程拟合方案对观测点进行高程计算。

注：“网平差计算”的功能可以一次实现以上几个步骤。

⑤平差成果精度判断：根据行业 GNSS 技术规范判断。

### 4.2.6 成果输出

成果菜单如图 4.38 所示。

图 4.38 成果菜单

基线解输出：南方测绘 GNSS 基线解算结果 Ver 4.400 格式在此菜单项下文本输出，输出结果可用其他平差软件进行平差计算。单击基线解输出，出现如图 4.39 所示的对话框，这时可以选择存储路径，单击“输出”就可以了。

图 4.39 基线解输出

Rinex 输出：将采集的 GNSS 静态数据换成标准 Rinex 格式文本输出。单击 Rinex 输出后出现如图 4.40 所示的对话框，选择保存路径后确定即可。

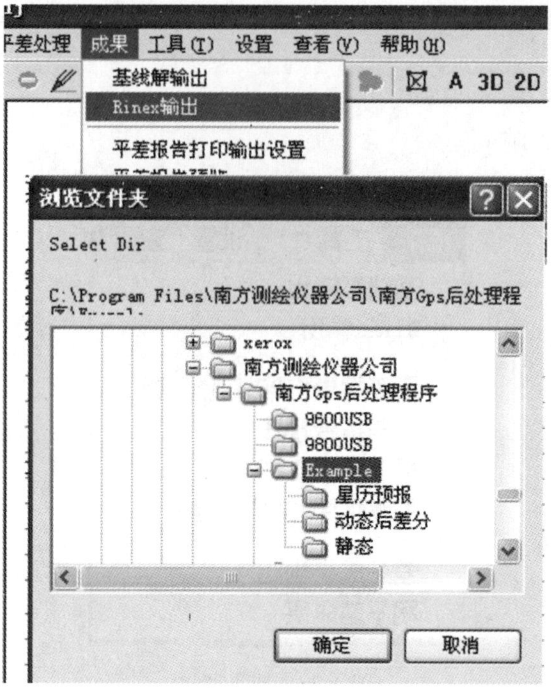


图 4.40　选择 RINEX 数据输出目录

平差报告打印输出设置：执行本命令后，出现如图 4.41 所示的界面，用户可根据需要自行设定所需输出的成果。分别如图 4.42 和图 4.43 所示。

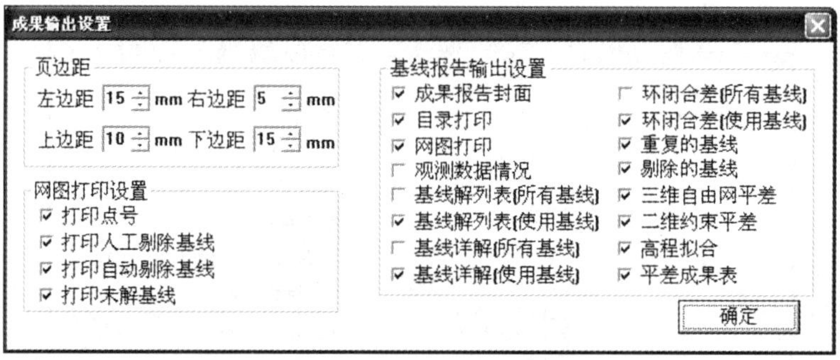


图 4.41　成果打印输出设置

成果报告预览：打印前预览网平差成果报告。

成果报告打印：打印网平差成果报告。

成果报告(文本文档)：以文本文档形式输出网平差成果报告。单击成果报告后出现文件输出对话框，选择保存路径后确定即可。

差分成果输出：输出事后差分解算的成果报告，输出界面如图 4.42 所示。在弹出的窗口中选择目标目录，设置输出格式等。

图 4.42　网平差成果输出

网平差成果：输出控制网平差成果报告文本格式，输出界面如图 4.43 所示。可设置输出格式，可以输出为 CASS 控制点格式、可输出网图 DXF 格式(R14)，并选择输出比例。

图 4.43　网平差成果输出

以上均是为了将软件处理后的基线结果和平差结果输出文本。

## ◎ 习题和思考题

1. GNSS 数据处理主要分为哪几个阶段？

2. 什么是 GNSS 基线向量？它与常规地面测量所得到的基线边长相同吗？

3. GNSS 网平差的目的是什么？

4. GNSS 测得的高程与我国现行使用的高程是同一基准面吗？如何将两种高程统一起来？

5. 试述南方 GNSS 数据处理软件 GNSSpro 软件解算 GNSS 基线向量和网平差的步骤。

# 第5章　GNSS动态(RTK)测量

【教学目标】

通过本章学习，了解RTK实时动态测量的基本原理；掌握常规RTK测量系统的基本组成与设备要求，熟悉常规RTK测量系统的作业模式与要求；理解网络RTK测量系统组成与作业原理；掌握RTK在数字地形测量中的应用；掌握RTK在工程施工放样中的应用。

## 5.1　RTK动态测量概述

通过学习前面章节中介绍的差分GNSS原理，对于距离不太远的相邻测站间，它们共有的GNSS测量误差如卫星星历误差、大气延迟(电离层延迟和对流程延迟)误差和卫星钟钟差对两个测站的误差影响大体相同，从总体上讲测站间测量误差具有很好的空间相关性。假如在一个已知点上安置GNSS接收机，这里称该接收机为基准站接收机，它与用户GNSS接收机即流动站接收机一同进行观测，如果基准站接收机能将上述测量误差改正数通过数据通信链发送给附近工作的流动站接收机，则流动站接收机定位结果通过施加上述改正数后，其定位精度得到大幅度提高。

RTK是Real-Time-Kinematic的缩写，即实时动态测量，它属于GNSS动态测量的范畴，测量结果能快速实时显示给测量用户。RTK是一种差分GNSS测量技术，即实时载波相位差分技术，它通过载波相位原理进行测量，通过差分技术消除减弱基准站和流动站间共有误差，有效提高了GNSS测量结果的精度，同时将测量结果实时显示给用户，极大提高了测量工作的效率。RTK技术是GNSS测量技术发展中的一个新突破，它突破了静态、快速静态、准动态和动态相对定位模式事后处理观测数据的方式，通过与数据传输系统相结合，实时显示流动站定位结果，自90年代初问世，备受测绘工作者的推崇，在数字地形测量、工程施工放样、地籍测量以及变形测量等领域得到推广应用。

载波相位差分方法可以分为修正法和差分法两类，修正法为准RTK，差分法为真正的RTK。修正法是将基准站接收机的载波相位修正值发送给用户接收机，进而改正用户接收机直接接收GNSS卫星的载波相位观测值，再求解用户接收机坐标。差分法是将基准站接收机采集的载波相位观测值直接发送给用户接收机，用户接收机将接收到的GNSS卫星载波相位观测值与基准站接收机发送来的载波相位观测值进行求差，最后求解出用户接收机的坐标。

综上所述，RTK定位的基本原理是：在基准站上安置一台GNSS接收机，另一台或几台接收机置于载体(称为流动站)上，基准站和流动站同时接收同一组GNSS卫星发射的信号。基准站所获得的观测值与已知位置信息进行比较，得到 GNSS 差分改正值，将这个改正值及时通过无线电数据链电台传递给流动站接收机；流动站接收机通过无线电接收基准站发射的信息，将载波相位观测值实时进行差分处理，得到基准站和流动站坐标差 $\Delta X$，$\Delta Y$，$\Delta Z$；此坐标差加上基准站坐标得到流动站每个点的 GNSS 坐标基准下的坐标；通过坐标转换参数转换得出流动站每个点的平面坐标 $x$，$y$ 和高程 $h$ 及相应的精度。

GNSS RTK 数据处理是基准站和流动站之间的单基线解算过程，利用基准站和流动站的载波相位观测值的差分组合载波相位，将动态的流动站未知坐标作为随机的未知参数，载波相位的整周模糊度作为非随机的未知参数进行解算，通过实时解算出的定位结果的收敛情况判断解算结果是否成功。

RTK 技术受到基准站和用户间距离的限制，关键技术是基准站接收机在数据传输时如何保证高可靠性和抗干扰性。为解决作业距离的问题，根据作业范围，可以采用单站差分技术、局域差分技术和广域差分技术。采用单站差分技术的 RTK 测量系统称为常规 RTK，采用局域或广域差分技术的 RTK 测量系统称为网络 RTK。常规 RTK 测量系统结构和算法简单，成本低，技术也非常成熟，主要适用于小范围的差分定位工作。网络 RTK 测量系统结构和算法非常复杂，建设成本高，主要适用于较大区域的测量定位，如一个城市、一个省或一个国家甚至全球范围。

## 5.2 常规 RTK 测量系统

常规 RTK 测量系统构成较为简单，作业时可以采用一台基准站加一台流动站的形式，也可以采用一台基准站加 N 台流动站的形式。常规 RTK 测量系统包括基准站、流动站和数据链三部分。基准站通过数据链将其观测值和测站坐标信息一起传送给流动站。流动站不仅通过数据链接收来自基准站的数据，还要采集 GNSS 观测数据，并在系统内组成差分观测值进行实时处理。流动站可处于静止状态，也可处于运动状态。RTK 技术的关键在于数据处理技术和数据传输技术，目前国内外 RTK 测量系统较多，国外 RTK 系统如美国天宝、瑞士徕卡、法国阿斯泰克等，国内 RTK 系统如南方、中海达、华测等。本节以南方灵锐 S82 RTK 为例介绍常规 RTK 系统。

### 5.2.1 常规 RTK 测量系统的设备

1. RTK 系统基本组成

(1)基准站

基准站(Base Station)又称参考站(Reference Station)。在一定的观测时间内，一台或几台接收机分别固定安置在一个或几个测站上，一直保持跟踪观测卫星，其余接收机在这些固定测站的一定范围内流动作业，这些固定测站称为基准站，也称基准站。基准站包括以下几个部分：

1)基准站 GNSS 接收机

如图 5.1 所示，主机呈扁圆柱形，主机前侧为按键(开关键及功能键)和指示灯面板。

仪器底部内嵌有电台模块和电池仓部分，如图 5.2 所示。移动站在这部分装有内置接

图 5.1　南方 S82 接收机外型

收电台和 GPRS/CDMA 模块；基准站为外接发射电台和 GPRS/CDMA 模块。主机底部有三个接口，左边接口是电台接口，用来连接主机外置发射电台，为五针接口，接收机工作时即通过该串口发射基准站观测的伪距和载波相位观测值。

主机右边为数据接口，用来连接电脑传输数据，或者用手簿连接主机时使用(为七针接口)。主机右上为天线接口，当主机被用作基准站时，并不使用此接口，只是当主机被用作流动站时，该接口安装上天线后有助于接收基准站发来的信号。

2)基准站数据链电台及电台天线

用于将基准站观测的伪距和载波相位观测值发射出去。因为基准站的电台天线是用来发射信号的，其电台天线一般要比流动站的电台天线长一些。如图 5.3 所示，电台背面左边为接收机接口，5 针插孔，用于连接 GNSS 接收机及供电电源，右边为天线接口，卡口，用来连接电台发射天线，如图 5.4 所示。

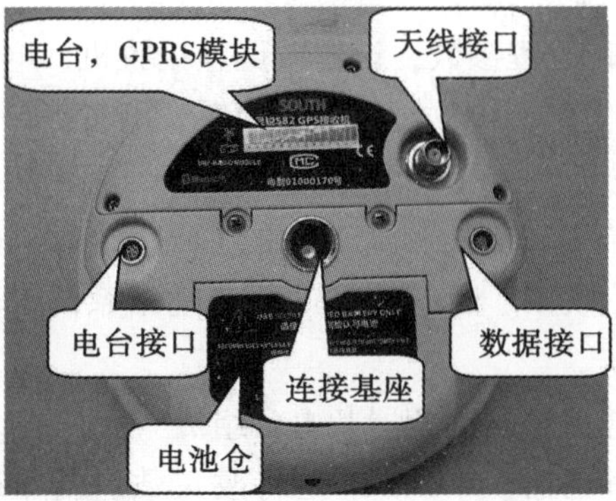


图 5.2　南方 S82 接收机底部接口

图 5.3　GDL25 数传电台

基准站电台一般为外置的独立电台，其设置要求如下所述。

①功率要求：有 5W、10W、15W、25W、35W 几种可供选择的频率，尽量使用低功率发射，通常情况下选择 10W、15W 即可，因为高功率发射会成倍的消耗电池电量，过多使用还会降低电池的使用寿命，碰到强干扰时可选择高频发射。

②电池供电要足，使用后要及时充电，电瓶选择 12V/60A 或 12V/120A 为宜，可保

证一定的工作时间。

③先安装、连接天线，天线尽可能升高。

④电台频率设置为本地比较少用的一种，要向本地无线电管理委员会咨询或申请，也可以调试选择。

3)电源系统

GNSS 接收机和电台可使用同一电源，或采用双电源电池供电。由于基准站电台的发射功率大，耗电量也很大，可使用外接电源。当采用电瓶供电时，建议使用车载电瓶作为电源，如图 5.5 所示，用电源线连接电瓶时注意正负极，若正负极接反可能会烧坏电台。蓄电池在使用半年至一年后，系统的作用距离会变短，建议更换蓄电池，来保证电台的作用距离。

图 5.4　电台发射天线

(2)流动站

流动站(Roving Station)是指在基准站周围的一定范围内流动作业，实时提供所经各测站三维坐标的接收机。流动站包括以下几个部分，分别如图 5.6、图 5.7 和图 5.8 所示。

①流动站 GNSS 接收机

能够观测伪距和载波相位观测值；通过串口接收基准站的坐标、伪距、载波相位观测值；能够差分处理基准站和流动站的载波相位观测值。

②流动站电台及接收天线

能够接收基准站观测的伪距和载波相位观测值、基准站坐标。

③电子手簿(手持计算机控制或数据采集器)

建立文件；建立坐标系统；输入坐标；设计工程参数；设置或调整接收机、电台的有关参数；设置测量模式的有关参数；查看卫星信息、接收机文件、内存、电量等。

图 5.5　电瓶

(3)数据链

RTK 系统中基准站和流动站的 GNSS 接收机通过数据链进行通信联系。因此基准站与流动站系统都包括数据链。

1)数据链由调制解调器和电台组成

①调制解调器(MODEM)是将改正数进行编码和调制，然后输入到电台上发射出去。用户电台将其接收下来，并将数据解调后，送入 GNSS 接收机进行改正。

②电台是将基准站调制后的数据变成强大的电磁波辐射出去，能在作用范围内提供足够的信号强度，使流动站接收机能可靠地接收。基准站电台因为有发射功能，体积较大，耗电量也较大。发射频率和辐射功率的选择是数据链的重要问题，视作用距离而定。电台所使用的频率和电台

功率必须经过国家和当地无线电管理部门批准，使用时可能会受到某些限制。例如GDL25电台频率范围为450~470MHz，DL3数传电台频率范围为438~470MHz。

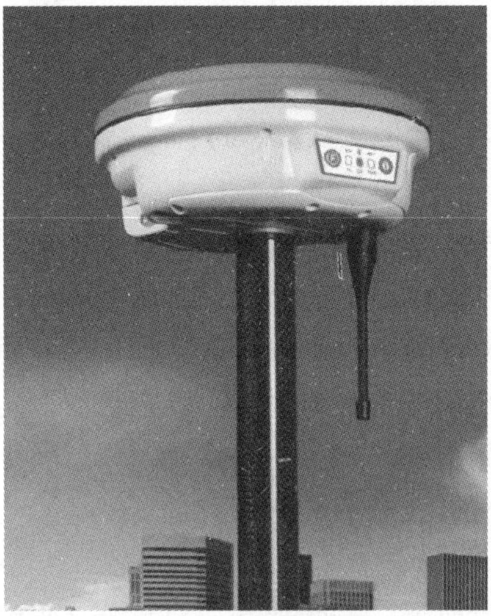

图5.6　流动站接收机

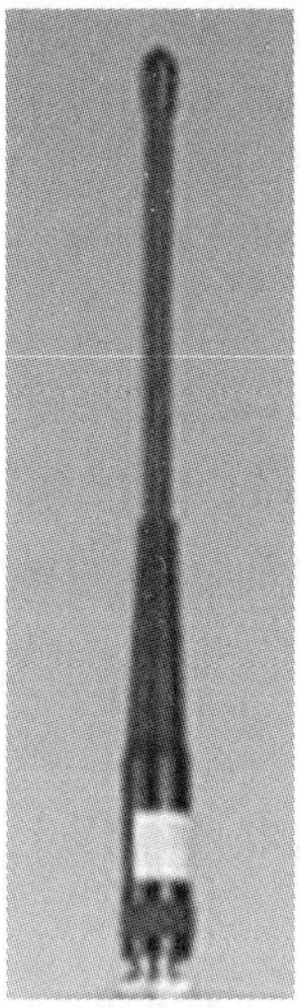

图5.7　接收天线

图5.8　电子手簿

电台的发射功率与电源的电压有关，功率提高在一定程度上能提升作用范围，但对电池的损耗也会增加。当遇到较强干扰时，也应适当提高发射功率。

2)基准站和流动站数据链的作用

①基准站数据链。基准站的数据通过电缆输出到电台，然后从电台天线发射出去。

②流动站数据链。流动站数据链由电台和电台天线组成，流动站电台一般内置在GNSS接收机内部，流动站天线接收基准站电台发射的数据，然后输入到流动站内进行实时解算。

GNSS RTK作业能否顺利进行，关键因素是无线电数据链的稳定性和作用距离是否满足要求。它与无线电数据链电台本身的性能、发射天线类型、基准站的选址、设备架设情况以及无线电电磁环境等有关。

2. RTK系统安置

(1)基准站部分

1)基准站点位选择

基准站的点位必须严格选择。因为基准站接收机每次卫星信号失锁将会影响系统内所有流动站的正常工作。选择基准站站点主要考虑以下几点：

①基准站GNSS接收机天线与卫星之间应无或少有遮挡物，也即截止高度角应超过15°。截止高度角(Elevation Mask Angle)是为了削弱多路径效应、对流层延迟和电离层延迟等卫星定位测量误差影响所设定的角度值，低于此角度视野域内的卫星不予跟踪。

基准站GNSS接收机最好安置在开阔的地方，周围无信号反射物(大面积水域、大型建筑物等)，以减少多路径干扰。并要尽量避开交通要道、过往行人的干扰。

②用电台进行数据传输时，基准站宜选择在测区相对较高的位置，以方便播发差分改正信号，增加电台的作业半径。用移动通信进行数据传输时，基准站必须选择在测区有移动通信接收信号的位置。当发射功率一定时，电台发射距离随天线高度增加而增加，根据经验，电台发射距离和测站高度的关系可表达为 $D = 4.24 \times \left(\sqrt{h_{基准站}} + \sqrt{h_{流动站}}\right)$，式中：$D$ 为数据链的覆盖范围的半径(Km)；$h_{基准站}$ 为基准站电台的天线高(m)；$h_{流动站}$ 为流动站的天线高(m)。

③基准站要远离微波塔、电视发射塔、雷达电视，手机信号发射天线等大型电磁辐射源 200m 外，要远离高压输电线路、通信线路 50m 外。

④基准站选在交通方便、地面稳固的地方，有利于点的保存，同时方便以后使用。

⑤基准站接收机天线可安在已知坐标值点上，也可安置在未知点上，视情况而定，两种情况下都必须有一个实地标志点。基准站上仪器架设在已知点上要严格对中、整平。严格量取基准站接收机天线高，量取两次以上，符合限差要求后，记录均值。

2)基准站架设

①安置脚架与基座对点器。在基准站架设点安置脚架，安装上基座对点器，再将基准站主机装上连接器置于基座之上，对中整平。如图 5.9 所示。

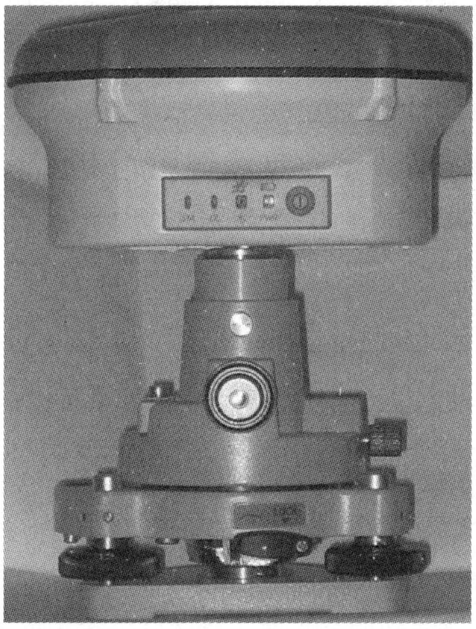

图 5.9　连接基座与 GNSS 接收机

②连接 GNSS 接收机与 GNSS 接收机天线。GNSS 接收机天线用来接收从卫星传输来的信号。GNSS 接收机天线由接收机天线和前置放大器组成，天线将 GNSS 卫星信号极微弱的电磁波转化为电流，前置放大器则将电流信号进行放大处理，增强信号强度，便于接收机对信号进行跟踪和处理。有些 GNSS 接收机部分与天线部分分离，这就需要连接二者，现在大部分的 GNSS 集接收机和天线于一体。

③连接 GNSS 接收机与电台。将电台挂在脚架的一侧，通过电源电缆一端(红色)与接收机底部相应接口相连，一端(蓝色)与电台相应接口相连，主机和电台上的接口都是唯一的，在接线时必须红点对红点，拔出连线接头时一定要捏紧线头部位，不可直接握住连线强行拔出。正常工作时，GNSS 接收机接收卫星信号，将接收到的差分信号通过电台发射给流动站。如图 5.10 所示。

图 5.10　连接电台与 GNSS 接收机

④连接电台与电台天线。基准站电台要有天线才能传输 GNSS 接收机的原始数据。电台天线通过发射天线电缆连接到电台，连接发射天线的一端有对中杆接口，可以将发射天线固定于对中杆上，另一端可用卡口与电台相连，如图 5.11 和图 5.12 所示。

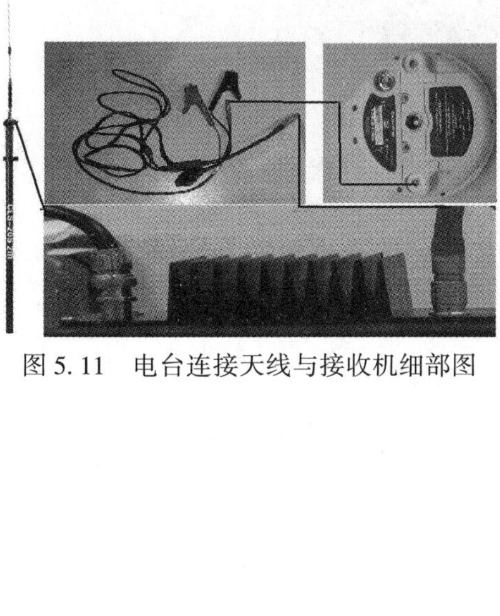

图 5.11　电台连接天线与接收机细部图

图 5.12　连接电台天线与电台

只要电缆长度足够，电台天线可架设在基准站点附近的任何位置。发射天线最好远离基准站主机 3m 以上，这样可避免设备之间的相互干扰。电台数据发射的距离取决于电台天线架设的高度与电台发射功率。一般电台天线架设在 GNSS 天线三脚架上，通过增大电台发射功率和增加发射天线的高度的办法，能较好提高电台的作用距离，流动站在基准站周围作业的范围将会增大。

⑤连接电源与 GNSS 接收机和电台。GNSS 接收机和电台可使用同一电源，通常采用多用途电缆将外接电源(电瓶)、接收机和电台相连，连接时注意接口不要连错。对基准站 GNSS 接收机供电的方式有两种，一种是使用内置电池，这样不需要电缆，只要把电池插入接收机就可以；另一种情况是，如果基准站需要自动运行且时间较长，可与电台共用同一外接电源，使用外接电源时可接收机不再配置内置电池。如图 5.13 所示。

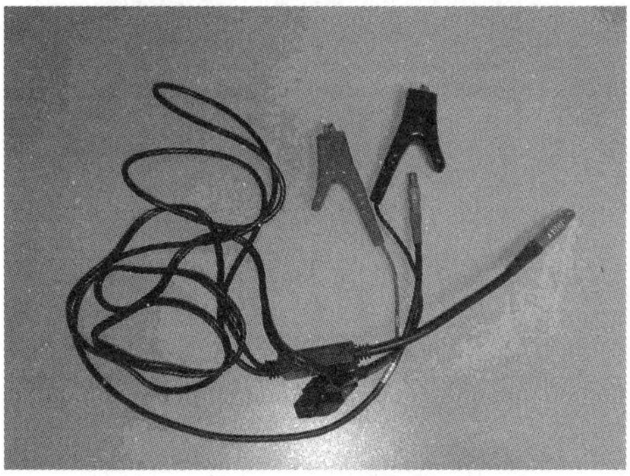

图 5.13　多用途电缆

⑥连接电子手簿与 GNSS 接收机。为了使基准站启动并正常工作，采用电子手簿对基准站接收机进行。由于基准站设置次数较少，一般与流动站共用一个手簿，基准站设置好后电子手簿转给流动站使用。电子手簿与 GNSS 接收机可用通信电缆连接，也可使用蓝牙进行无线连接。如图 5.14 所示。

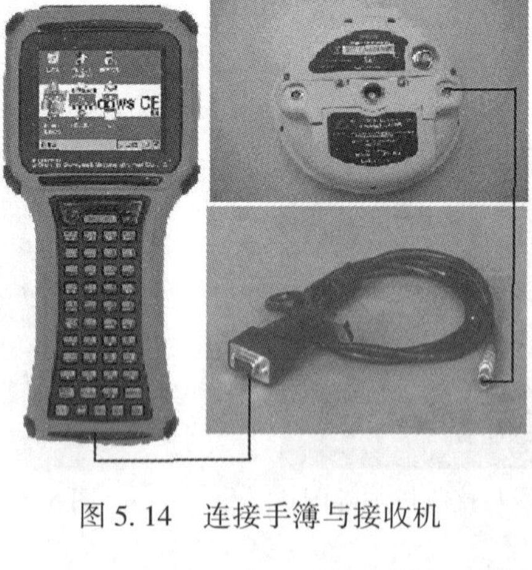

图 5.14　连接手簿与接收机

确保 GNSS 接收机、GNSS 天线、电台、电台天线、电源等连接正确无误后再连接电源，以防烧坏设备。在设备使用过程中，若要拔插连接电缆，尤其是连接 GNSS 接收机的接口的连接电缆，为了避免由于带电拔插对终端和电台的损坏，务必关闭所有连接设备的电源，若不便于关闭全部设备的电源，至少要关闭一方的电源，以减少串口损坏的可能性。

(2)流动站安置

1)流动站位置选择

图 5.15 流动站连接

RTK 测量流动站不宜在隐蔽地带、成片水域和强电磁波干扰源附近观测。在信号受影响的点位，为提高效率，可将仪器移到开阔处或升高天线，待数据链锁定后，再小心无倾斜地移回待定点或放低天线，一般可以初始化成功。在穿越树林、灌木林时，应注意天线和电缆勿挂破、拉断，保证仪器安全。

2)流动站架设

流动站 GNSS 接收机安置在一根碳纤对中杆上，该杆可精确地在测点上对中、整平。量测和记录 GNSS 接收机天线高，对卫星的观测是相对于 GNSS 接收机天线的中心点。利用天线高可将天线中心点位置归算到地面测点上。天线高也可固定一般为 2m。

安置电台和电台天线，如果流动站外置电台，电台天线安置在外置电台上。现在流动站电台都内置在 GNSS 接收机里，流动站电台天线只用来接收信息，所以不用太长。将手簿使用托架夹在对中杆的适合位置。电子手簿与 GNSS 接收机连接可使用电缆进行连接，也可进行蓝牙无线连接。如图 5.15 所示。

当基准站和流动站接收机按照上面的步骤安装完毕后，对连接部分进行检查，看是否连接可靠，完整无误后即可启动 RTK 系统。安置好的 RTK 系统如图 5.16 所示。

3. RTK 系统启动

(1)基准站启动

1)基准站架设点要求

基准站架设点可以架在已知点或未知点上，这两种架法都可以使用，但在校正参数时操作步骤有所差异。基准站接收机在设站点上启动可采用自启动和手动启动两种方式，自启动时，启动时需要设站点在 GNSS 系统坐标系下的坐标，如 GNSS 系统下的 WGS-84 坐标。当采用手动进行启动时分为基准站在已知点和在未知点上两种方式。

①当基准站架设在已知点上时，通过电子手簿输入点的 WGS-84 坐标，进行启动。WGS-84 坐标可以通过布设好的静态控制网，从静态处理结果中获取。

②基准站架设在未知点上时，使用 GNSS 接收机进行单点定位测量出基准站所在位置的点的 WGS-84 坐标，在电子手簿上使用该坐标进行基准站启动。

2)基准站启动

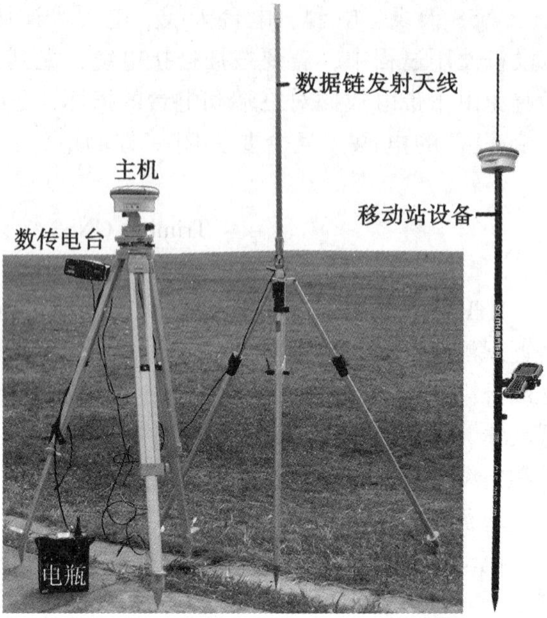


图 5.16　南方测绘 S82 GNSS RTK 系统组成

打开基准站接收机，主机上只有一个操作按钮(电源键)，轻按电源键打开主机，进入动态测量模式，主机开始自动初始化和搜索卫星，接收机是否正在观测卫星，这可以使用掌上电脑运行的“电子手簿应用软件”来完成。当卫星数和卫星质量达到要求后(大约1mim)，主机上的 DL 指示灯开始 5s 钟快闪 2 次，表明基准站开始正常工作。

南方 RTK 基准站都具备自动发射和手动发射两种启动方式，通常使用基准站自动发射方式，这样可以灵活的安排基准站和移动站之间的工作，比如在施工时基准站和移动站分开同时进行，这种方式可以大大缩短架设基准站的时间，特别是在当基准站和移动站距离远，交通不变的情况下使用更为方便。

在打开主机后，就可以打开电台。轻按电台上的“ON/OFF”按钮打开电台，当主机上的 DL 指示灯开始 5s 钟快闪 2 次时，同时电台上的 TX 指示灯会开始每秒钟闪 1 次。这时，整个基准站部分开始正常工作。电台后面有个扳手，是高低功率转换的，高功率为 H(High)，低功率为 L(Low)。

(2)移动站启动

1)打开接收机

轻按电源键打开主机，主机开始自动初始化和搜索卫星，当达到一定的条件后，主机上的 DL 指示灯开始 1s 钟闪 1 次(必须在基准站正常发射差分信号的前提下)，表明已经收到基准站差分信号。

2)移动站初始化

流动站进行任何测量工作之前，首先必须进行初始化工作。初始化(On-The-Fly)是接收机在定位前确定整周未知数的过程。这一初始化过程也被称做 RTK 初始化、整周模糊度解算、OTF(On-The-Fly)初始化等。

在初始化之前，流动站系统只能在较高的精度下计算位置坐标，其精度在0.15~2m之间。初始化就是要求解整周模糊度的过程，这对于流动站系统是必不可少的工作。一旦初始化成功，流动站将以预定的精度(cm级)工作，除非整周模糊度丢失。初始化状态与当前的精度水平均可在电子手簿上的RTK应用软件获取。

有的类型接收机的初始化过程是自动进行，如Ashtech接收机；也有的类型接收机的初始化过程要手动来启动，如华测GNSS接收机、Trimble GNSS接收机。初始化所需时间与当时流动站周围是否有遮挡物、当时接收机是否观测到足够卫星数、距基准站的距离有关。如果测站点没有遮挡物影响，且能观测到至少5颗卫星，通常可在5秒钟内完成初始化。

测量点的类型有单点解(Single)、差分解(DGNSS)、浮点解(Float)和固定解(Fixed)。浮动解是指整周模糊度已被解出，测量还未被初始化。固定解是指整周模糊度已被解出，测量已被初始化。只有当流动站获取到了固定解后初始化过程才完成。

RMS是均方根(Root Mean Square)。用来表示点的测量精度。它是在大约70%的位置固定点内的误差圆半径。它可用距离单位或波长周数表示。RTK的定位精度一般要求为平面精度是10mm+2ppm，高程精度是20mm+2ppm；只有流动站的定位精度满足作业要求后，才能进行RTK测量工作，一般RMS数值可在手簿RTK应用软件中获取。

3)打开电子手簿

按住<ENTER/ON>至少1s，即可打开。南方S82电子手簿内置RTK工程之星测量软件，要使流动站能够进行正常作业，还需对工程之星软件进行一系列设置。

4)工程之星软件设置

①启动工程之星软件，用光笔双击手簿桌面上“工程之星”，即可启动。工程之星快捷方式一般在手簿的桌面上，如手簿冷启动(扣去电池)后则桌面上的快捷方式消失，这时请按路径：我的设备→Setup→ERTKPro2.0.exe安装。如图5.17所示。

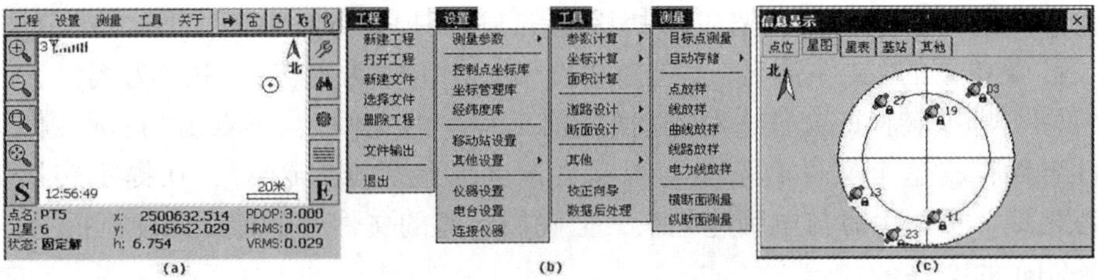


图5.17　工程之星操作菜单

②启动软件后，软件一般会自动通过蓝牙和主机连通，也可使用通信线连接手簿与接收机。蓝牙模块内置在手簿当中，如果没连通则首先需要进行设置蓝牙(设置→连接仪器→连接方式→选中“输入端口：7”→点击“连接”)。在首次使用蓝牙连接时，需要对蓝牙进行配置，可通过“开始→设置→控制面板→电源→启用蓝牙无线”启动蓝牙无线，然后“开始→设置→控制面板→Bluetooth设备属性→蓝牙管理器”，打开蓝牙管理器后搜索

移动站主机号，选择对应的移动站主机后点“服务组”按钮，对服务组对话框里“ASYNC”数据项双击后，弹出“活动”、“发送”、“加密”、“认证”四个选项，选择“活动”后“ASYNC”端口变为“COM7”，点OK关闭所有窗口。打开工程之星软件，会出现“端口打开失败，请重新连接”的提示，此时点OK，然后选择“设置”→“连接仪器”，选择“输入端口”后点击连接，即可实现蓝牙连接，此时手簿状态栏处有数据显示，接收机蓝牙灯也会变亮。

③软件在和主机连通后，软件首先会让移动站主机自动去匹配基准站发射时使用的通道。如果自动搜频成功，则软件主界面左上角会有差分信号在闪动，并在左上角有个数字显示，要与电台上显示一致。如果自动搜频不成功，则需要进行电台设置(设置→电台设置→在“切换通道号”后选择与基准站电台相同的通道→点击“切换”)。另外，为了流动站能收到基准站发过来的差分改正数据，还需要流动站差分数据格式需要和基准站发送的差分格式一致，这是需要对移动站进行设置(设置→移动站设置)，默认的差分数据格式为：RTCA，同时软件提供另外两种数据格式为RTCM、CMR。只要保持基准站和移动站的数据通信格式是相同的，仪器设置就是正确的，推荐客户在使用工程之星时把差分数据格式设为RTCA。

④在确保蓝牙连通和收到差分信号后，开始新建工程(工程→新建工程)。

⑤进行参数计算。详细参数计算过程参考下一节内容。

⑥采集数据或放样。将对中杆对立在需测的点上，当软件界面的状态达到“固定解”时，利用快捷键“A”开始保存数据。此时需要输入点名和天线高。按B键两次为查看本工程所采集的所有测量点坐标。在选“直高”时天线高为2.065m，在选“杆高”时天线高为2m。

⑦数据传输。在野外采集的数据都自动保存在手簿的“我的电脑→Flash Disk→Jobs”中。我们需要的测量成果文件是以dat为后缀的文件，此文件自动存储在我们新建工程名文件下的DATA文件中。

传输前要做“文件输出”，把文件中多余信息过滤掉，方法为将“工程之星”软件打开，选择“工程”菜单下的“文件输出”，选择文件格式(“Pn”为点名，“Pc”为属性)，然后选择“源文件”，即要转换的文件(只能转换当前工程下的文件)，再点击“目标文件”，输入一个文件名保存，这个文件名不能与源文件同名，最后点“转换”，在提示转换成功后，退出工程之星。再把手簿与电脑连起来，把我们新建的文件全部拷贝到计算机上，用记事本打开*.dat的文件名。

### 5.2.2 常规RTK测量系统作业模式

1. RTK作业过程

(1)外业准备准备工作

在进行RTK作业前，测量人员需要进行外业踏勘、收集已有资料、制定外业观测计划、星历预报、测量仪器及配套设配的准备、交通运输工具准备等工作，为工作的正常有序开展做好准备。

(2)外业作业过程

1)设备的架设与启动

基准站安置在已知点，也可安置在测区范围地势较高的任意点上。连接好电缆，打开基准站主机与数传电台电源，打开移动站主机与手簿电源，量取基准站和移动站的仪器高，双击“工程之星 2.0”桌面图标，打开工程之星，执行下拉菜单“工具/其他/查看卫星图”命令，观看当前接收到的卫星状态。如图 5.18 所示。

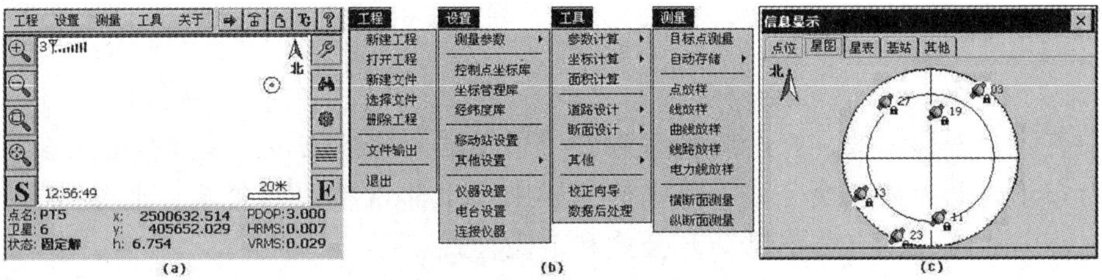


图 5.18　工程之星操作菜单

仪器开机后，对数传电台频道设置，频道 1、2、3、4 可以任选其一，对移动站与手簿间蓝牙通信进行设置并连接，随后对卫星进行搜索与锁定，当有 4 颗及以上数量的卫星信号时能很快进入“固定解”状态，显示三维坐标为移动站在前次测量时所设坐标系。

2)新建工程项目

进入“工程”选项，点击新建工程，选择向导，依次按要求填写或选取如下工程信息：工程名称、椭球系名称、投影参数设置、四参数设置(未启用可以不填写)、七参数设置(未启用可以不填写)和高程拟合参数设置(未启用可以不填写)，最后确定，工程新建完毕。

GNSS 系统采用世界大地坐标系 WGS-84。我们常用的有 1954 北京坐标系、1980 西安坐标系或地方独立坐标系。要把大地坐标投影到高斯平面坐标上需要设置参数有：

①参考椭球体参数(即坐标系统)；

②长半轴；

③扁率；

④中央子午线，1954 北京坐标系或是 1980 西安坐标系都要根据已知点坐标计算出 3 度带或 6 度带的中央子午线，如河南开封地区一般为 114 度；

⑤纵、横坐标的加常数，横坐标加常数一般为 0，纵坐标加常数为 500000m；

⑥比例因子，一般为 1；

⑦投影高度。

3)测区参数求解(点校正)

目前 GNSS 系统如 GPS、GLONASS 采用的坐标系并不一样，但它们采用的都是地心坐标系，比如 GPS 卫星定位系统采集到的数据是 WGS-84 坐标系数据，而目前测量成果普遍使用的是 1954 年北京坐标系、1980 年国家坐标系或地方(任意)独立坐标系为基础的坐标数据，因此必须将 WGS-84 坐标转换到 BJ-54 坐标系或地方(任意)独立坐标系，这就是进行参数求解的原因。

①常用的求参方法：

a. 七参数法。两个空间直角坐标系分别为 $O-XYZ$ 和 $O-X'Y'Z'$，其坐标系原点不同则存在三个平移参数 $\Delta X_0$、$\Delta Y_0$ 和 $\Delta Z_0$，它们表示 $O-X'Y'Z'$ 坐标系原点 $O'$ 相对于 $O-XYZ$ 坐标系原点 $O$ 在三个坐标轴上的分量；又当各坐标轴相互不平行时，即存在三个旋转参数 $\varepsilon_x$、$\varepsilon_y$、$\varepsilon_z$。相应的坐标变换公式为：

$$\begin{bmatrix} X_2 \\ Y_2 \\ Z_2 \end{bmatrix} = (1+m)\begin{bmatrix} X_1 \\ Y_1 \\ Z_1 \end{bmatrix} + \begin{bmatrix} 0 & \varepsilon_Z & -\varepsilon_Y \\ -\varepsilon_Z & 0 & \varepsilon_X \\ \varepsilon_Y & -\varepsilon_X & 0 \end{bmatrix}\begin{bmatrix} X_1 \\ Y_1 \\ Z_1 \end{bmatrix} + \begin{bmatrix} \Delta X_0 \\ \Delta Y_0 \\ \Delta Z_0 \end{bmatrix} \tag{5.1}$$

式中有三个平移参数、三个旋转参数和一个尺度变化参数 $m$，共计有七个参数。简称此公式为布尔莎七参数变换公式，是坐标变换中一个非常重要的公式。七参数变换公式，除了布尔莎公式外，还有莫洛琴斯基公式和范氏公式。

b. 三参数法。当式 5.1 中 $\varepsilon_x=\varepsilon_y=\varepsilon_z=m=0$，参数只有三个平移参数 $\Delta X_0$、$\Delta Y_0$ 和 $\Delta Z_0$，称为三参数公式。三参数公式表明两个空间直角坐标系尺度一致，且两个坐标轴相互平行。

c. 平面四参数法。平面四参数坐标转换方法是一种降维的坐标转换方法，即由三维空间的坐标转换转化为二维平面的坐标转换，避免了由于已知点高程系统不一致而引起的误差。

四参数变化公式为：

$$\begin{cases} (X_2-X_1)=m\left[(X_2-X_1)\cos\alpha-(Y_2-Y_1)\sin\alpha\right] \\ (Y_2-Y_1)=m\left[(X_2-X_1)\sin\alpha+(Y_2-Y_1)\cos\alpha\right] \end{cases} \tag{5.2}$$

式中，$\Delta X$ 为坐标 $x$ 的平移分量；

$\Delta Y$ 为坐标 $y$ 的平移分量；

$m$ 为尺度因子；

$\alpha$ 为旋转量。

②南方工程之星参数计算方法：

方法一：利用控制点坐标库求四参数(设置→控制点坐标库)。在校正之前，首先必须采集控制点坐标，一般大于 2 个以上控制点(采集数据的方法见后边叙述的数据采集部分)，采集完成后在控制点坐标库界面中点击“增加”，根据提示依次增加控制点的已知坐标，然后点 OK，继续增加控制点原始坐标，选择第一项“从坐标管理库选点”，然后点左下角的：“导入”，选择当前工程名下的 DATA 文件夹里的后缀为“. RTK”的文件，选择对应点，然后确定，OK。同样的方法增加其他控制点，当所有的控制点都输入以后查看确定无误后，单击“保存”，选择参数文件的保存路径并输入文件名，建议将参数文件保存在当前工程下文件名 result 文件夹里面，保存的文件名称以当天的日期命名。完成之后单击“确定”。然后单击“保存成功”小界面右上角的“OK”，四参数已经计算并保存完毕。

说明：在求完四参数后，一定要查看一下四参数中的比例因子 $K$，一般 $K$ 的范围保证在 0.9999~1.0000。这样才能确保采集精度。查看四参数：设置→测量参数→四参数。

方法二：四参数+校正参数方法，通过校正向导（工具→校正向导）完成参数计算，采用此法时又分为两种模式。

注意：此方法只能进行单点校正，是在有四参数或七参数的情况下才通过此方法进行校正。也就是说，在同一个测区，第一次测量时已经求出了四参数，下次继续在这个测区测量时，必须先输入第一次求出的四参数，再做一次单点校正。这种四参数+校正参数方法也可适用于自定义坐标的情况下。

a. 基准站架在已知点上。选择“基准站架设在已知点”，点击“下一步”，输入基准站架设点的已知坐标及天线高，并且选择天线高形式，输入完后即可点击“校正”。系统会提示你是否校正，并且显示相关帮助信息，检查无误后“确定”校正完毕。

说明：此处天线高为基准站主机天线高，形式一般为斜高，只能通过卷尺来测量。

b. 基准站架在未知点上。选择“基准站架设在未知点”，再点击“下一步”。输入当前移动站的已知坐标、天线高和天线高的量取方式，再将移动站对中立于已知点上后点击“校正”，系统会提示是否校正，“确定”即可。

说明：此处天线高为移动站主机天线高，形式一般为直高，为一固定值2.065m。

注意：如果软件界面上的当前状态不是“固定解”时，会弹出提示，这时应该选择“否”来终止校正，等精度状态达到“固定解”时重复上面的过程重新进行校正。

方法三：利用“参数计算”计算四参数和七参数。

选择“计算四参数”，弹出“计算四参数”对话框，选择“增加”，类似方法—控制点库计算参数的方法，选择两个以上公共点后，点计算即可计算出四参数，选择“启用四参数”即可在该工程文件中使用。

四参数是同一个椭球内不同坐标系之间进行转换的参数。在工程之星软件中的四参数指的是在投影设置下选定的椭球内GNSS坐标系和施工测量坐标系之间的转换参数。需要特别注意的是参与计算的控制点原则上至少要用两个或两个以上的点，控制点等级的高低和分布直接决定了四参数的控制范围。经验上四参数理想的控制范围一般都在20~30km$^2$以内。总的来说四参数的转化方式灵活、便捷，但控制的范围相对较小。

七参数的应用范围较大（一般大于50km$^2$），计算时用户需要知道三个已知点的地方坐标和WGS-84坐标，即WGS-84坐标转换到地方坐标的七个转换参数。三个点组成的区域最好能覆盖整个测区，这样的效果较好。

③参数计算的要求：做点校正时，可以视情况采用内业校正或外业校正的方法。内业校正时必须有校正点的地方坐标和其对应的WGS-84坐标，WGS-84坐标之间相对矢量关系是准的，WGS-84坐标可由一个静态网平差得到的。公共点的WGS-84坐标和地方坐标输入到计算软件中进行校正。外业校正时，当地地方坐标输入到计算软件中，WGS-84坐标可等流动站获得初始化后，到公共点上实测得到，测量完毕后计算进行校正。

做点校正前应有至少有3个控制点的三维已知地方平面坐标和相对独立的WGS-84坐标。公共控制点就均匀分布在测区范围内。

a. 已知点最好要分布在整个作业区域的边缘，能控制整个区域，例如，如果用四个点做点校正的话，那么测量作业的区域最好在这四个点连成的四边形内部；

b. 一定要避免已知点的线性分布，例如，如果用三个已知点进行点校正，这三个点组成的三角形要尽量接近正三角形，如果是四个点，就要尽量接近正方形，一定要避免所有的已知点的分布接近一条直线，这样会严重的影响测量的精度，特别是高程精度；

c. 如果在测量任务里只需要水平的坐标，不需要高程，建议用户至少要用两个点进行校正，但如果要检核已知点的水平残差，那么至少要用三个点；

d. 如果既需要水平坐标又要高程，建议用户至少用三个点进行点校正，但如果要检核已知点的水平残差和垂直残差，那么至少需要四个点进行校正；

e. 已知点之间的匹配程度也很重要，比如 GNSS 观测的已知点和国家的三角已知点，如果同时使用的话，检核的时候水平残差有可能会很大的。

点校正作完后，要进行校正检核，检查水平残差和垂直残差的数值，看其是否满足用户的测量精度要求，一般水平残差和垂直残差都不应超过 2cm，如果超过 2cm 则说明参与点校正的已知点不在同一系统下或者有粗差(最大可能就是参差最大的那个点)。先检查已知点输入是否有误或输错，如果无误的话，就是已知点的匹配有问题，要更换已知点了。

4)数据采集

RTK 差分解有几种类型，单点定位表示没有进行差分解；浮动解表示整周模糊度还没有固定；固定解表示固定了整周模糊度。固定解精度最高，通常只有固定解可用于测量。

工程之星测量菜单(见图 5.19)包含测点，放样，纵、横端面测量三个方面的内容。这三方面的内容又分为八个子菜单：目标点测量、自动存储、点放样、线放样、曲线放样、线路放样、电力线放样、横断面测量和纵断面测量。

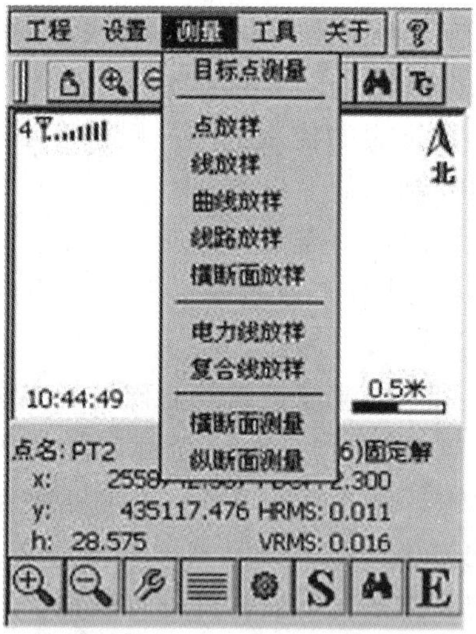


图 5.19　工程之星测量菜单

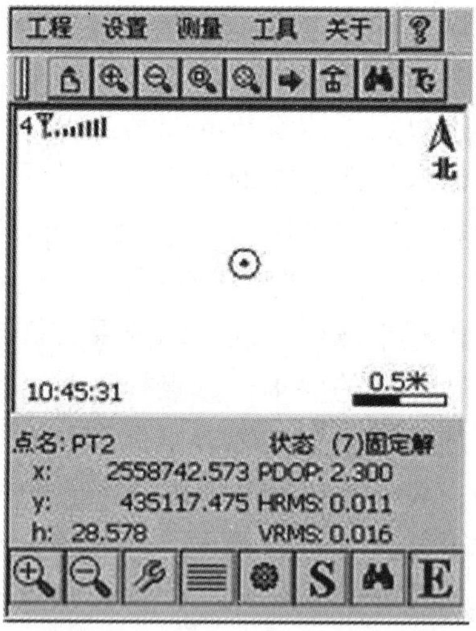


图 5.20　工程之星测量界面

图 5.20 中位置显示的符号有圆圈和三角两种显示方式，当天线位置静止不动，或移动的范围小于 2cm，则以带中心点的圆圈表示，当天线移动的时候，显示位置为三角形，三角形的锐角方向为移动的方向。

当左下角状态处显示固定解后，选择测量→目标点测量或在测量界面下快捷键按“A”键，弹出点存储对话框如图 5. 21 所示。存储当前点坐标，默认点名为 PT1(可改)，输入天线高。继续存点时，点名将自动累加，在图中我们可以看到高程“H”值为“28. 568”，这里看到的高程为天线相位中心的高程，当这个点保存到坐标管理库里以后软件会自动减去 2m 的天线高，我们再打开坐标管理库看到的该点的高程即为测量点的实际高程。

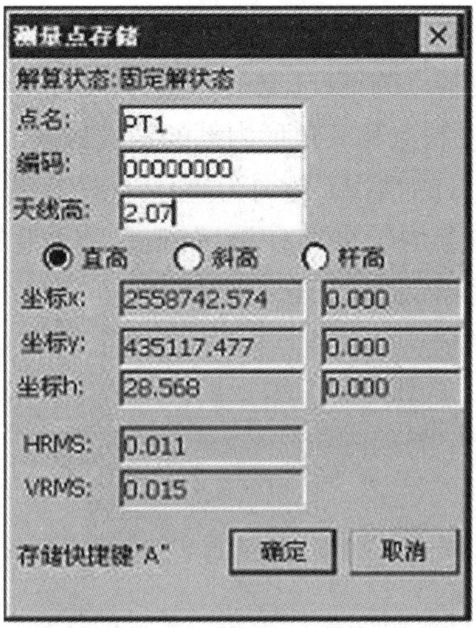


图 5. 21　工程之星测量界面

2. RTK 定位精度与可靠性

不同类型的 GNSS 接收机 RTK 定位都有各自的出厂精度，可据此估算 RTK 定位的精度。如南方 S82 RTK 定位的水平精度为 1cm+1ppm，即$\pm(10+1\times10^{-6}\times D)$mm，垂直精度为 2cm+1ppm，即$\pm(20+1\times10^{-6}\times D)$mm，$D$ 为基准站 GNSS 接收机至流动站 GNSS 接收机的水平距离。

为了保证流动站的测量精度和可靠性，应在整个测区选择高精度的控制点进行检测校对，选择的控制点应有代表性，均匀地分布在整个测区，如图 5. 22 所示。

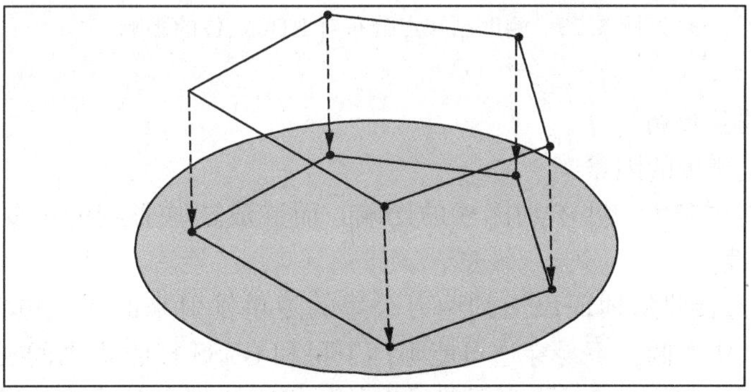

图 5. 22　RTK 定位的控制点分布要求

RTK 定位测量的精度与测区内已知控制点的等级和个数有关。

(1)测区内仅有一个已知控制点的情况

定位测量时，仅已知点上的精度最高，以本点为圆心，离此点越远，精度越低，理论上讲，在半径为 10km 的范围内，可达到 2~5cm 精度。其坐标转换的方法是 WGS-84 和 BJ54 的坐标相减而得 $\Delta X$、$\Delta Y$、$\Delta Z$。

(2)测区附近有两个已知控制点的情况(必须为整体平差结果)

定位测量时，仅两个已知控制点和两点的连线上的精度最高，远离此直线则精度越低。

(3)测区附近有三个已知控制点的情况(必须为整体平差结果)

定位测量时，仅三个已知控制点和三角形内部的精度最高，远离此三角形则精度越低。

(4)测区附近有四个已知点的情况(必须为整体平差结果)

定位测量时，若四个已知点均匀分布在测区四周，仅四个已知控制点和四边形内部的精度最高，远离四边形则精度越低，如图 5.23 所示。

当然还有多于四个已知控制点的情况，可根据以上内容进行分析。

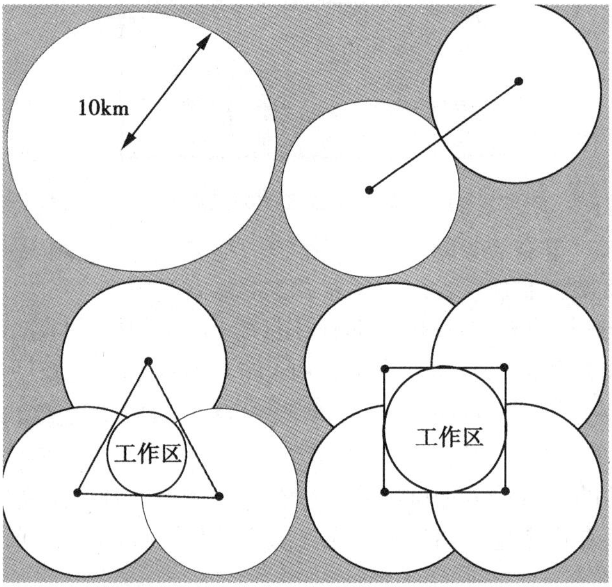


图 5.23　测区已知点分布对 RTK 定位的影响

3. RTK 作业质量控制

(1)影响 RTK 测量的因素

RTK 的作业需要避免一些不利因素的影响，而造成这些影响的主要原因是源于整个 GNSS 系统的局限性。

GNSS 依靠的是接收从地面以上约两万公里的卫星发射来的无线电信号。相对而言，这些信号频率高、功率低，不易穿透可能阻挡卫星和 GNSS 接收机之间视线的障碍物。事实上，存在于 GNSS 接收机和卫星之间路径上的任何物体都会对系统的操作产生不利的影响。有些物体如房屋，会完全屏蔽卫星信号。因此，GNSS 不能在室内使用。同样原因，GNSS 也不能在遂道内或水下使用。有些物体如树木会部分阻挡，反射或折射信号。GNSS 信号的接收在树林茂密的地区会很差。树林中有时会有足够的信号来计算概略位置，但信号清晰度难以达到厘米水平的精确定位。因此，GNSS 在林区做也有一定的局限性。但并不意味着 GNSS 只能用于四周相对开阔的地区。GNSS 测量在部分障碍的地区也可以是有效而精确的。这是因为 GNSS 要实现精确可靠的定位必需 5 颗适当分布的卫星，而一般情况下在任何时间，任何地区都可能会有 7~10 颗 GNSS 卫星。有障碍物的地点只要可以观测到至少 5 颗卫星，就有可能进行 GNSS 测量。在树林或大楼四周作测量时，只要该地留有足够的开放空间，使 GNSS 系统可观测到至少 5 颗卫星，GNSS 测量就能完成。

RTK 作业的另一个不利因素来源于 RTK 传输数据链本身。RTK 数据链的工作与周围的电磁环境以及作用距离都有较大关系。

RTK 定位时要求基准站接收机实时地把观测数据(伪观测值，相位观测值)及已知数据传输给流动站接收机，而 RTK 电台功率为 25W，因此基准站与移动站之间不能有大的障碍物。

考虑到以上因素在基准站架设时应当选择较好的已知点点位，观测站位置具有以下条件：

①在 10°截止高度角以上的空间部应无障碍物。

②邻近不应有强电磁辐射源，比如电视发射塔、雷达电视，手机信号发射天线等，以免对 RTK 电信号造成干扰，其距离不得小于 200m。

③基准站做好选在地势相对高的地方以利于电台的作用距离。

④地面稳固，易于点的保存。

当用户如果在树木等对电磁传播影响较大的物体下设站，当接收机工作时，接收的卫星信号将产生畸变。

(2)导致 RTK 测量发生粗差的原因

1)初始化错误

①发生原因：未能正确确定模糊度。

②产生后果：导致所有观测结果发生较大偏差。

2)模糊度未保持错误

①发生原因：未正确探测或修复基准站及流动站载波相位数据中的周跳。

②产生后果：导致保持失败后的所有观测成果发生较大偏差。

(3)RTK 质量控制的方法

RTK 在野外需要通过初始化过程实时计算出整周未知数。由于初始化过程中存在各种误差。实际观测中有可能会导致解算出来的整周未知数结果不可靠或不正确，致使观测的整个 RTK 测量全部偏离正确的位置。实际工作中必须通过对 RTK 测量成果进行质量控制，才能确保实际观测的 RTK 成果正确可靠，一旦发现问题，可以及时采取相应的措施进行处理。

1)快速静态比较法

这种方法是在进行 RTK 观测的同时，对某些 RTK 点再做一次快速静态观测，事后对这些点的 RTK 成果和快速静态成果进行比较分析，从而检查 RTK 成果是否有质量问题。采用这种方法作快速静态时，需要流动站和基准站约定好同时记录原始观测数据，因为在正常的 RTK 观测时，基准站通常并不记录原始观测数据的。快速静态的采样间隔可以采用 RTK 的采样间隔，观测时间视基线的长短可以为 5~10 分钟或更长的时间。

内业处理时，对 RTK 的成果和快速静态的成果进行比较分析，并按 $X$、$Y$、$H$ 坐标的差值、平面位移、空间位移等要素进行报表和图形输出，作为 RTK 测量成果质量控制的资料。

实际操作中，可以每天测 3~6 个快速静态点，也可以每条测量链观测 1~2 个快速静态点。

2）重测比较法

重测比较法要求在每次重新初始化成功后，先重测附近已测过的 RTK 点 1~3 个，并现场比较其成果，从而判断这次的初始化是否正确可靠。确认初始化没有问题以后，再进行新的 RTK 观测。由于这种方法要求在已测的 RTK 点上进行重测比较，所以对第一条 RTK 测量链，应该测 1~2 个快速静态点进行质量控制。如果附近有其他已知点，重测比较法也可以在这些点上进行重测比较，以判断本次初始化是否正确可靠。

重测比较法虽然外业时已经实时地对 RTK 成果进行了比较，内业处理时还需要做进一步的分析，并将比较分析的结果进行报表和图示输出，这些和快速静态比较法是基本相同的。

3）穿线比较法

这种方法和重测比较法略有不同，是在某一部分测区的 RTK 基本完成后，重新布测一条 RTK 测量链，用于对整个这一部分测区内的 RTK 成果进行质量控制。该测区内每一条 RTK 测量链上取一个 RTK 点，组成新的一条 RTK 测量链，即新布测的这条 RTK 测量链穿过整个测区。通过比较这条测量链的 RTK 成果，来判断该测区内全部的 RTK 测量链是否有质量问题。

这种方法进行质量控制的实时性不如重测比较法，但可以一次检查多条 RTK 测量链的成果质量，所以一般适用于主管部门对 RTK 测量成果进行质量检查和成果验收。

和重测比较法类似，穿线比较法也需要内业将比较分析的结果进行报表和图示输出，作为 RTK 测量成果质量控制的资料上交。

4）电台变频法

这种方法是在测区内建立两个或两个以上的基准站，每个基准站都用各自不同的频率发射差分改正数据；流动站做 RTK 观测时，其电台配有变频开关，可以选择接收不同的基准站发射的差分改正数据，从而在每个 RTK 点上实时地接收某一个基准站的差分改正数据，即可获得一个 RTK 成果；此后电台切换为另一个频率，又可接收到另一个基准站的差分改正数据，得到同一点的另一个 RTK 成果。实时地比较多个 RTK 成果的数据，就可以判断这次观测有无质量问题。

这种方法的最大优点是可以完全实时地对某个 RTK 点进行质量控制，但需要有两个或两个以上的基准站，流动站的电台则需要改装变频开关，或者是流动站携带多个不同频率的电台备用。

(4) RTK 成果检验

由于 RTK 技术目前正处于推广应用阶段，外业工作应加强对 RTK 成果的检验。对 RTK 成果的外业检查可以采用下列方法。

①与已知点成果的比对检验；

②重测同一点的检验；

③已知基线长度测量检验；

④不同基准站对同一测点的检验。

4. RTK 测量应用范围

(1) 控制测量

传统的大地测量、工程控制测量采用三角网、导线网方法来施测，不仅费工费时，要求点间通视，而且精度分布不均匀，且在测量外业时并不知测量结果的精度如何。采用常规的 GNSS 静态测量、快速静态、准动态方法，在外业测量时不能实时确定定位精度，如果测量完成后，内业处理时发现精度不合要求，还必须返测，而采用 RTK 来进行控制测量，能够实时获得定位精度，如果点位精度要求满足，用户即可停止观测，而且知道观测质量如何，这样可以大大提高作业效率。如果把 RTK 用于公路控制测量、线路控制测量、水利工程控制测量、地籍控制测量等方面，则不仅可以大大减少人力强度、节省费用，而且大大提高工作效率，测一个控制点在几分钟甚至于几秒钟内就可完成。

1) RTK 控制测量技术一般要求

RTK 控制测量前，应根据任务需要，收集测区高等级控制点的地心坐标、参心坐标、坐标系统转换参数和高程成果等，进行技术设计。RTK 平面控制点按精度划分等级为：一级控制点、二级控制点、三级控制点。RTK 高程控制点按精度划分等级为五等高程点。平面控制点可以逐级布设、越级布设或一次性全面布设，每个控制点宜保证有一个以上的等级点与之通视。

RTK 测量可采用单基准站 RTK 测量和网络 RTK 测量两种方法进行。在通信条件困难时，也可以采用后处理动态测量模式进行测量。已建立 CORS 网的地区，宜优先采用网络 RTK 技术测量。RTK 测量卫星的状态应符合表 5.1 的规定。

表 5.1 **RTK 测量卫星状态的基本要求**

| 观测窗口状态 | 截至高度角 15°以上的卫星个数 | PDOP 值 |
|---|---|---|
| 良好 | ≥6 | <4 |
| 可用 | 5 | ≤6 |
| 不可用 | <5 | >6 |

全球定位系统实时动态(RTK)测量采用地心坐标系，即 2000 国家大地坐标系，当 RTK 测量成果要求提供其他参心坐标系(如 1954 年北京坐标系、1980 西安坐标系或地方独立坐标系)时，应进行坐标转换。国家测绘局提供了新坐标系的技术参数。2000 国家大地坐标系是全球地心坐标系在我国的具体体现，其原点为包括海洋和大气的整个地球的质

量中心。

RTK 控制测量高程系统采用正常高系统，按照 1985 国家高程基准起算。

当采用经纬度记录格式时，记录精确至 0.00001″，平面坐标和高程记录精确至 0.001m。天线高量取精确至 0.001m。

2) RTK 平面控制点测量

RTK 平面控制点的点位选择要求参照《全球定位系统(GNSS)测量规范》GB/T18314—2009 执行。RTK 平面控制点测量主要技术要求应符合表 5.2 的规定。

表 5.2 **RTK 平面控制点测量主要技术要求**

| 等级 | 相邻点间距离(m) | 点位中误差(cm) | 边长相对中误差 | 与基准站的距离(km) | 观测次数 | 起算点等级 |
|---|---|---|---|---|---|---|
| 一级 | ≥500 | ≤±5 | ≤1/20000 | ≤5 | ≥4 | 四级及以上 |
| 二级 | ≥300 | ≤±5 | ≤1/10000 | ≤5 | ≥3 | 一级及以上 |
| 三级 | ≥200 | ≤±5 | ≤1/6000 | ≤5 | ≥2 | 二级及以上 |

注：①点位中误差指控制点相对于起算点的误差。

②采用单基准站 RTK 测量一级控制点需更换基准站进行观测，每站观测次数不少于 2 次。

③采用网络 RTK 测量各级平面控制点可不受流动站到基准站距离的限制，但应在网络有效服务范围内。

3) RTK 平面控制点坐标的测定

RTK 控制点平面坐标测量时，流动站采集卫星观测数据，并通过数据链接收来自基准站的数据，在系统内组成差分观测值进行实时处理，通过坐标转换方法将观测得到的地心坐标转换为指定坐标系中的平面坐标。在获取测区坐标系统转换参数时，可以直接利用已知的参数。在没有已知转换参数时，可以自己求解。地心坐标系(2000 国家大地坐标系)与参心坐标系(如 1954 年北京坐标系、1980 西安坐标系或地方独立坐标系)转换参数的求解，应采用不少于 3 点的高等级起算点两套坐标系成果，所选起算点应分布均匀，且能控制整个测区。转换时应根据测区范围及具体情况，对起算点进行可靠性检验，采用合理的数学模型，进行多种点组合方式分别计算和优选。

4) RTK 平面控制点测量基准站的技术要求

①采用网络 RTK 测量时，CORS 网点的设立要求按 CH/T 2008—2005 执行。

②自设基准站如需长期和经常使用，宜埋设有强制对中的观测墩。

③自设基准站应选择在高一级控制点上。

④用电台进行数据传输时，基准站宜选择在测区相对较高的位置。用移动通信进行数据传输时，基准站必须选择在测区有移动通信接收信号的位置。

⑤选择无线电台通信方法时，应按约定的工作频率进行数据链设置，以避免串频。

⑥应正确设置随机软件中对应的仪器类型、电台类型、电台频率、天线类型、数据端口、蓝牙端口等。

⑦应正确设置基准站坐标、数据单位、尺度因子、投影参数和接收机天线高等参数。

5)RTK 平面控制点测量流动站的技术要求

①网络 RTK 测量的流动站获得系统服务的授权。

②网络 RTK 测量流动站应在 CORS 网的有效服务区域内进行，并实现数据与服务控制中心的通信。

③用测量手簿设置流动站的与当地坐标的转换参数、平面和高程的收敛精度，设置与基准站的通信。

④RTK 测量流动站不宜在隐蔽地带、成片水域和强电磁波干扰源附近观测。

⑤观测开始前应对仪器进行初始化，并得到固定解，当长时间不能获得固定解时，宜断开通信链路，再次进行初始化操作。

⑥每次观测之间流动站应重新初始化。作业过程中，如出现卫星信号失锁，应重新初始化，并经重合点测量检测合格后，方能继续作业。

⑦每次作业开始与结束前，均应进行一个以上已知点的检核。

⑧RTK 平面控制点测量平面坐标转换残差应≤±2cm。

⑨测量手簿设置控制点的单次观测的平面收敛精度应≤±2cm。

⑩RTK 平面控制点测量流动站观测时应采用三角架对中、整平，每次观测历元数应大于 20 个，各次测量的平面坐标较差应满足≤±4cm 要求后取中数作为最终结果。

⑪进行后处理动态测量时，流动站应先在静止状态下观测 10～15min，然后在不丢失初始化状态的前提下进行动态测量。

6)RTK 高程控制点测量

RTK 高程控制点的埋设一般与 RTK 平面控制点同步进行，标石可以重合。RTK 高程点控制测量主要技术要求应符合表 5.3 的规定。

表 5.3　**RTK 高程控制点测量主要技术要求**

| 等级 | 高程中误差 | 与基准站的距离(km) | 观测次数 | 起算点等级 |
|---|---|---|---|---|
| 五等 | ≤±3cm | ≤5 | ≥3 | 四等水准及以上 |

注：①高程中误差指控制点高程相对于起算点的误差。

②网络 RTK 高程控制测量可不受流动站到基准站距离的限制，但应在网络有效服务范围内。

RTK 控制点高程的测定，是将流动站测得的大地高减去流动站的高程异常获得。流动站的高程异常可以采用数学拟合方法、似大地水准面精化模型内插等获取。当采用数学拟合方法时，拟合的起算点平原地区一般不少于 6 点，拟合的起算点点位应均匀分布于测区四周及中间，间距一般不宜超过 5km，地形起伏较大时，应按测区地形特征适当增加拟合的起算点数。当测区面积较大时，宜采用分区拟合的方法。

RTK 高程控制点测量高程异常拟合残差应≤±3cm。RTK 高程控制点测量设置高程收敛精度应≤±3cm。RTK 高程控制点测量流动站观测时应采用三角架对中、整平，每次观测历元数应大于 20 个，各次测量的高程较差应满足≤±4cm 要求后取中数作为最终结果。

当采用似大地水准面精化模型内插测定高程时，似大地水准面模型内符合精度应小于±2cm。如果当地某些区域高程异常变化不均匀，拟合精度和似大地水准面模型精度无法满足高程精度要求时，可对 RTK 测量大地高数据进行后处理或用几何水准测量方法进行补充。

7)成果数据处理与检查

RTK 控制测量外业采集的数据应及时进行备份和内外业检查。RTK 控制测量外业观测记录采用仪器自带内存卡或测量手簿，记录项目及成果输出包括下列内容：

参考点的点名(号)、残差、转换参数；基准站点名(号)、流动站点名(号)；基准站、流动站的天线高、观测时间；基准站发送给流动站的基准站地心坐标、地心坐标的增量；流动站的平面、高程收敛精度；流动站的地心坐标、平面和高程成果；测区转换参考点、观测点网图。

用 RTK 技术施测的平面控制点成果应进行 100%的内业检查和不少于总点数 10%的外业检测，外业检测可采用相应等级的卫星定位静态(快速静态)技术测定坐标，全站仪测量边长和角度等方法，检测点应均匀分布测区。检测结果应满足表 5.4 的要求。

表 5.4　**RTK 平面控制点检测精度要求**

| 等级 | 边长校核 | | 角度校核 | | 坐标校核 |
|---|---|---|---|---|---|
| | 测距中误差(mm) | 边长较差的相对误差 | 测角中误差(″) | 角度较差限差(″) | 坐标较差中误差(cm) |
| 一级 | ≤±15 | ≤1/14000 | ≤±5 | 14 | ≤±5 |
| 二级 | ≤±15 | ≤1/7000 | ≤±8 | 22 | ≤±5 |
| 三级 | ≤±15 | ≤1/4500 | ≤±12 | 34 | ≤±5 |

用 RTK 技术实测的高程控制点成果应进行 100%的内业检查和不少于总点数 10%的外业检测。外业检测可采用相应等级的三角高程、几何水准测量等方法，检测点应均匀分布测区。检测结果应满足表 5.5 的要求。

表 5.5　**RTK 高程控制点检测精度要求**

| 等级 | 检核高差/mm |
|---|---|
| 五等 | $\leqslant 40\sqrt{D}$ |

注：$D$ 为检测线路长度，以 km 为单位。

(2)地形图测绘

过去测地形图时一般首先要在测区建立图根控制点，然后在图根控制点上架上全站仪或经纬仪配合小平板测图，现在发展到外业用全站仪和电子手簿配合地物编码，利用大比例尺测图软件来进行测图，甚至于发展到最近的外业电子平板测图等。但上述作业方法都要求在测站上测四周的地貌等碎部点，这些碎部点都与测站通视，而且一般要求至少2~3人操作，需要在拼图时一旦精度不合要求还到外业返工，较为麻烦。采用RTK作业时，仅需一人拿着接收机在要测的地貌碎部点呆上1~2s，并同时输入特征编码，通过手簿可以实时知道点位精度，把一个区域测完后回到室内，由专业的软件接口就可以输出所要求的地形图。这样用RTK仅需一人操作，不要求点间通视，大大提高了工作效率，采用RTK配合电子手簿可以测设各种地形图，如普通测图、铁路线路带状地形图的测绘，公路管线地形图的测绘，配合测深仪可以用于测水库地形图，航海海洋测图等。

(3)施工放样

放样是测量一个常用应用分支，它要求通过一定方法采用一定仪器把人为设计好的点位在实地标定出来，过去采用常规的放样方法很多，如经纬仪交会放样、全站仪的边角放样、全站仪坐标放样等。这些放样方法放样出一个设计点位时，往往需要来回移动目标，而且要2~3人操作，同时在放样过程中还要求点间通视情况良好，在生产应用上效率不是很高，有时放样中遇到困难的情况会借助于很多方法才能放样。采用RTK放样时，仅需把设计好的点位坐标输入到电子手簿中，拿着GNSS接收机，它会提醒你走到要放样点的位置，既迅速又方便，由于GNSS是通过坐标来直接放样的，而且精度很高也很均匀，因而在放样中效率会大大提高，且只需一个人操作。

## 5.3 网络RTK测量系统

### 5.3.1 网络RTK概述

1. 网络RTK产生的原因

GNSS实时差分定位RTK技术是目前广泛使用的测量技术之一，但它的应用受到电离层延迟和对流层延迟的影响，使原始数据产生了系统误差并导致以下缺点：

①用户需要架设本地基准站。测量过程中，需要不断设置和更换基准站。在建立基准站时，由于操作和外界环境的原因含有潜在的粗差。对于精度要求较高的测量，这种粗差对最终结果的精度影响也不可忽视。而且经常需要搬动基准站将导致生产效率和设备安全性不高，同时基准站不能有稳定的供电源也是一个问题。

②覆盖区域有限，受流动站和基准站的距离限制，一般小于15公里。另外，差分技术的前提条件要求测两站的卫星信号传播路径相同或相似，这样才能保证两站的卫星钟差、轨道误差、电离层误差、对流层误差均为强相关，所以这些误差大部分可以消除，要到达1~2厘米级实时(单历元求解)定位的要求，用户站和基准站的距离需小于10km，当距离大于50km时，以上误差的相关性大大减少，以致差分之后残差很大，求解精度降低，一般只能达到分米级基线精度。

③精度不均匀，可靠性随距离增大而降低；流动站与基准站间距离较近(即观测基线较短)，如基准站10km范围内，上述系统误差强相关假设成立，常规RTK利用几个甚至一个历元观测资料就可以获得厘米级定位精度。但是，随着流动站与基准站间距离增大，上述系统误差相关性减弱，双差观测值中的系统误差残差迅速增大，导致难以正确确定整

周模糊度，无法取得固定解。同时定位精度迅速下降，当流动站与基准站间距大于 50km 时，常规 RTK 单历元解精度仅为分米级。在这种情况下，使用常规 RTK 技术将无法得到更高精度的定位结果。

④测量速度慢，主要由初始化时间决定，取决因素有接收机的解算技术、流动站接收到的卫星的数量和信号质量、差分数据的数据质量和 RTK 数据链传输质量。常规 RTK 系统的数据传输多采用 UHF 和 VHF 电台播发 RTCM 差分信号，由于电台信号的衍射性能差，而且都是站间直线传播，这要求测站间的天线必须“准光学通视”，所以在城市、丘陵、山区实施 RTK 作业很不方便，经常发生能收到卫星，但是收不到电台信号的问题。

为了解决常规 RTK 所存在的缺陷，达到区域范围内厘米级、精度均匀的实时动态定位，网络 RTK 技术应运而生。网络 RTK 技术的出现，弥补了 GNSS 实时差分定位 RTK 技术的缺点，它代表了未来 GNSS 发展的方向，由此可带来巨大的社会效益和经济效益。

网络 RTK 技术就是利用地面布设的一个或多个基准站组成 GNSS 连续运行参考站（CORS），综合利用各个基站的观测信息，通过建立精确的误差修正模型，通过实时发送 RTCM 差分改正数在修正用户的观测值精度，在更大范围内实现移动用户的高精度导航定位服务。网络 RTK 技术集 Internet 技术、无线通信技术、计算机网络管理技术和 GNSS 定位技术于一体，是基准站网络式 GNSS 多功能服务系统的核心支持技术和解决方案，其理论研究与系统开发均是 GNSS 技术在科研和应用领域最热门的前沿。网络 RTK 系统示意图如图 5.24 所示。

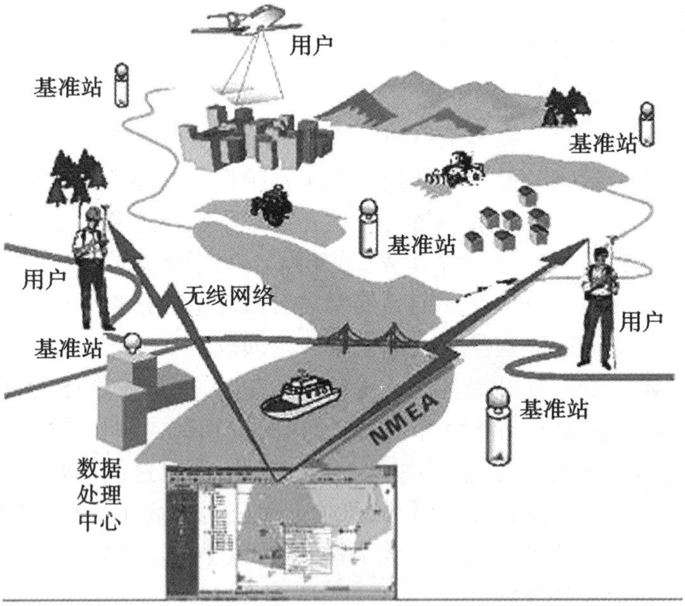


图 5.24　网络 RTK 系统示意图

2. 网络 RTK 的优点

与常规 RTK 相比，网络 RTK 的优点如下：

①覆盖范围更广；

②成本更低；

③精度和可靠性更高；

④应用范围更广；

⑤改进了 OTF 初始化时间。

网络 RTK 提供 GNSS 基准站原始数据服务；分米级实时定位可以满足城市和市政测图、资源管理、精细农业、环境监测、水利测量、车辆自动定位导航系统、GIS、资产和市政管理等；厘米级高精度定位可以满足地籍测量、建筑放样和施工控制、港口和受限制水道的精密导航、线路道路测量、高精度资产管理、地形测量和工程测量、油气勘探等。

3. 网络 RTK 采用的技术和方法

目前应用较广的 CORS 网技术有虚拟参考站(VRS)、FKP、主辅站技术、综合误差内插技术。其各自的数学模型和定位方法有一定的差异，但在基准站架设和改正模型的建立方面基本原理是相同的。

(1)虚拟参考站技术(VRS)

与常规 RTK 不同，虚拟参考站网络中，各固定参考站不直接向移动用户发送任何改正信息，而是将所有的原始数据通过数据通信线发给控制中心。同时，移动站用户在工作前，先通过 GPRS/CDMA 的上网功能向控制中心发送一个概略坐标(GGA 数据)，控制中心收到这个位置信息后，根据用户位置，由计算机自动选择最佳的一组固定基准站，根据这些站发来的信息，整体的改正 GNSS 的轨道误差，电离层、对流层和大气折射引起的误差，将高精度的差分信号发给移动站。这个差分信号的效果相当于在移动站旁边，生成一个虚拟的参考基站，从而解决了 RTK 作业距离上的限制问题，并保证了用户的精度。

其实虚拟参考站技术就是利用各基准站的坐标和实时观测数据解算该区域实时误差模型，然后用一定的数学模型和流动站概略坐标，模拟出一个临近流动站的虚拟参考站的观测数据，建立观测方程，解算虚拟参考站到流动站间这一超短基线。一般虚拟参考站位置就是流动站登录时上传的概略坐标，这样由于单点定位的精度，使得虚拟参考站到流动站的距离一般为几米到几十米之间，如果将流动站发送给处理中心的观测值进行双差处理后建立虚拟参考站的话，这一基线长度甚至只有几米。

对于临近的点，可以只设一个虚拟参考站。开一次机，用户和数据中心通信初使化一次，确定一个虚拟参考站。当移动站和虚拟参考站之间的距离超出一定范围时，数据中心重新确定虚拟参考站。

(2)FKP 技术

FKP(区域改正数法)是指利用 GNSS 基准站观测数据(相位观测值和伪距观测值等)及基准站已知坐标等信息，计算得到基准网范围内与时间或空间相关的误差改正数模型，然后利用测量点的近似坐标内插出测量点的误差改正数，将它应用到观测值中，从而消除各种与时间和空间有关的误差，获得高精度的定位结果。

FKP 和虚拟参考站技术最大的不同就是在定位方法上的不同，一个是利用虚拟观测值和流动站观测值做单基线解算，一个是利用改正后的观测值加入各基准站做多基线解。

(3)主辅站技术

主辅站技术是在徕卡公司在 FKP 的基础上产生的，数学模型上并没有什么大的区别，不过是在基准站播发基准点坐标信息和改正信息减少了一定的信息量，再有就是“主基准站”的选择以及加入数个条件较好的“辅基准站”做多基线解。参与解算的基站不像 FKP 那样用到全部的基准站信息，加入了双向通信可以较好的选择所在的基站群。

(4)综合误差内插技术

该技术由武汉大学 GNSS 中心于 2002 年提出并应用，通过卫星定位误差相关性计算参考站上的综合误差，并内插出用户站的综合误差，在电离层变化较大的时间段和区域，应用此项技术优势明显，该技术能实现双向和单项数据通信。

几种算法对比如表 5.6 所示。

表 5.6 几种算法的对比

| 算法 | 虚拟参考站 | FKP | 主辅站 |
|---|---|---|---|
| 电离层 | 应用整个网络的基站信息来计算电离层和对流层的复杂模型，改正受外界影响小 | 采用线性内插用于修正的电离层模型，流动站仅能获取两个站的数据来计算。电离层残差较大 | 对电离层的改正采取主站改正为主，加入辅站改正参数，改正效果受主站距离影响较大 |
| 对流层 | 消除了对流层误差，在虚拟参考站生产步骤中对流层模型是一致的，改正受外界影响小 | 存在着服务器和流动站所用对流层模型不一致的危险。改正效果受外界影响大 | 对电离层的改正采取主站改正为主，加入辅站改正参数，改正效果受主站距离影响较大 |
| 轨道误差与其他 | 直接消除或削弱，无需借助其他方法 | 不能消除或借助其他方法削弱 | 直接消除或削弱，无需借助其他方法 |
| 基准站选择 | 取距流动站最近的三个基站数据来建立的改正模型 | 全部基站参与数学模型的建立，可能带来冗余数据 | 根据流动站和参考站的距离选择相应主站和辅站，参与改正 |
| 通信方式 | 流动站和服务器中心双向通信 | 服务器中心以广播模式向外发布差分信息 | 支持双向通信和广播模式 |
| 数据负荷 | 数据负荷较小 | 数据负荷较大 | 数据负荷较小 |
| 移动站 | 无需在流动站上加载改正模型，不限定流动站的型号和品牌 | 需要在加载流动站上加载改正模型，改正计算都在流动站进行 | 加载改正模型和没有加载该模型的流动站，改正效果和作业效率差别较大 |
| 动态性 | 流动站在拨号后位置发生较大移动，则产生的虚拟参考站与流动站的新位置相关性减弱 | 流动站获得的改正与其移动速度大小关系不大 | 一般情况下流动站移动速度与改正关系不大，特殊有可能发生主站变更的情况 |

### 5.3.2 基于 VRS 的网络 RTK 系统组成

网络 RTK 由基准站网、数据通信链路数据处理(监控)中心、用户数据中心、用户部分四部分组成。数据通信链路数据处理(监控)中心包括基准站与数据处理中心数据通信和数据处理中心与用户部分的数据通信。网络 RTK 系统组成定义与功能见表 5.7。

表 5.7　　**网络 RTK 系统组成定义与功能**

| 系统名称 | 主要工作内容 | 设备构成 | 技术实现 |
|---|---|---|---|
| 基准站网子系统(RSS) | 卫星信号的捕获、跟踪、采集与传输；设备完好性监测 | 单个基准站 | 3 个或 3 个以上基准站 |
| 系统控制中心(SMC) | 数据分流与处理；系统管理与维护；服务生成与用户管理 | 计算机、网络设备、数据通信设备、电源设备 | 一个中心 |
| 数据通信子系统(DCS) | 把基准站 GNSS 观测数据传输至系统控制中心 | 有线网络 | SDH |
| 用户数据中心(UDC) | 向用户提供数据服务 | Internet、GSM | 因特网、GSM |
| 用户应用子系统(UAS) | 按照用户需求进行不同精度定位 | GNSS 接收设备、数据通信终端、软件系统 | 适于 DGNSS、RTK 软件系统 |

虚拟参考站法 VRS 的实施将使一个地区的测绘工作成为一个有机的整体，改变了以往 GNSS 作业单打独斗的局面，同时它使 GNSS 技术的应用更为广泛，精度和可靠性得到进一步的提高，使许多从前难以完成的任务成为可能，最重要的是建立 GNSS 网络的成本反而降低了很多。由于 VRS 技术的种种先进性，一经问世就受到世界各国的广泛关注，并得到积极的实施，德国、瑞士等一些国家的 VRS 网络已经建成或正在建成。我国的深圳市第一个建成了 VRS 技术卫星定位服务系统，为深圳市的经济发展、城市信息化和数字化发挥了重要作用。

(1) VRS 的系统构成及工作原理

VRS 系统集 GNSS、Internet、无线通信和计算机网络管理技术于一身。整个系统是由若干个(三个以上)连续运行的 GNSS 基准站和一个 GNSS 网络控制中心构成。

1) VRS 的系统构成

VRS 的系统构成由 GNSS 固定基准站系统、数据传输系统、GNSS 网络控制中心系统、数据发播系统和用户系统五部分组成。

2) VRS 的工作原理

一个 VRS 网络由三个以上的固定参考站组成，站与站之间的距离可达 70km，固定参考站负责实时采集 GNSS 卫星观测数据并传送给 GNSS 网络控制中心，由于这些固定参考站有长时间的观测数据，故点位坐标精度很高。(传统高精度 GNSS 网络，站间距离不超过 10~20km)。固定参考站与控制中心之间可通过光缆、ISDN 或普通电话线相连，将数据实时的传送到控制中心，如图 5.25 所示。

控制中心是整个系统的核心。它既是通信控制中心，也是数据处理中心。它通过通信线(光缆，ISDN，电话线)与所有的固定参考站通信，接收固定参考站发来的所有数据，也接收从流动站发来的概略坐标，然后根据用户位置，自动选择最佳的一组固定站数据，整体改正 GNSS 轨道误差、电离层、对流层和大气折射引起的误差，将经过改正后的高精度的 RTCM 差分信号通过无线网络(GSM，CDMA，GPRS 等)发送给用户，与移动用户通信。这个差分信号的效果相当于在移动站旁边，生成一个虚拟的参考基站，从而解决了 RTK 作业距离上的限制问题，并保证了用户的精度，如图 5.26 所示。

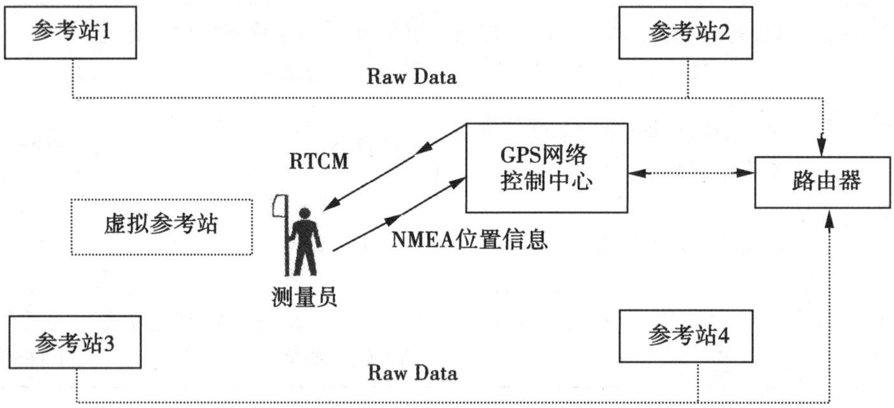


图 5.25　VRS 网络数据流程

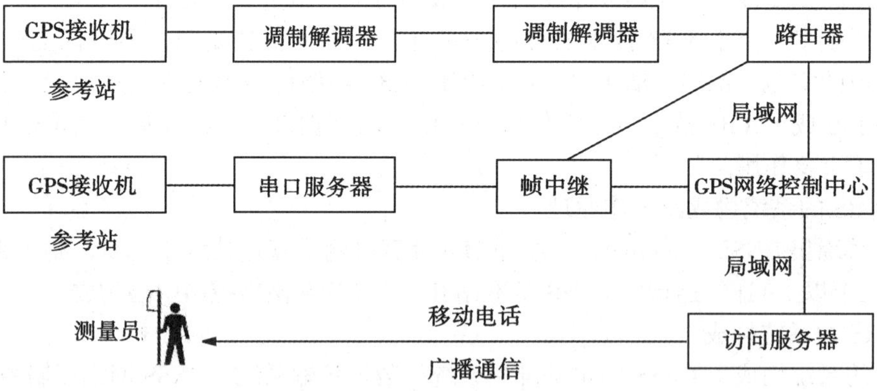


图 5.26　VRS 参考站网络的硬件构成

用户部分就是用户的 GNSS 接收机，加上无线通信的调制解调器。根据自己的不同需求，放置在不同的载体上。接收机通过无线网络将自己初始位置发给控制中心，并接收中心的差分信号，生成厘米级的位置信息。

所以控制中心的软件 GNSS-NET 既是数据处理软件，也是系统管理软件。由计算机实时系统控制整个系统的正常运行，执行下列任务：

①导入并检查原始数据的质量；

②存储并压缩 RINEX 数据；

③改正天线的相位中心；

④区域系统误差模型化及估算；

⑤为流动站接收机创建虚拟参考站位置；

⑥产生流动站所在位置上的 RTK 改正数据流；

⑦RTK 数据以 RTCM 或 Trimble CMR 格式传播。

GNSS 流动站先向控制中心发送标准的 NMEA 位置信息，告之其概略位置，控制中心收到信息后重新计算所有 GNSS 数据，内插到与流动站相匹配的位置，再向流动站发送改正过的 RTCM 信息，流动站可位于 VRS 网络中的任何位置，这样 RTK 的系统误差就被消减。

可以看出，VRS 系统实际上是一种多基站技术。它在处理上利用了多个参考站的联合数据。

(2) VRS 系统的优势

与传统的 RTK 相比，VRS 系统的优势有以下几点：

1) VRS 系统的覆盖范围大

VRS 网络可以有多个站，但最少需要 3 个。若按边长 70km 计算，一个三角形可覆盖面积为 $2200\text{km}^2$。

实际上，VRS 系统可提供两种不同精度的差分信号，分别为厘米级和亚米级。我们所论述的是 1~2 个厘米的高精度，而若是用低精度，则站与站之间的距离可以拓展到几百千米。

2) 相对传统 RTK，提高了精度。

传统的 RTK 流动站精度与可靠性与流动站、基准站间的距离呈线性相关，随着测量距离的增加，误差会随之增大，而在 VRS 系统的网络控制范围内，精度始终可以保持在 1~2 个厘米，网络 RTK 定位精度均匀，精度和可靠性随距离的增加衰减较小，形成网状覆盖，有效作业面积更大。

3) 可靠性也随之提高

采用了多个参考站的联合数据，大大提高可靠性。

4) 更广的应用范围

可适用于城市规划，市政建设，交通管理，机械控制，气象，环保，农业以及所有在室外进行的勘测工作。

VRS 技术的出现，标志着高精度 GNSS 的发展进入了一个新的阶段。这种网络 RTK 技术，集最新兴的计算机网络管理技术、INTERNET 技术、无线通信技术和 TRIMBLE 优秀的 GNSS 定位技术于一身，应用了最先进的多基站 RTK 算法，是 GNSS 技术的突破。它将使 GNSS 的应用领域极大的扩展，代表着 GNSS 发展的方向。

### 5.3.3 网络 RTK 系统介绍

网络 RTK 系统是利用网络 RTK 技术建立起来的实时 GNSS 连续运行卫星定位服务网络，现阶段，网络用得最广的当属单基站和多基站网络 RTK 系统，它们免去了我们每天都要求参数的麻烦，移动站的作用距离也更加广泛，使得测量更加精确更加快捷。

单基站网络 RTK 系统只有一个连续运行站。类似于一加一或一加多的 RTK，只不过基准站由一个连续运行的基站代替，基站同时又是一个服务器，通过软件实时查看卫星状态、存储静态数据、实时向 Internet 发送差分信息以及监控移动站作业情况。移动站通过 GPRS \ CDMA 网络通信和基站服务器通信。

多基站网络 RTK 系统是通过分布在一定区域内的多个单基站联合作业，基站与基站之间的距离不超过 50 公里，它们都将数据发送到一个服务器。流动站作业时，只要发送它的位置信息到服务器，系统自动计算流动站与各个基站之间的距离，将距离近的基站差分数据发送给流动站。这样就确保了流动站在多基站 CORS 覆盖区域移动作业时，系统总能够提供离距流动站最近的基站差分数据已达到最佳的测量精度间。

下面以南方 S82T RTK 系统为例，详细介绍 RTK 网络的设置连接，连接网络之前需要对主机模块进行设置。以后再用网络，如果使用的是同样的基站系统，则不需要再进行设置，直接开机把移动站设成移动站网络模式即可。主机会自动拨上网络的。

工程之星来进行设置，打开工程之星，连接上主机，主机调到移动站网络模式。在工程之星的“配置”→“网络设置”界面下就可以设置 VRS 参数，点击“增加”进入“网络配置”界面输入相应的参数后点击“获取接入点”获取“源列表”。如图 5.27 和图 5.28 所示。

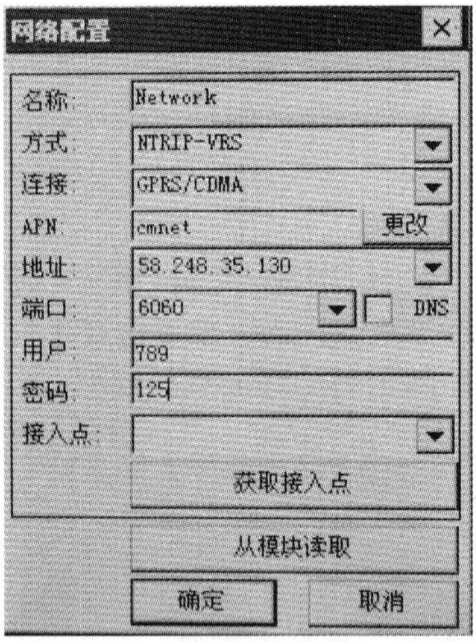


图 5.27　网络参数配置

图 5.28　获取接入点源列表

“从模块读取”功能，是用来读取模块上上次存储的信息，点击并读取成功后，会将上次的信息填写到输入栏，以供检查和修改。依次输入相应的网络配置信息，APN 没有特殊的说明，平常的用到都是 cmnet，一些网络系统用到的另外的上网方式(专卡专用)，此处就要修改，接入点不需要输入。对于 NTRIP-VRS 模式，一组账号和密码只能供任意的一台机子来使用，不能同时使用于 2 台或是 2 台以上的机子。

然后在网络配置界面下，接入点后面的下拉框中选择需要的接入点。点击“确定”会将该配置到主机的模块，返回到网络配置界面。如图 5.29 和图 5.30 所示。

图 5.29　选择接入点

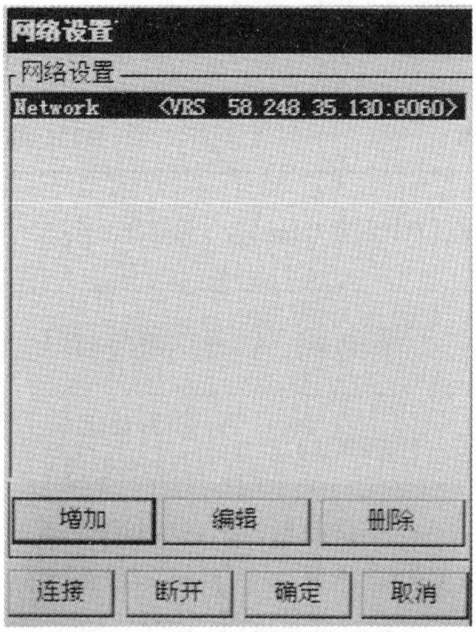

图 5.30　网络设置界面

完成后点击“确定”进入“网络设置”界面，点击“连接”登录服务器成功后点击“确定”即可登录服务器成功后，在工程之星“配置”→“仪器设置”→“移动站设置”中选择相应的差分数据格式就可以收到差分解了，当状态达到固定解时，就可以进行测量的其他全部操作了。移动站设置时，需要选择解的精度水平、RTK 解算模式、差分数据格式、网络模式等参数。在进行差分数据格式选择时，RTCM2.3 的选择 RTCM 格式，RTCM3.0 的选择 RTCM3 格式，CMR 和 CMR+的选择 CMR 格式。下次使用就直接打开主机，用手簿连接就可以使用了，不需进行任何设置和调试。如图 5.31 和图 5.32 所示。

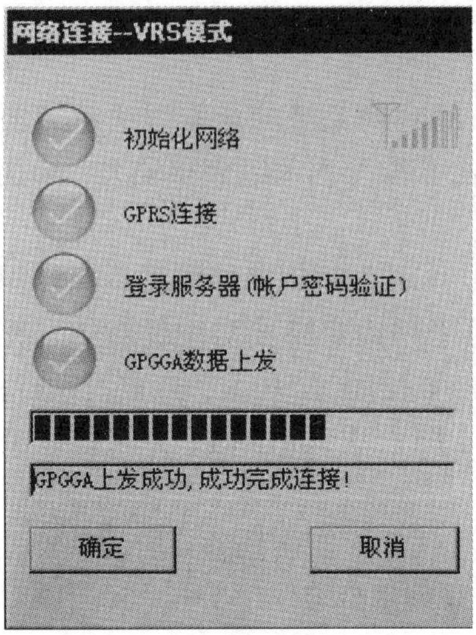

图 5.31　选择服务器

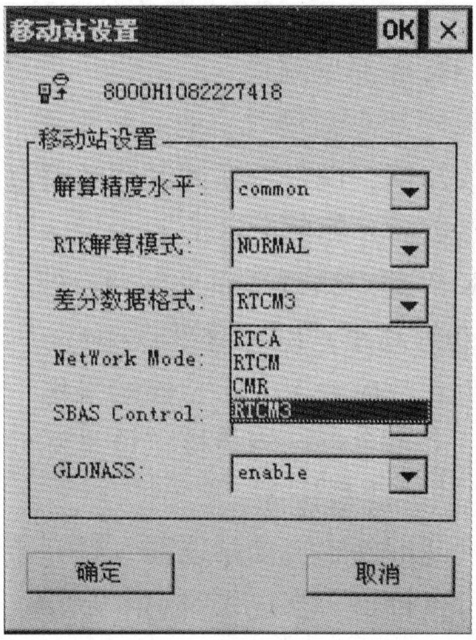

图 5.32　移动站设置界面

## 5.4 GNSS RTK 在地形测量中的应用

RTK 技术可以用于地形测量中图根点测量和碎部点测量。地形测量主要技术要求应符合表 5.8 的规定。

表 5.8　　**RTK 地形测量主要技术要求**

| 等级 | 点位中误差(mm) | 高程中误差 | 与基准站的距离(km) | 观测次数 | 起算点等级 |
|---|---|---|---|---|---|
| 图根点 | ≤±0.1 | 1/10 等高距 | ≤7 | 2 | 平面三级、高程五等以上 |
| 碎部点 | ≤±0.3 | 相应比例尺成图要求 | ≤10 | 1 | 平面图根、高程五等以上 |

注：①点位中误差指控制点相对于起算点的误差。

②采用网络 RTK 测量可不受流动站到基准站间距离的限制，但宜在网络覆盖的有效服务范围内。

1. RTK 图根点测量

图根点标志宜采用木桩、铁桩或其他临时标志，必要时可埋设一定数量的标石。

RTK 图根点测量时，地心坐标系与地方坐标系的转换关系的获取方法参照前述参数计算相关知识，也可以在测区现场通过点校正的方法获取。RTK 平面控制点测量流动站观测时应采用三角架对中、整平，每次观测历元数应大于 10 个。RTK 图根点测量平面坐标转换残差应≤图上±0.07mm。RTK 图根点测量高程拟合残差应不大于 1/12 等高距。RTK 图根点测量平面测量两次测量点位较差应小于图上±0.1mm，高程测量两次测量高程较差应小于 1/10 等高距，两次结果取中数作为最后成果。

2. RTK 碎部点测量

RTK 碎部点测量时，地心坐标系与地方坐标系的转换关系的获取方法参照前述参数计算相关知识，也可以在测区现场通过点校正的方法获取。当测区面积较大，采用分区求解转换参数时，相邻分区应不少于 2 个重合点。

RTK 碎部点测量平面坐标转换残差应≤图上±0.1mm。RTK 碎部点测量高程拟合残差应≤1/10 等高距。RTK 碎部点测量流动站观测时可采用固定高度对中杆对中、整平，每次观测历元数应大于 5 个。连续采集一组地形碎部点数据超过 50 点，应重新进行初始化，并检核一个重合点。当检核点位坐标较差小于或等于图上 0.30mm 时，方可继续测量。

(1)新建测量任务

架设基准站和流动站仪器，打开手簿的工程之星软件。新建任务，启动基准站和流动站，进行点校正。当进入"固定"状况，可以进入碎部测量阶段。

(2)点存储设置

点击工程之星“设置→其他设置→存储设置”进入存储设置对话框。存储设置对话框，此界面有三项设置分别为：存储类型设置、存储点屏幕显示、属性设置。如图 5.33 和图 5.34 所示。

图 5.33　存储设置

图 5.34　平滑存储设置

存储点屏幕显示是设置已存储点在屏幕上的显示，选中“点名”表示在测量屏幕上显示测量点的点名；选中“属性”表示在测量屏幕上显示测量点的属性；点数的设置有“0”和“全部”，“0”表示在屏幕上不显示测量点，“全部”则反之。属性设置是设置测量点时的属性，“保持不变”表示默认点的属性为 0，“和点名一致”表示点的属性和点名设置相同。

存储类型设置是设置软件存储测量点类型，其类型有以下四种：

1)一般存储

即对点位在某个时刻状态下的坐标进行直接存储，点位坐标每秒刷新一次，操作方式有快捷键操作和菜单操作。

2)平滑存储

即对每个点的坐标多次测量取平均值。在存储条件选择平滑存储，然后平滑存储下面设置时间间隔，点击右上角的“OK”退出存储条件设置，平滑存储设置完毕。此时可以按手簿键盘的字母键“A”或点击快捷键“S”进行平滑测量，点击后出现如图 5.35 所示的界面，表示还有几次平滑测量正在进行，图 5.36 表示平滑测量完成，然后点击“确定”或者按手簿上面的右下角的回车键“Enter”保存数据。

3)自动存储

即按设定的记录条件自动记录测量点。首先要设定自动存储的条件，自动存储条件有 Single(单点解)、DGNSS(差分解)、Float(浮点解)和 Fixed(固定解)四种选择，一般状况下我们选择自动存储条件为 Fixed(固定解)，根据需要选择是按时间还是按距离来存储，

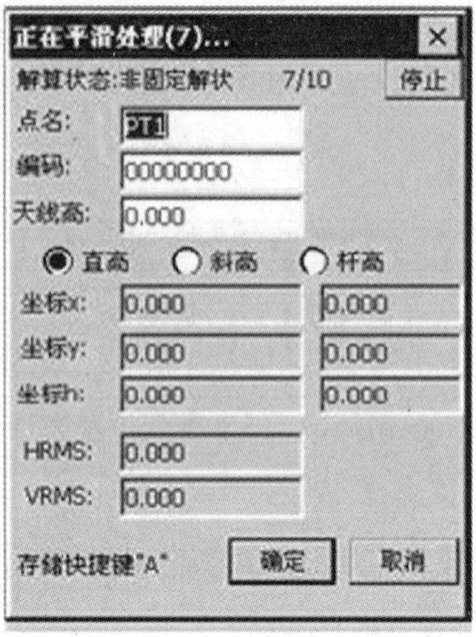


图 5.35　正在进行平滑处理

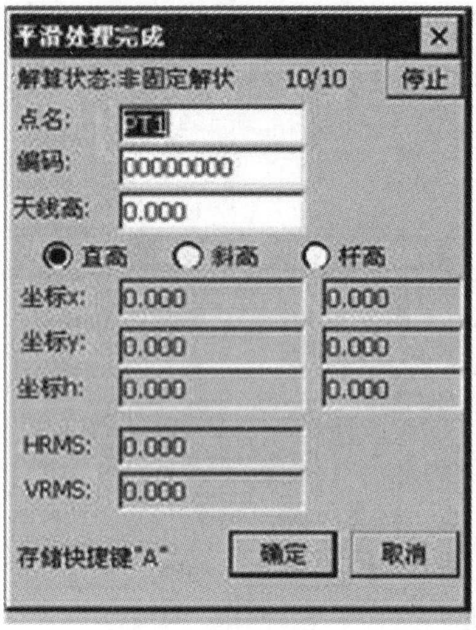


图 5.36　平滑处理完成

然后输入相应的间隔，点击右上角的“OK”，自动存储设置完成。如图 5.37 所示。这时可以点击“测量→自动存储→开始测量”，开始根据设定好的条件记录数据；但需要停止自动存储时，点击“测量→自动存储→停止测量”来结束自动存储。如图 5.38 所示。

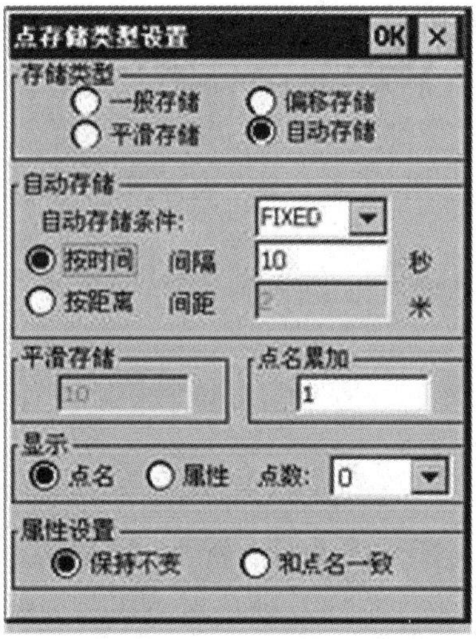


图 5.37　自动存储设置

图 5.38　停止自动存储设置

4) 偏移存储：类似于测量中的偏心测量，记录的点位不是目标点位，根据记录点位和目标点位的空间几何关系来确定目标点。如图 5.39 所示。例如要测量 A 点，但在 A 点不能或不便进行测量(如房屋内或遮蔽物下)，这时就要用到偏移存储了。如果在 B 点可以测量，又知道 AB 之间的距离和方位角和 AB 之间的高差，那么通过偏移存储就可以测出 A 点的坐标了。在点存储类型中选择了偏移存储，然后按字母“A”键或点击快捷键“S”

就会弹出偏移值输入的对话框。如图 5.40 所示。

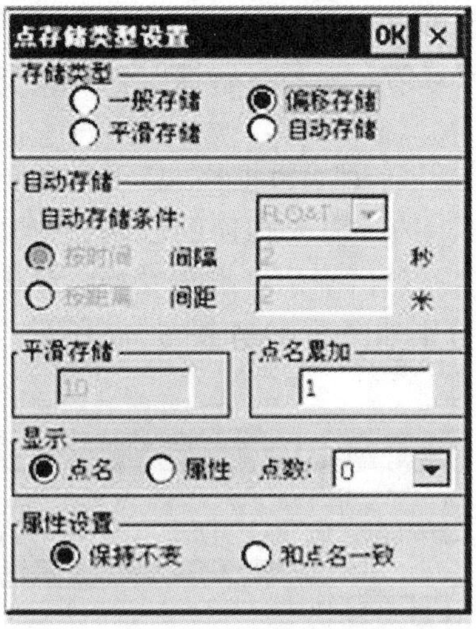


图 5.39　偏移存储

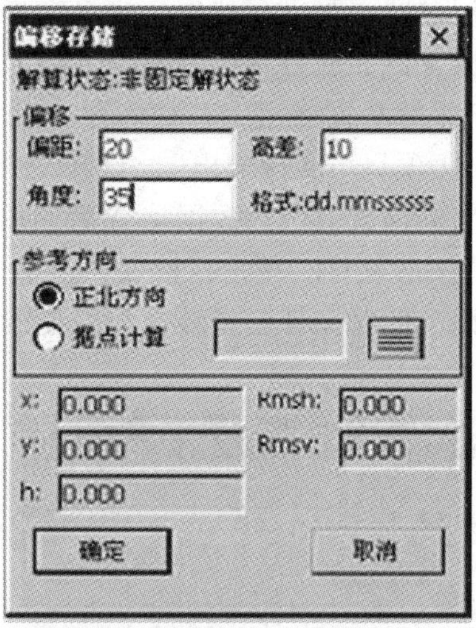


图 5.40　偏移值输入的对话框

(3)地形点测量

在工程之星主菜单上选择“测量→目标点测量”，即进入点测量界面，具体参考 5.2.2 常规 RTK 测量系统作业模式一节所述。

(4)查看已测点位信息

选择“工具→查看测量点”，可以查看当前测量文件中的各点的状态和坐标，包括该点的点名、坐标、高程和编码信息。如图 5.41 所示。在测量、放样等界面下，按“B”两次，可直接进入查看测量点。进入查看测量点后，可以看见当前的所有点，前面的图标显示为解状态，分别表示单点解、浮点解和固定解，在窗口最下方有说明。

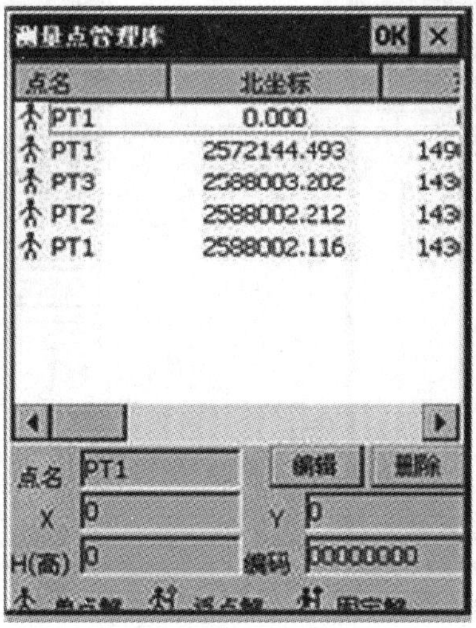


图 5.41　查看测量点

3. 成果数据导出

RTK 地形测量外业采集的数据应及时从数据记录器中导出，并进行数据备份，同时对数据记录器内存进行整理。测量成果以不同的格式输出，不同的成图软件要求的数据格式不一样，例如南方测绘的成图软件 CASS 的数据格式为：点名，属性，Y，X，H。

(1)手簿数据导出

点击“项目→文件输出”，打开文件格式输出对话框，在“数据格式”下拉菜单中选择需要输出的格式，选择数据格式后，单击“源文件”，选择需要转换的原始数据文件，选择相应的 dat 文件，单击目标文件，输入目标文件名，点击确定，点击转换，弹出转换完毕对话框，此时文件已经转换为需要的数据格式。分别如图 5. 42 至图 5. 47 所示。

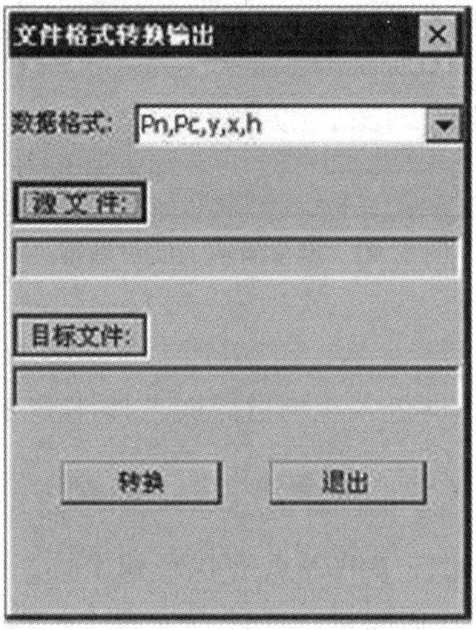


图 5. 42　文件格式转换输出

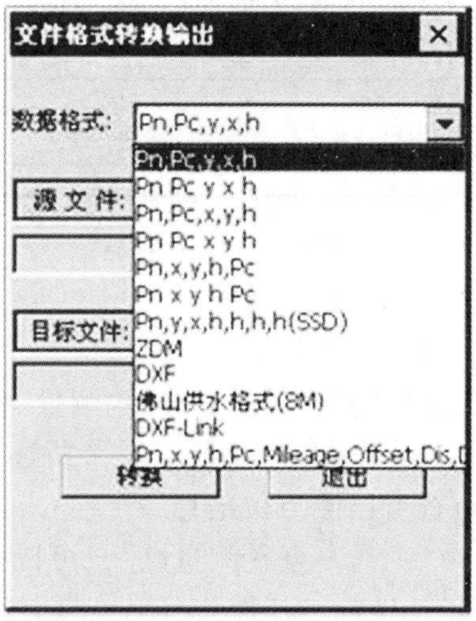


图 5. 43　选择数据格式

图 5. 44　选择需要输出的原始数据文件

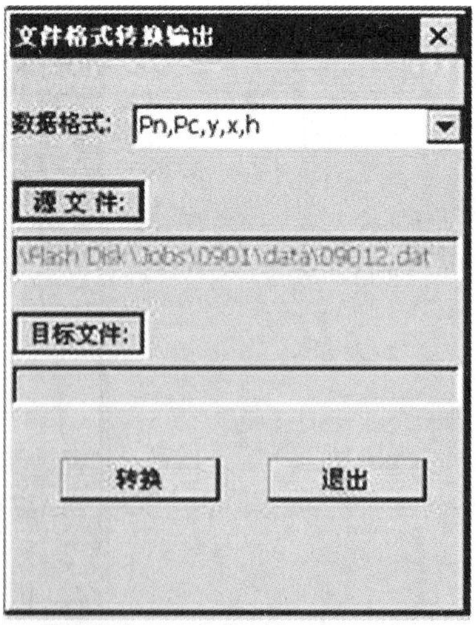


图 5. 45　选择源文件完成

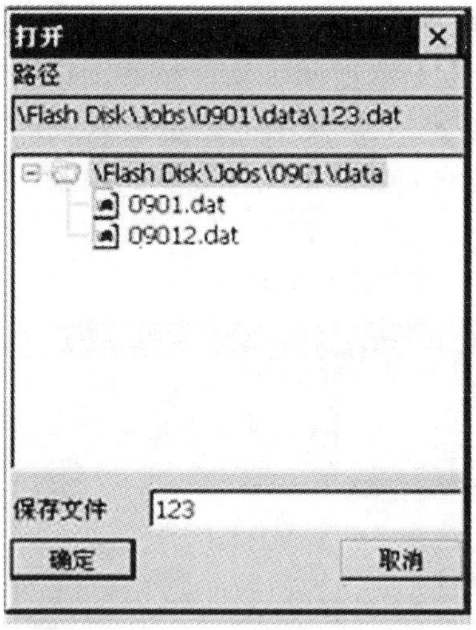


图 5.46　输入目标文件的名称

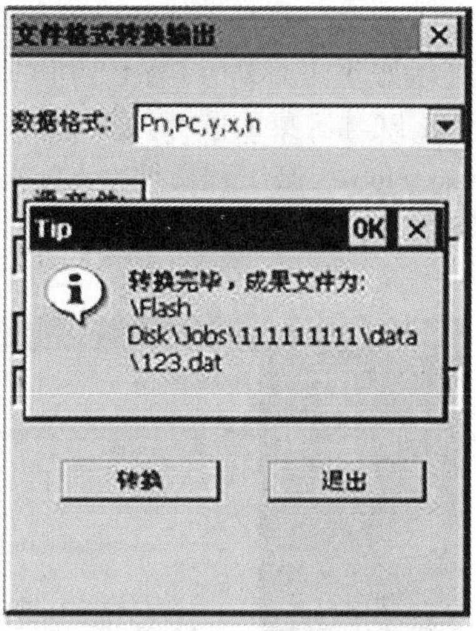


图 5.47　转换后的成果文件路径

在工程之星软件中，工程都保存在 Flash Disk \ Jobs 文件夹下，工程 0901 下包括如图 5.48 所示的文件和文件夹(两个文件夹名默认为 data 和 result，不可改动)：0901. Ini、0901. par 等文件为系统参数设置文件。文件夹 data 中包括如图 5.49 所示的文件：0901. dat，09011. dat，09012. dat，这些为测量成果坐标(x，y，h)文件；123. dat 是经过格式转换后生成的文件(用于导入成图软件)，格式说明：点名，X 坐标，Y 坐标，高程，属性，点存储状态(固定解)，平面精度，高程精度，卫星颗数，PDOP，时间，缺省，缺省，天线高；文件夹 result 中包括 0901. rtk，09011. rtk，09012. rtk 为测量成果原始坐标(WGS-84 经纬度坐标)。

(2)手簿数据下载

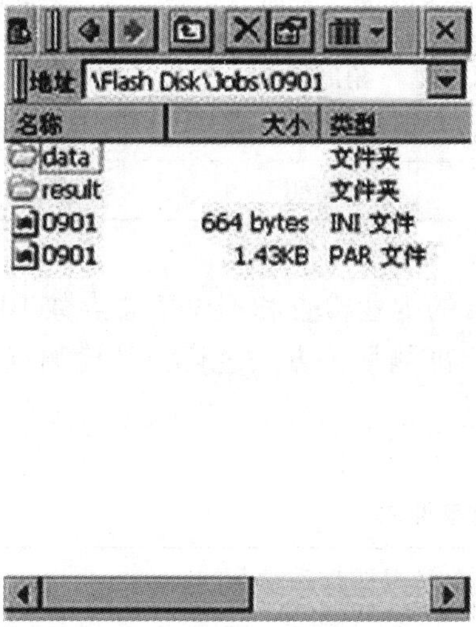


图 5.48　工程 0901 包含的文件

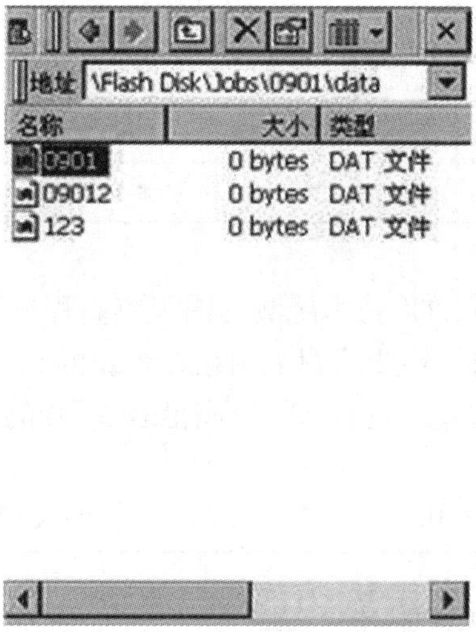


图 5.49　data 文件夹中的文件

南方工程之星测量手簿与电脑数据通信使用微软同步软件(Microsoft ActiveSync)。用串口线连接好手簿 COM 口与 PC 机 COM 口，在 PC 机上双击同步软件桌面图标在手簿上双击“连接 PC 机”桌面图标连接软件，在同步软件文件下拉菜单中浏览进入我的电脑→Flash disk→Jobs→某工程文件→data 文件夹，找导出的测量成果文件复制到电脑所选路径下。如图 5.50 所示。

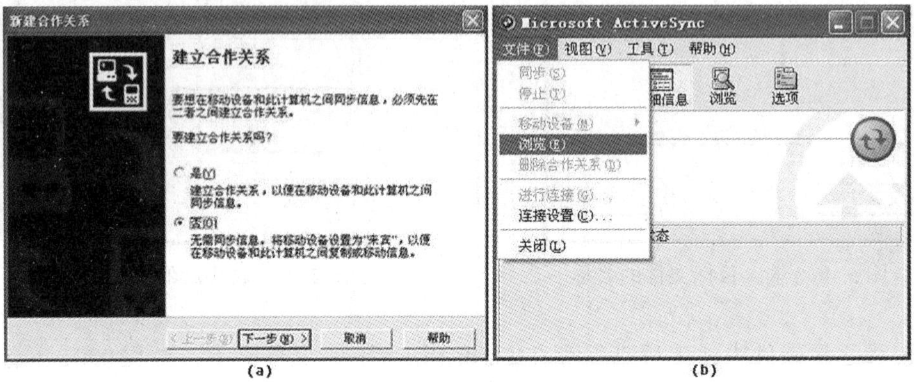


图 5.50　同步软件连接

4. 数据检查

用 RTK 技术施测的图根点平面成果应进行 100%的内业检查和不少于总点数 10%的外业检测，外业检测采用相应等级的全站仪测量边长和角度等方法进行，其检测点应均匀分布测区。检测结果应满足表 5.9 的要求。

表 5.9　**RTK 图根点平面检测精度要求**

| 等级 | 边长校核 | | 角度校核 | | 坐标校核 |
|---|---|---|---|---|---|
| | 测距中误差(mm) | 边长较差的相对误差 | 测角中误差(″) | 角度较差限差(″) | 平面坐标较差(mm) |
| 图根 | ≤±20 | ≤1/3000 | ≤±20 | 60 | ≤±图上 0.1 |

用 RTK 技术施测的图根点高程成果应进行 100%的内业检查和不少于总点数 10%的外业检测，外业检测采用相应等级的三角高程、几何水准测量等方法进行，其检测点应均匀分布测区。检测结果应满足表 5.10 的要求。

表 5.10　**RTK 图根点高差检测精度要求**

| 等级 | 高程检核高差(mm) |
|---|---|
| 图根 | $\leqslant 50\sqrt{D}$ |

注：$D$ 为检测线路长度，以 km 为单位。

我们知道，测量工作一贯遵循“先整体后局部”、“先控制后碎部”、“由高级到低级”的基本原则，GNSS-RTK 数字成图也要依据这个原则。因此 GNSS-RTK 碎部测量必须在启动基准站与流动站、数据点采集与点校正两个步骤之后进行。如果没有连续操作，则下次必须重新重复上述步骤。

5. 数字成图

这里介绍的数字成图主要是测记模式下的内业成图方法。所谓测记模式成图就是外业采集碎部数据的同时，绘制工作草图，在工作草图上记录地形要素名称、碎部点连接关系，然后回到室内根据工作草图将碎部点展绘在计算机屏幕上，生成和输出各种专题图形。测记模式下 CASS 系统为数字测图提供了多种成图方法：屏幕坐标定位成图法、测点点号定位成图法、引导文件自动成图法、简编码自动成图法等。其中使用屏幕坐标定位法、测点点号定位法和引导文件自动法三种方法时，外业在采集每一个碎部点坐标时不用在电子手簿或全站仪里输入地物编码，故又称为“无码方式”。

打开南方 CASS6. 0 软件的操作界面如图 5. 51 所示。CASS6. 0 的操作界面主要分为三部分：顶部下拉菜单、右侧屏幕菜单和工具条，每个菜单项均以对话框或命令行提示的方式与用户交互应答，操作灵活方便。

顶部下拉菜单中每一个菜单下面又分为一、二等多级菜单，这些菜单几乎包括了 CASS6. 0 和 AutoCAD 2004 的所有图形编辑命令。右侧屏幕菜单是一个测绘专用交互绘图菜单，在使用该菜单的交互编辑功能绘制地形图时，必须先确定定点方式。CASS6. 0 右侧屏幕菜单中定点方式主要包括“坐标定位”、“测点点号”、“电子平板”、“数字化仪”等。工具栏则主要包含了 AutoCAD 2004 和 CASS6. 0 中的常用功能，用户可根据需要进行打开和关闭，方便操作，提高了作业效率。

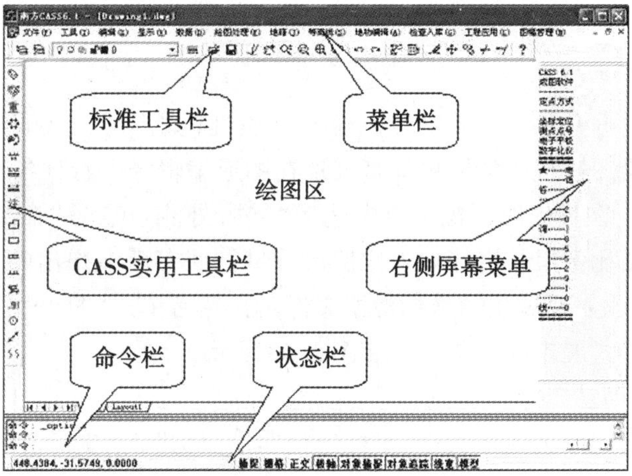


图 5. 51　CASS 6. 0 软件的操作界面

(1)利用屏幕坐标定位法成图

屏幕坐标定位法成图是将“坐标数据文件”中的碎部点展在计算机屏幕上，利用对象捕捉功能，对照草图上标明的点位，地物属性和连接关系，用鼠标在屏幕上捕捉点位，完成绘制。

1)定显示区

定显示区的作用是根据输入坐标数据文件的数据大小定义屏幕显示区域的大小，以保证所有碎部点都能显示在屏幕上。单击“绘图处理”菜单，在弹出的下拉菜单中选择“定显示区”命令，然后在弹出的“输入坐标数据文件名”对话框中(如图 5.52 所示)选择或输入已采集的原始坐标文件相应的原始坐标文件，单击打开后系统将自动检索文件中所有点的坐标，找到最大和最小坐标值，并在屏幕命令区显示坐标范围，如下所示：

最小坐标(米)：X=30049.824，Y=40049.646

最大坐标(米)：X=30300.004，Y=40350.059

图 5.52　输入坐标数据文件名

2)展点

展点是将坐标数据文件中各碎部点点位及其属性(如点号，代码或高程等)显示在计算机屏幕上，以便绘图过程中能够更加直观地在图形编辑区内看到各测点之间的关系。单击“绘图处理”菜单，在弹出的下拉菜单中选择“展野外测点点号”命令，这时命令行窗口会提示要求输入绘图比例尺，直接输入比例尺分母，回车后在弹出的“输入坐标数据文件名”对话框中选择或输入要展出的坐标数据文件名，然后单击“打开”按钮，则数据文件中所有点以注记点号形式展现在屏幕上。如图 5.53 所示。

3)选择“坐标定位法”

移动鼠标至屏幕右侧菜单区选定“坐标定位”项，即进入“坐标定位”项的绘图菜单。

4)绘制平面图

CASS 软件将所有地物要素细分为如文字注记、控制点、居民地等菜单，系统中所有地形图图式符号都是按照图层来管理的，每一个菜单都对应一个图层，如沟渠、湖泊、池

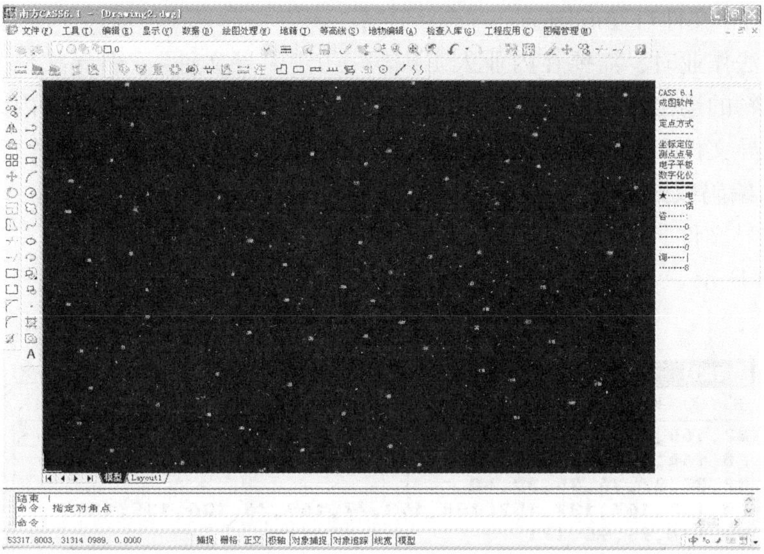


图 5.53　展野外测点点号

塘、水井等地物均放在“水系设施”这一层，所有表示植被的符号都放在“植被园林”这一层。绘图时根据野外作业时绘制的工作草图，首先选择右面侧屏幕菜单中对应的选项，然后从该选项所弹出的界面中选择相应的地形图图式符号，点击后根据弹出的提示进行绘制，在绘制过程中为了定位准确要启用对象捕捉中的捕捉节点功能来拾取点，其他捕捉模式如捕捉端点、交点等可根据实际情况选择。另外也可以直接输入该点的坐标。

(2)利用测点点号定位法成图

测点点号定位法成图原理类似于屏幕坐标定位成图法，所不同的是测点点号定位法成图时点位的获取是通过点号而不是利用“捕捉”功能直接在屏幕上捕捉所展的点罢了。利用该法绘制平面图，只需把上述“坐标数据文件”中的碎部点点号展在屏幕上，利用屏幕测点点号，对照草图上标明的点号，地物属性和连接关系，将每个地物绘出。方法如下：

1)定显示区

具体操作同前所述。

2)展点

具体操作同前所述。

3)选择“测点点号法”

在“定位方式”的菜单中选取“测点点号”项，系统将弹出一个对话窗，提示选择点号对应的坐标数据文件名。输入外业所测的坐标数据文件名，确认后，系统将所有数据读入内存，并且命令行会提示“读点完成，共读入多少个点”。

4)绘制平面图

“点号定位成图法”绘平面图，就是根据野外草图选择右侧屏幕菜单中各种地物图层里的地物符号，再依据命令提示，输入相应的点号绘制成图。

(3)利用引导文件自动成图法

该成图方法作业时，需要在内业人工编辑一个“引导文件”。引导文件是一个包含了地物编码、地物的连接点号和连接顺序的文本文件，它是根据草图在室内人工编辑而成的。然后将引导文件和坐标数据文件合并，生成一个包含地物全部信息的“简编码数据文件”。利用“简编码数据文件”即可把各种地物自动绘制成图。

1)编辑引导文件

如图 5. 54 所示。

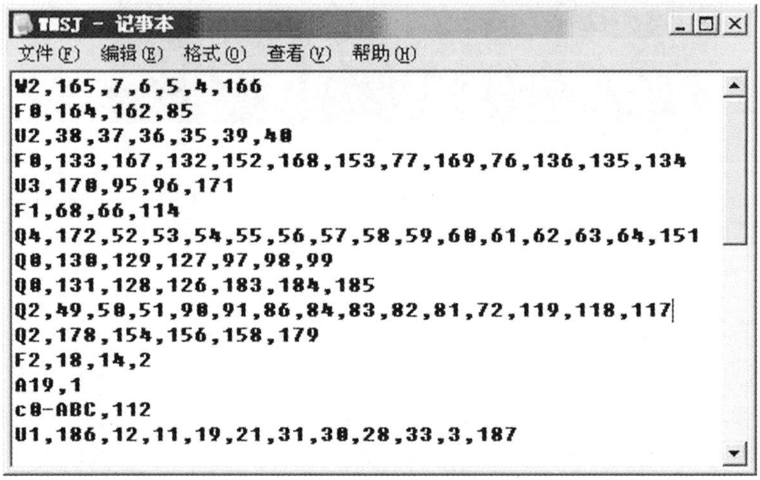


```
W2,165,7,6,5,4,166
F0,164,162,85
U2,38,37,36,35,39,40
F0,133,167,132,152,168,153,77,169,76,136,135,134
U3,170,95,96,171
F1,68,66,114
Q4,172,52,53,54,55,56,57,58,59,60,61,62,63,64,151
Q0,130,129,127,97,98,99
Q0,131,128,126,183,184,185
Q2,49,50,51,90,91,86,84,83,82,81,72,119,118,117
Q2,178,154,156,158,179
F2,18,14,2
A19,1
c0-ABC,112
U1,186,12,11,19,21,31,30,28,33,3,187
```

图 5. 54　编辑引导文件

2)定显示区

具体操作同前所述。

3)展点

为了使图形显示更加直观，便于进行图形的检查与编辑，最好把测点点号展在屏幕上。具体操作同前所述。

4)编码引导

“编码引导”的功能是自动将坐标数据文件(如为 WMSJ. DAT)和前面编辑好的引导文件(如 WMSJ. YD)通过点号建立联系，在读取数据的过程中生成简码坐标文件并以此自动完成平面图的绘制。如图 5. 55 所示。

由引导文件得到的简编码坐标数据文件在形式上与野外采集的简编码坐标数据文件相同，但其实质有所不同，该文件每一行最前面的数字仅仅是顺序号，而不是点号。前者各个点已经经过重新排序，把同一地物点均放在一块，变成一个地物地存放，很有规律，其实质是把引导文件和坐标数据文件合二为一，包含了各个地物的全部信息。后者各个坐标是按采集时的观测顺序进行记录，同一地物点不一定放在一块，多个地物点可能相互混杂。其每行最前面的数字表示该点点号。

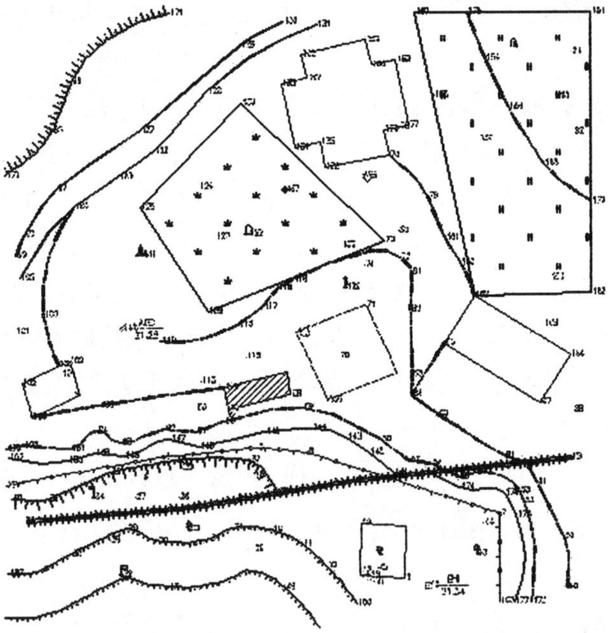

图 5.55　编码引导成图

## 5.5　GNSS RTK 在工程施工放样中的应用

1. RTK 放样概述

建筑物、构筑物的形状和大小是通过其特征点在实地上表示出来的。如建筑物的中心、四个角点、转折点等。因此点放样是建筑物和构筑物放样的基础。用 RTK 进行点位放样前要进行点校正，把 GNSS 坐标转换成待放样点所用坐标系统。传统的方法是通过距离或方向来放样定点，而 RTK 是在电磁波通视的条件下进行点位的放样。

根据《工程测量规范》GB50026-2007 规定，平面点位放样中误差不得大于 5cm，RTK 测量结果的点位精度完全可以满足。需要指出的是各点位之间不存在误差累计，克服了传统测量技术的弊端。放样的点误差，有可能是 RTK 系统自身的误差，也可能是测量环境对 RTK 的影响产生的误差，或许也是我们自身操作的不正确造成的，但正常情况下是由于放样时存在测量环境影响中的“多路径误差”或“信号干扰误差”造成的。在放样过程中如果点位误差超限，可以根据误差的原因，采取措施来消除或减小误差，如：改变基准站的位置，选择地形开阔的地点，远离无线电发射源、雷达装置、高压电线等，或采用有削弱多路径误差的各种技术的天线等。对于误差较大 RTK 又难以削弱其误差的点可以采用其他的测设方法。

2. 利用 RTK 进行常规点放样

在利用 RTK 进行放样之前，根据需要把待放样的点坐标导入 RTK 流动站手簿内，一般可以直接输入到手簿建立的任务内，如果放样点数量大，可采用电脑将待放样数据文件直接导入手簿内。

利用南方 S82RTK 测量系统进行放样时，首先应将基准站进架设与设置，启动基准站和移动站接收机，待移动站接收机当初始化完成后，在工程之星主菜单上选择“测量→放样”选项，根据放样要求选择点放样、线放样、曲线放样、线路放样等放样模式，即可进行放样测量作业。在作业时，在手薄上显示箭头及目前位置到放样点在东、西、南和北方向四个方向上的水平距离，观测值只需根据箭头的指示放样。当流动站距离放样点距离小于设定值时，软件会进入局部精确放样界面，同时软件会给控制器发出声音提示指令。当流动站天线整平后，十字丝与同心圆圆心重合时，这时可以按“测量”键对该放样点进行实测，并保存观测值。

具体放样步骤如下，如图 5.56 所示，选择“测量→放样”进入点放样模式，打开如图 5.57 所示的点放样屏幕，点击打开放样点坐标库，打开放样点坐标库。

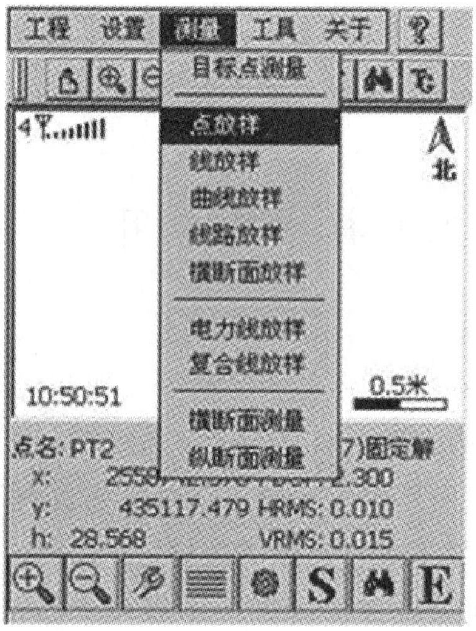


图 5.56　放样菜单

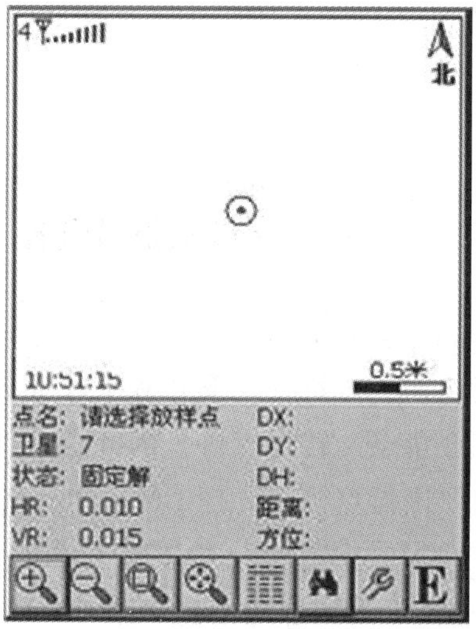


图 5.57　点放样屏幕

在放样点坐标库中导入事先编辑好的放样文件 *. dat，放样点坐标库的操作类似于坐标管理库，放样点库的文件为 *. ptb 文件，并选择放样点或直接输入放样点坐标，确定后进入放样指示界面，如图 5.58 和图 5.59 所示。

位置显示的符号由圆圈和三角两种显示方式，当天线位置静止不动，或移动的范围小于 2cm，则以带中心点的圆圈表示，当天线移动的时候，显示位置为三角形，三角形的锐角方向为移动的方向。放样界面显示了当前点与放样点之间的距离为 2598475. 056m，DX 为南 852558742. 572m，DY 为东 435117. 477m，根据提示进行移动放样。

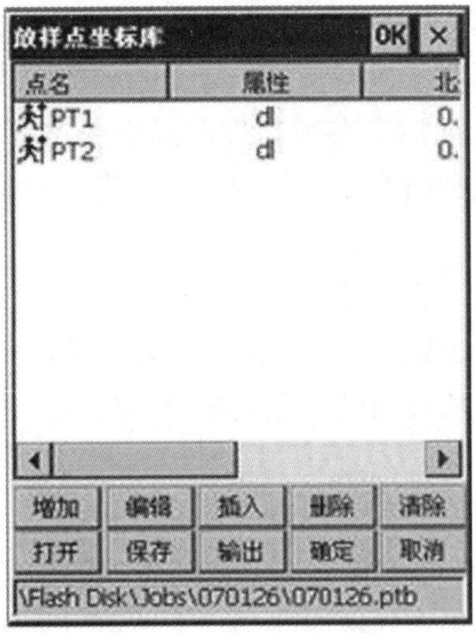


图 5.58　放样点坐标库

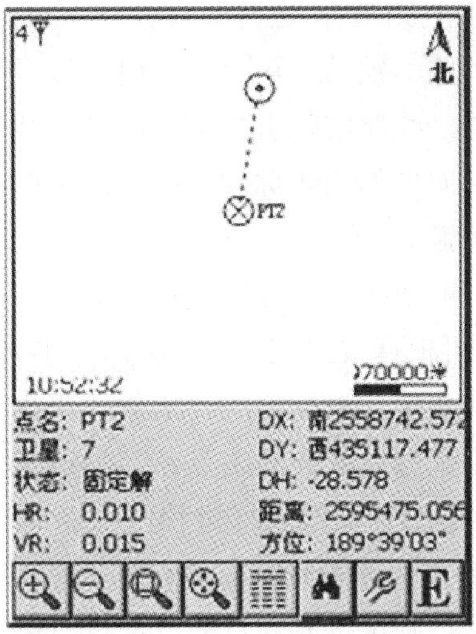


图 5.59　点放样指示界面

在放样过程中，当前点移动到离目标点 0.9m 的距离以内时，软件会进入局部精确放样界面如图 5.60 所示，同时软件会给控制器发出声音提示指令，控制器会有“嘟”的一声长鸣音提示。在此界面中有三个半径分别为 0.9、0.6、0.3m 的圈，当前点位每进一个圈都会有一次提示音，精确局部放样的设置按钮为，点击其出现局部精确放样设置界面，如图 5.61 所示。此界面中的设置分为放样提示设置和放样显示设置。放样提示设置可设置放样圈的最小圈半径和最大圈半径以及放样时的声音提示。点放样圈的数量为最大值整除最小值的数量。放样显示设置可设置点的显示。在放样界面下还可以同时进行测量，按下保存键 A 即可以存储当前点坐标。

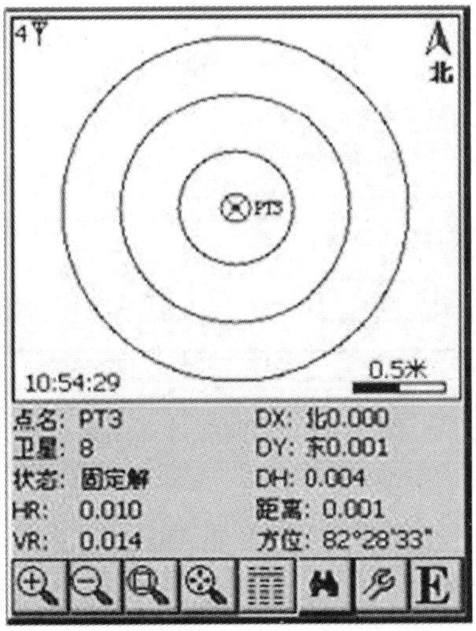


图 5.60　靠近放样点提示

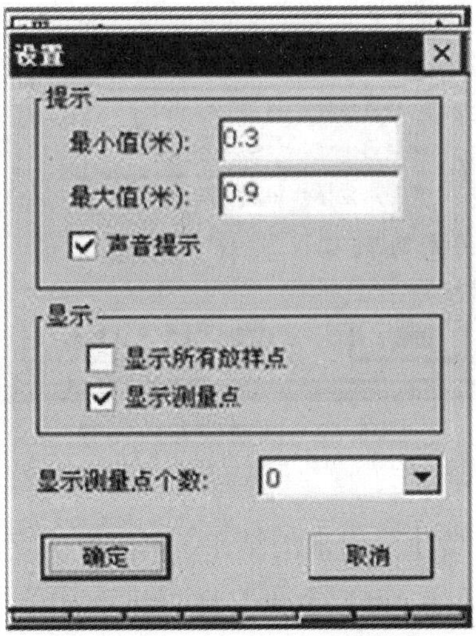


图 5.61　放样点提示设置

3. 利用 RTK 进行曲线放样

公路、铁路、渠道、输电线以及其他管道工程都属于线型工程，线型工程的中线通称为线路。线路实际上是由空间的直线段和曲线段组合而成。在线路方向发生变化的地段，连接转向处的曲线称为平曲线。平曲线有圆曲线和缓和曲线两种。圆曲线是有一定曲率半径的圆弧。

一般曲线放样方法是首先放样曲线主要点，即 ZY(直圆点)、QZ(曲中点)、YZ(圆直点)。再根据线路偏角 $\alpha$，圆曲线半径等要素计算出切线长，曲线长，外矢距及切曲差四项曲线要素。根据曲线要素放样出曲线主点，再用已放样出的主点放样出其他点，由于放样时是依据已放样的主点，容易造成误差的累积。

(1) RTK 曲线放样过程

用 RTK 放样时，曲线的准备工作与 RTK 的点的放样一样，如果曲线各点的坐标是已知数据，则可按放样点的方法进行曲线放样。但是如果不知道曲线坐标，也可以将曲线要素输入手簿，由手簿解算主点和细部点的坐标进行放样。如南方 S82 RTK 工程之星软件是按一定的里程进行解算坐标的，待坐标解算完毕后就可按点的放样方法进行放样。放样时，输入曲线要素已知数据如曲线半径、偏角、交点坐标、参考点坐标、细部点点间距等，软件自动计算出其他曲线要素如等切线长、曲线长、外矢距、切曲差等曲线要素，随后计算出 ZY 点、QZ 点、YZ 点桩号(里程)。如图 5.62 和图 5.63 所示。

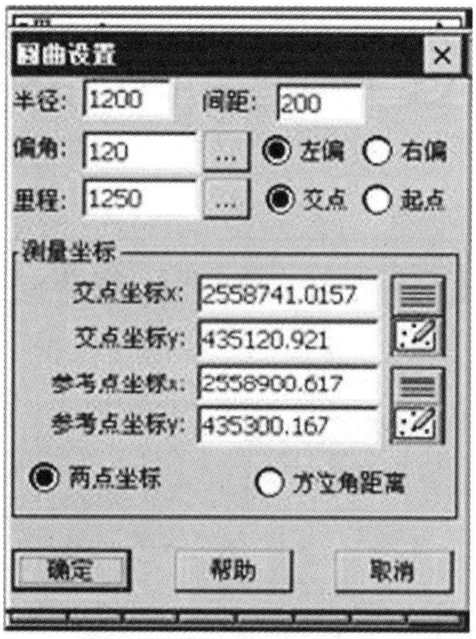


图 5.62 圆曲线参数设置

图 5.63 圆曲线计算结果

曲线计算出来的结果，单击"确定"，曲线结果已经保存在 \ Flash Disk \ Jobs \ "当前工程名 \ result \ circle1. Dat"中。用光笔选择待放样点后，该点的坐标、里程等信息就可以在屏幕下方查看到，按数字键 3，即放样出该点，也可以点击打开坐标库，从列表中选点进行放样。如图 5.64 和图 5.65 所示。

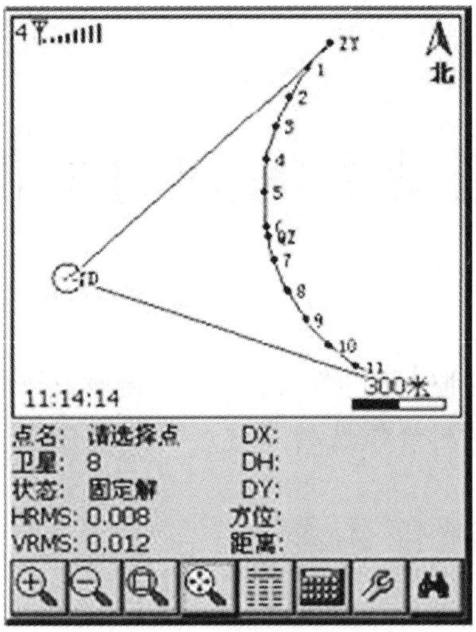


图 5.64　完成曲线设计

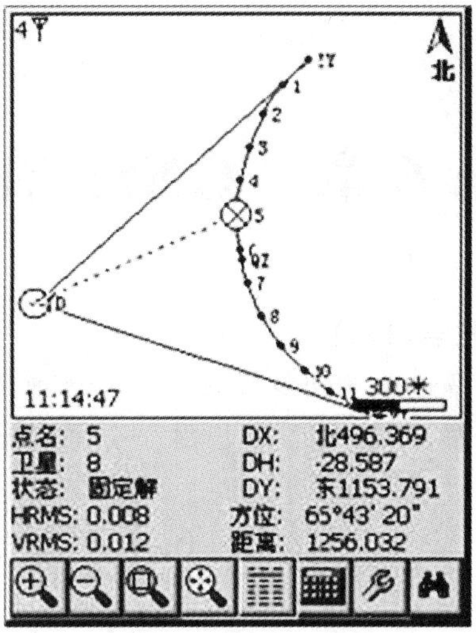


图 5.65　选择放样点

(2)曲线放样精度分析

用 RTK 进行测设，曲线的点位误差、横向和纵向偏差完全可以满足工程的要求，由于 RTK 放样不存在误差累计，所以比常规仪器测设的精度高。

如有误差超限的点，可以根据测量的条件，判断出误差的来源，对于放样点在市区的工程，误差多为“信号干扰误差”，对于接近水域的地区，则为“多路径误差”。

## ◎ 习题和思考题

1. 什么是 RTK？RTK 由哪几部分组成？
2. RTK 的定位原理是什么？常见的定位方式是什么？
3. RTK 定位测量时，测区内的已知控制点有什么作用？
4. 影响 GNSS-RTK 测量精度的主要因素有哪些？
5. 在实际作业中，应采取什么技术措施消除 RTK 测量中的粗差？
6. 基准站安置在已知点上和安置在未知点上有什么区别？
7. 什么是初始化？若流动站初始化失败，应如何处理？
8. 简述 RTK 数字测图的作业流程。
9. 在 RTK 点位测量中，什么时候可以开始测量？为什么？
10. 为何要在碎部测量之前进行点校正？
11. 点校正有哪几种方式？
12. RTK 放样的步骤与方法是什么？
13. 如何求出 WGS-84 坐标到地方独立坐标系的转换参数？
14. 如何查看所测点的点位信息？
15. RTK 数据由手簿传输至计算机需要哪两步操作？
16. 手簿导出的数据格式是怎样的？

# 第6章　GNSS在控制测量中的应用举例

【教学目标】

本章以具体测量工程为例，详细阐述了GNSS在控制测量中的应用。使学生能够在实例中了解GNSS的具体应用，全面掌握GNSS RTK在测绘领域的高效、快捷的应用方法。

## 6.1　测区概况及测量任务

### 6.1.1　测区概况

陇南市位于甘肃东南边陲，是甘肃唯一的长江流域地区，东连陕西，南接四川，北靠天水，西连甘南，为甘肃南下东出之要冲。总面积2.79万平方公里。全区辖武都、成县、徽县、两当、宕昌、文县、康县、西和、礼县九县，有242个乡镇、3422个行政村，居住着汉、回、藏、满、壮等23个民族，总人口266.9万，其中农业人口241.47万。

陇南地处中国大陆二级阶梯向三级阶梯的过渡地带，位于秦巴山区、青藏高原、黄土高原三大地形交汇区域，西部向青藏高原北侧边缘过渡，北部向陇中黄土高原过渡，东部与西秦岭和汉中盆地连接，南部向四川盆地过渡，整个地形西北高东南低。西秦岭和岷山两大山系分别从东西两方伸入全境，境内形成了高山峻岭与峡谷盆地相间的复杂地形。陇南山大沟深，山区群众“行路难，过河难，流通难”的问题仍然存在，由于国家的大力支持和灾后重建，个别地区的交通条件有较大的改善。

### 6.1.2　测量任务

为了加强全省矿业权的科学管理，维护矿业权人合法利益，推进矿管政务公开，规范矿产资源勘察开发秩序，进一步做好矿产资源规划、管理、保护和合理利用工作，甘肃省国土资源厅根据国土资源部《关于开展全国矿产资源储量利用调查工作的通知》(国土资发[2007]192号)的总体部署和《全国矿业权实地核查工作甘肃省矿业权实地核查工作实施方案》，委托甘肃有色地质勘查局天水总队承担甘肃省陇南市矿业权实地核查工作“野外实测”阶段的“基础控制测量”工作。

甘肃有色地质勘查局天水总队根据《全国矿业权实地核查工作甘肃省矿业权实地核查工作实施方案》要求，对甘肃省陇南市内省、部级发证的××个探矿权和××个采矿权矿点进行基础控制测量。

## 6.2 测前准备和技术设计

### 6.2.1 测前准备

测量任务按照矿业权实地核查的需要，分为陇南地区的平面控制测量和高程控制测量两个部分，根据陇南地区实际的地形地貌，我们因地制宜的采取 GNSS 控制测量方法。实际作业范围包括礼县、西和、徽县、康县、成县以及两当县六个县区，控制面积约 2779.86 平方公里，总体来讲外业工作量较大，外业施测的工作难度不容小觑。

1. 人员组织

本项目计划投入技术人员共计不少于 30 人，其中，作业员 26 人，项目级检查人员检查人员 3 人，队级检查人员 1 人。作业员分为 8 个作业小组，其中，选点埋石 3 个小组，外业观测 4 个小组，资料计算、整理和汇总 1 个小组。

2. 器材准备

本项目计划投入设备为：GNSS 接收机 15 台套以上，越野汽车 5 辆，计算机、手持 GNSS 接收机、打印机、绘图仪、望远镜等辅助设备足额配备。

3. 工期安排

本项目工期计划为：4 月 1 日至 5 月 1 日收集资料，了解项目工作内容和目的及技术要求；5 月 1 日至 6 月 21 日进行专业技术设计书编写论证和审批；6 月 21 日至 7 月 31 日间完成项目全部工作内容；8 月份提交资料进行项目验收。

### 6.2.2 技术设计书的编写

经过前期的资料收集及测区概况，可进行技术设计书的编写，内容如下所述。

1. 任务来源及工作量

为了加强全省矿业权的科学管理，维护矿业权人合法利益，推进矿管政务公开，规范矿产资源勘察开发秩序，进一步做好矿产资源规划、管理、保护和合理利用工作，甘肃省国土资源厅根据国土资源部《关于开展全国矿产资源储量利用调查工作的通知》(国土资发[2007]192 号)的总体部署和《全国矿业权实地核查工作甘肃省矿业权实地核查工作实施方案》，委托甘肃有色地质勘查局天水总队承担甘肃省陇南市矿业权实地核查工作“野外实测”阶段的“基础控制测量”工作。

测量任务按照矿业权实地核查的需要，分为陇南地区的平面控制测量和高程控制测量两个部分，根据陇南地区实际的地形地貌，我们因地制宜的采取 GNSS 控制测量方法。实际作业范围包括礼县、西和、徽县、康县、成县以及两当县六个县区，控制面积约 2779.86 平方公里，总体来讲外业工作量较大，外业施测的工作难度不容小觑。

2. 测区概况

陇南市位于甘肃东南边陲，是甘肃唯一的长江流域地区，东连陕西，南接四川，北靠天水，西连甘南，为甘肃南下东出之要冲。总面积2.79万平方公里。全区辖武都、成县、徽县、两当、宕昌、文县、康县、西和、礼县九县，有242个乡镇、3422个行政村，居住着汉、回、藏、满、壮等23个民族，总人口266.9万，其中农业人口241.47万。

陇南地处中国大陆二级阶梯向三级阶梯的过渡地带，位于秦巴山区、青藏高原、黄土高原三大地形交汇区域，西部向青藏高原北侧边缘过渡，北部向陇中黄土高原过渡，东部与西秦岭和汉中盆地连接，南部向四川盆地过渡，整个地形西北高东南低。西秦岭和岷山两大山系分别从东西两方伸入全境，境内形成了高山峻岭与峡谷盆地相间的复杂地形。陇南山大沟深，山区群众"行路难，过河难，流通难"的问题仍然存在，由于国家的大力支持和灾后重建，个别地区的交通条件有较大的改善。

3. 布网方案

(1)控制点的布设原则

①根据探矿权和采矿权矿点实际分布情况，按照测量规范要求，结合矿点实际应用需要，对于面积小于20km$^2$的独立矿点按每个矿点2~3个控制点布设，面积大于20km$^2$的每扩大5km$^2$增加1个控制点。

②对于连片分布的小矿点，根据实地具体情况，能够方便共用的可适当减少控制点数量，但每个矿点最少不得少于1点，否则，仍然按每个矿点2~3个控制点布设。

③要求控制点能够对所有矿点进行有效首级控制、满足下一级控制网发展需要。

甘肃省陇南市六个县区共设计D、E级GNSS控制点261个(含过渡点)，控制网涉及52幅1：5万地形图，控制面积覆盖2803.24km$^2$。控制网具体布设情况见附件。

(2)布网方案

根据矿点分布区域范围和起算点情况，按D、E两级GNSS控制网要求布设控制网。面积较大的单个矿点或几个矿点连片分布并且起算点稀少区域，首级控制网按D级GNSS控制网要求布设，加密网按E级GNSS控制网要求布设，相反，面积较小的单个矿点或起算点充足的区域，按E级GNSS控制网要求布设。控制点布设密度如前所述，此处不再赘述。D级GNSS控制网边长控制在15km内，E级GNSS控制网边长控制在10km内，GNSS网应由非同步独立边构成多边形闭合环或附合线路，D级网每个闭合环或附合线路的边数不超过8条，E级网的每个闭合环或附合线路边数不超过10条。

(3)观测规定

考虑到控制网边长适当突破了规范限制的长度要求，所以，在观测时要使用更高等级的GNSS接收机或延长观测时间，以达到控制网设计精度要求。

(4)三角点联测要求

对于需要采用"2006甘肃省似大地水准面格网数字模型"计算高程的控制网必须至少联测1个该项目GNSS控制点或与国家GNSS连续跟踪站联测。为了解算1980西安坐标系统成果，一般情况下每个GNSS控制网需要联测3个国家高等级平面控制点。考虑到省域内国家高等级平面控制点的具体特点，比如：①原三角控制点是分网平差的，网内控制点之间附合性满足规范要求，而网与网之间个别地方控制点附合性较差；②C 级及以上等级 GNSS 点与三角点之间相容性较差，这样，GNSS 点与三角点联合使用时由于系统原因造成附合性往往达不到规范要求。

鉴于这种情况，当一个控制网中出现下列情况时可以采用 2 个控制点作为起算点进行平差计算：①当以 2 个控制点为起算点时控制网附合精度良好，各项精度指标达到规范要求，而当把第三个起算点也带入时控制网精度略有下降而达不到规范要求，在确认成果无误、点位没有发生变动的情况下可采用前 2 个控制点为起算点进行平差计算；②以 C 级及以上等级 GNSS 点为起算点时，可采用 2 个控制点为起算点进行平差计算；③以在其他项目中曾经使用过经检验成果可靠的三角点为起算点时，可采用 2 个控制点为起算点进行平差计算。

4. 选点和埋石

(1)选点

D 级 GNSS 控制点主要布设在矿点外围和制高点处，要求能够控制整个矿区，便于与国家高等级控制点联测并满足 E 级 GNSS 网加密需要。E 级 GNSS 点在 D 级 GNSS 点间布设，要充分考虑到用户使用的方便性，每个矿点的主矿井附近尽量布设点位。各级 GNSS 网相邻点最小距离应尽量控制在平均距离的 1/2～1/3，最大距离应尽量控制在平均距离的 2～3 倍，GNSS 点每点至少能与另外一点通视。

点位应选在地面基础稳固，易于保存的地方，尽量避免在耕地、施工区等处选点；点位应尽量选在交通便利，有利于扩展的地方，如 D 级 GNSS 点应考虑与国家高等级控制点联测，E 级 GNSS 点应考虑到采用导线测量等手段进行加密；点位周围应便于安置仪器，视野开阔，视场内障碍物的高度角不宜大于 15°；点位周围无大功率无线电发射塔(如电视台、电台和微波站等)，其距离不小于 200m，远离高压输电线和微波无线电信号通道，其距离不小于 50m；点位周围无强烈反射卫星信号的物体，如大型建筑物、大面积水域等；对符合规范要求的旧点标石应尽量利用，需要时可进行适当的加固处理以保证点位稳固。

(2)埋石

标石规格参照《全国矿业权实地核查工作指南与技术要求》(书号：ISBN 978-7-80246-132-1/P · 101)附件 C—控制测量标石及埋设示意图执行，考虑到本项目作业工期短、埋设标石稳定性差及在交通不便的高山区埋设困难等特殊情况，矿点区 D、E 级 GNSS 控制点应尽量采用现场浇铸的方法制做，过度点采用简易标石。控制点标石中心标志为材质坚硬、抗腐蚀、不生锈的合金整体铸件，由甘肃省测绘局监制，甘肃有色地质勘查局天水总队统一购置。控制点中心标志及埋设规格见附件 1。

(3)控制点编号

新埋设控制点以市辖区为单位按 D、E 级分别编号，利用原有控制点标石的采用原点号，在点之记中要加以说明，控制点点号用红色油漆正规标注在标石面上，过渡点点号可手写在明显适当位置。甘肃有色地质勘查局天水总队承担任务区域内不能重号，可适当空号，编号规定见表6.1。

表6.1　　甘肃省矿业权核查D、E级GNSS控制点编号规则表

| 地州(市) | D级GNSS点号 | E级GNSS点号 | D级过渡点号 | E级过渡点号 |
|---|---|---|---|---|
| 平凉市 | PLD001… | PLE001… | PLGD001… | PLGE001… |
| 天水市 | TSD001… | TSE001… | TSGD001… | TSGE001… |
| 陇南市 | LND001… | LNE001… | LNGD001… | LNGE001… |

(4)点之记绘制

矿点区控制点埋设完成后应现场绘制点之记，点之记规格基本参照《全国矿业权实地核查工作指南与技术要求》附录2-全国矿业权核查GNSS点点之记格式执行，为了实际使用方便进行了修改，修改后的点之记格式样表见附件，过渡点点之记可以适当简略绘制。

5. GNSS外业观测

本项目选用标称精度不小于10mm+5ppm的单频或双频GNSS接收机，按D、E分别进行观测和记录。如表6.2所示。GNSS数据采集前应预热和静置仪器5分钟，观测时严格整平仪器，有天线定向标志线的应指向正北，量测天线高二次，两次互差不超过3mm时，取中数作为天线高值。天线高应现场记录在观测手簿上，GNSS外业观测手簿见附件3。

在一个观测时段中不得进行以下操作：

①重新启动仪器；

②进行工作模式选择；

③改变数据采集率和卫星高度角限值；

④终止观测和移动天线。

表6.2　　GNSS接收机技术参数选取表

| 项　　目 | 等　级 | 要　求 |
|---|---|---|
| 卫星高度角(°) | D、E | ≥15 |
| 同时观测有效卫星数 | D、E | ≥4 |
| 时段长(min) | D | ≥60 |
|  | E | ≥45 |
| 观测时段 | D、E | ≥1.6 |
| 数据采样间隔(s) | D、E | 15 |
| 同步观测的接收机数量 | D、E | ≥3 |
| 测量模式 | D、E | 静态 |
| GDOP值 | D、E | ≤6 |

6. 数据处理

(1)GNSS 基线向量的计算及数据检核

基线解算采用经过生产检验的随机商用软件进行(如合众思壮、南方 GNSS 解算软件等),按 D、E 两级 GNSS 控制网分别解算,D 级网以 1 个“2006 甘肃省似大地水准面精化研究”项目 GNSS 控制点的 WGS-84 系坐标值为起算数据,并以此解算出所有基线。E 级网以 1 个经过 WGS-84 坐标三维无约束平差后的 D 级 GNSS 控制点坐标值为起算数据,并以此解算出所有基线。

基线重复性检验和闭合差检验采用经过生产检验的商用软件进行(如 TGPPSW 等)。重复基线、异、同步闭合环限差如下:

①重复基线的长度较差:$d_s \leqslant 2\sqrt{2}\,\delta$;

②同步环闭合差满足:$W_X \leqslant \frac{\sqrt{n}}{5}\delta$; $W_Y \leqslant \frac{\sqrt{n}}{5}\delta$; $W_Z \leqslant \frac{\sqrt{n}}{5}\delta$;

③异步环闭合差满足:$W_X \leqslant 3\sqrt{n}\,\delta$; $W_Y \leqslant 3\sqrt{n}\,\delta$; $W_Z \leqslant 3\sqrt{n}\,\delta$; $W_S \leqslant 3\sqrt{3n}\,\delta$。

$a$—固定误差,mm;

$b$—比例误差系数;

$D$—相邻点间距离,km;

$\delta$—相应级别规定的精度(按实际平均边长计算);

$$\delta = \sqrt{a^2 + b^2D^2};$$

$n$—闭合环边数;

$$W_S = \sqrt{W_X^2 + W_Y^2 + W_Z^2}。$$

(2)控制网平面坐标平差计算

基线解算完成后,通过对基线向量的分析、检核求得 GNSS 有效观测量,然后再采用独立基线分别进行 D、E 级 GNSS 网 WGS-84 坐标三维无约束平差,最后进行 1980 西安坐标系下的二维约束平差计算,在约束平差时,D 级 GNSS 控制网以国家三等三角点和 C 级 GNSS 点及以上等级控制点为起算点,E 级 GNSS 控制网以国家三等三角点和 D 级 GNSS 点及以上等级控制点为起算点。

(3)控制网高程平差计算

①解算采用“2006 甘肃省似大地水准面格网数字模型”的,当 GNSS 外业观测结束后,使用经过生产检验的随机商用软件(如 leica SKI2.3、南方 GNSS 解算软件等),每个控制网以 1 个“2006 甘肃省似大地水准面精化研究”项目 GNSS 点的 WGS-84 系坐标值为起算数据,将该网中的 D、E 级 GNSS 点基线全部解算出来,然后利用“2006 甘肃省似大地水准面格网数字模型”成果,进行控制点高程计算。

②对于远离“2006 甘肃省似大地水准面精化研究”项目 GNSS 点,但矿点附近有国家高等级水准点成果或有已完成“城网改造”或“公路测量”等项目、有水准控制成果的可用 GNSS 拟合法获得高程。采用 GNSS 拟合法测量高程时需在矿点周围和中心均匀布设不少于 6 个高程起算点。起算点高程测量采用不低于代替等外水准的光电测距高程导线测量法。

用光电测距高程导线方法观测时，附合路线的全长和闭合差按地形类别“平地”的限差执行。测量的技术要求见表 6.3。

表 6.3 **电磁波测距高程导线测量限差**

| 等级 | 地形类别 | 全长/km | 往返测高差较差/m | 观测方法 | 中丝法测回数(DJ2) | 各测回垂直角较差(″) | 指标差互差/″ | 最大边长/km | 导线全长高程闭合差/m |
|---|---|---|---|---|---|---|---|---|---|
| 等外 | 平地 | 40 | 0.2S | 每点设站 | 2 | 15 | 15 | 2 | $0.0\sqrt{[S^2]}$ |

注：表中 S 为边长，以 km 为单位。

测量时垂直角不宜超过 15°，视线高度和离开障碍物的距离应大于 1.5m。采用每点设站观测的方法，斜距单向观测两测回，读数差不超过 10mm，测回互差不超过 15mm。垂直角对向观测各两测回。每站观测前待气压表和温度表与周围温度一致后，在测站量取 1 次气温、气压值。斜距的加常数和乘常数改正、气象改正可置于仪器中，但在观测手簿的备注或者记事用纸中要有说明。电子记簿应在相应的说明文件中加以说明。

仪器高和觇标高应在测前测后各量一次，读至 mm，两次测量互差不得超过 2mm。一条边的对向观测，宜尽量在同一时段内使用三联脚架完成，各项观测读数和计算数值取位见表 6.4。

表 6.4 **测距高程导线数值取位表**

| 项目 | 斜距 | 垂直角(″) | 仪器高觇牌高 | 气温℃ | 气压Pa | 测站高差 | 测段高差 |
|---|---|---|---|---|---|---|---|
| 观测值 | 1 | 1 | 1 | 0.5 | 100 | — | — |
| 计算值 | 1 | 1 | 1 | — | — | 1 | 1 |

③对于经过“2006 甘肃省似大地水准面格网数字模型”精化高程计算和 GNSS 拟合高程计算的控制点及矿点周围过渡点的高程，需采用光电测距高程导线方法进行高差检核计算。对于小于或等于 2km 的边长，检查高差与测量高差之差若小于 0.10 米则采用原计算成果，否则，以矿点中心某点精化高程或 GNSS 拟合高程值为起算数据按光电测距高程导线法计算控制点高程；对于大于 2km 的边长，检查高差与测量高差之差若小于 $\pm0.05\sqrt{[S^2]}$ 米则采用原计算成果，否则，以矿点中心某点精化高程或 GNSS 拟合高程值为起算数据按光电测距高程导线法计算控制点高程。

④对于探矿权矿点可不进行地面高程控制测量。

(4)其他情况

①对于矿点周围无国家高级控制点或联测特别困难地区，可采用GNSS单点观测方法或同步闭合环观测方法，观测时间不少于4~6h，观测数据由国家测绘局大地测量数据处理中心利用精密星历和周边GNSS连续运行跟踪站数据，解算获得控制点平面坐标和高程成果，解算高程时应加入“2006甘肃省似大地水准面格网数字模型”成果，高程检测与常规测量方法相同。

②对于矿区已有控制网的，在进行下工序细部工程测量时要分析原控制网的精度，如果原控制网内部附合精度满足规范要求，则可进行平面坐标和高程转换参数解算，以便于成果统一和充分利用原控制点成果资料。计算平面坐标和高程转换参数时，联测原控制网首级控制点数不少于5点，且均匀分布于原控制网周围和中心。

7. 完成任务的措施

(1)质量控制措施

项目承担部门应按ISO9001：2000质量认证体系的标准，有效运作质量管理体系，认真贯彻其质量方针，落实项目质量目标，明确项目管理者职责。生产实施部门除精心组织生产，进行日常质量检查外，在关键工序、重点工序必须进行重点检查，严防质量事故发生。首个矿点测量时院需要派工作组到实地进行指导生产。

本项目实行二级检查一级验收制度，即生产实施部门的过程检查，应对所有资料进行100%的全面检查，并作好相关记录；队质检部门配置专人负责项目全过程质量检查和控制，并对首批成果和重点工序进行重点检查，对最终成果质量进行抽检并出据质量检查报告。

本项目实行质量终身负责制，生产部门承担生产质量责任，队质检部门承担最终成果质量检查责任。

在作业过程中，如果实际施测情况与设计书有原则性的变化时，必须先报请甘肃省国土资源厅审批后实施。

在项目实施全过程中应做好成果资料保密工作，所有成果资料的领取、接交按队有关保密规定办理相关手续，严防泄密。

本项目的最终验收工作，由甘肃省国土资源厅组织。

(2)资料整理规定

本项目以市(县)为单位进行资料整理，包括技术总结、控制点联测网图、控制点平面坐标和似大地水准面精化高程计算手簿，GNSS测量手簿、控制点点之记和成果表等。各项成果均应有计算者(或)制做者和检查者签名，检查者必须为项目实施部门负责人。

8. 附件

附件 1

## D、E 级 GNSS 点标石规格及埋设示意图

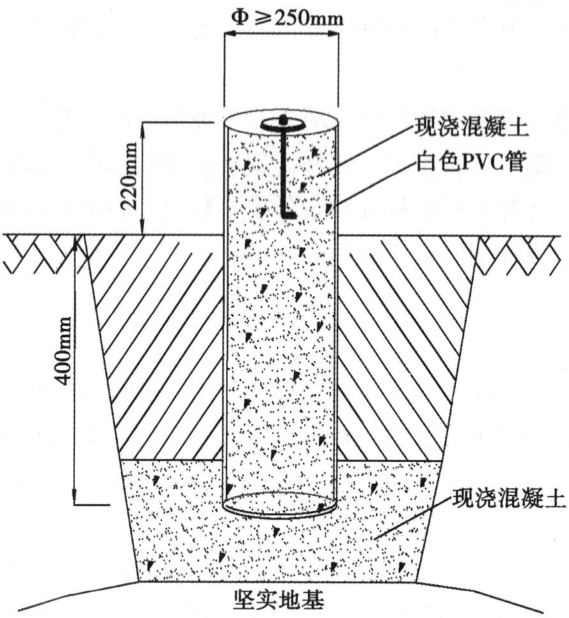


D、E级GPS点标石埋设示意图

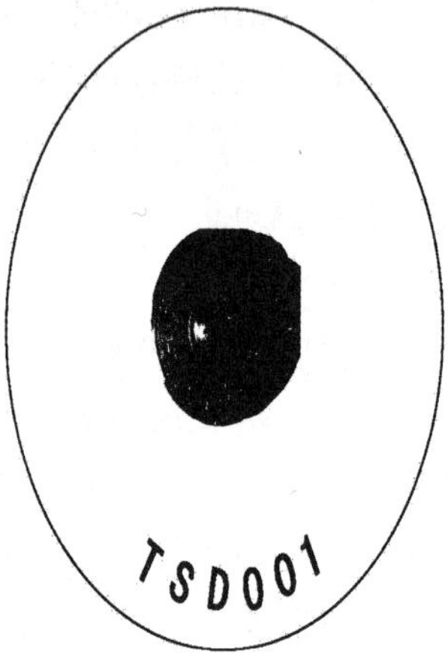


D、E级GPS点标石面俯瞰图

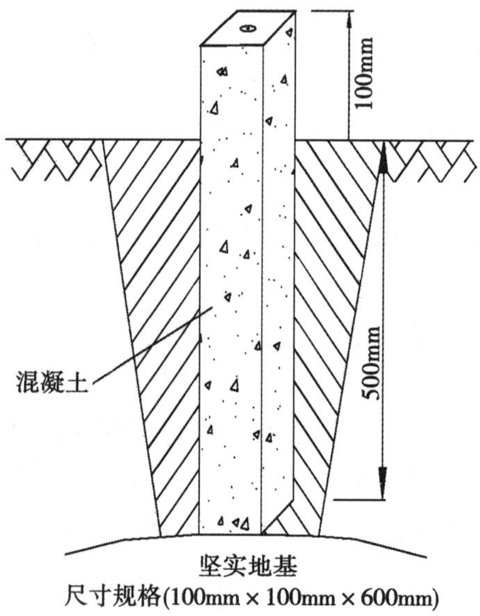


D、E级GPS过渡点标石埋设示意图

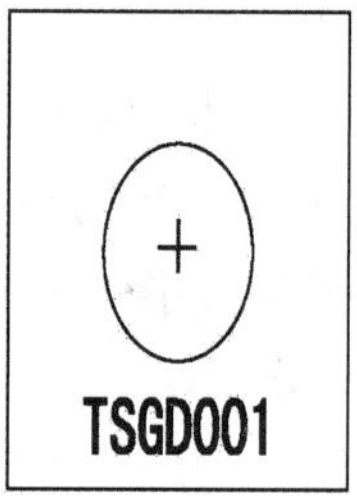


D、E级GPS过渡点标石面俯瞰图

附件 2

## 甘肃省矿业权核查 GNSS 点点之记

<table>
<tr><td>点名(或点号)</td><td colspan="2"></td><td rowspan="2">概略位置<br>(WGS-84)</td><td colspan="2" rowspan="2">N: ° ′ ″<br>E: ° ′ ″</td></tr>
<tr><td>等级</td><td colspan="2"></td></tr>
<tr><td>土质</td><td colspan="2"></td><td>所在图幅</td><td colspan="2"></td></tr>
<tr><td>通视情况</td><td colspan="5"></td></tr>
<tr><td>近景照片</td><td colspan="2"></td><td>点位略图</td><td colspan="2"></td></tr>
<tr><td>交通线路图</td><td colspan="2"></td><td>交通情况说明</td><td colspan="2"></td></tr>
<tr><td>高程联测方法</td><td colspan="2"></td><td>高程等级</td><td colspan="2"></td></tr>
<tr><td>利用旧点情况</td><td colspan="2"></td><td>概略高程</td><td colspan="2"></td></tr>
<tr><td>施测单位</td><td colspan="2"></td><td>施测时间</td><td colspan="2"></td></tr>
<tr><td>接收单位</td><td colspan="5"></td></tr>
<tr><td>接收者</td><td colspan="2"></td><td>接收时间</td><td colspan="2"></td></tr>
<tr><td>选点者</td><td></td><td>绘制者</td><td></td><td>检查者</td><td></td></tr>
<tr><td>备注</td><td colspan="5"></td></tr>
</table>

附件 3

**甘肃省矿业权核查 GNSS 观测记录手簿**

<table>
<tr><td>点　号</td><td></td><td>点　名</td><td></td><td>图幅编号</td><td></td></tr>
<tr><td>观测员</td><td></td><td>日期段号</td><td></td><td>观测日期</td><td></td></tr>
<tr><td>接收机名<br>称及编号</td><td></td><td>天线类型<br>及其编号</td><td></td><td>存储介质编号<br>数据文件名</td><td></td></tr>
<tr><td>近似纬度 N</td><td></td><td>近似经度 E</td><td></td><td>近似高程</td><td></td></tr>
<tr><td>采样间隔</td><td></td><td>开始记录时间</td><td></td><td>结束记录时间</td><td></td></tr>
<tr><td colspan="2">天线高测定</td><td colspan="2">天线高测定方法及略图</td><td colspan="2">点位略图</td></tr>
<tr><td colspan="2">测前：　　　　测后：<br>________　________m<br>________　________m<br>平均值____________m</td><td colspan="2">
</td><td colspan="2"></td></tr>
<tr><td>记事</td><td colspan="5"></td></tr>
</table>

## 6.3　野 外 观 测

在观测之前必须制订周密的观测计划，如确定观测的时段数、卫星高度截止角、几何精度因子等，以便合理安排作业过程和仪器的调度。测前准备包括检查仪器情况、充足电源、采集器的采集软件的安装(初次观测时需要此项)，以及通信设备、交通工具、后勤保障等事项。

由于 GNSS 测量测站之间不要求通视，而且网的图形结构比较灵活，故选点工作较常规测量简便。便 GNSS 测量又有其自身的特点，因此选点时应满足以下要求：点位应选在交通方便、易于安置接收设备的地方，且视场要开阔；GNSS 点应避开对电磁波接收有干扰的物体，如高压线、电视台、微波站、大面积水域等。

点位选定后，按要求埋置标石，并绘制点之记。

GNSS 外业观测工作主要包括天线安置、观测作业和观测记录等，下面分别进行介绍。

### 6.3.1 天线安置

天线的相位中心是 GNSS 测量的基准点，所以妥善安置天线是实现精密定位的重要条件之一。天线安置的内容包括对中、整平、定向和量天线高。

进行静态相对定位时，天线应架设在三角架上，并安置在标志中心的上方直接对中，天线基座上的圆水准气泡必须居中(对中与整平方法与经纬仪安置相同)。定向是使天线的定向标志线指向正北，定向误差一般不应超过±(3°~5°)。天线高是指天线的相位中心至观测点标志中心的垂直距离，用钢尺在互为 120°的方向量三次，要求互差小于 3mm，满足要求后取三次结果平均值记入测量手簿中。

### 6.3.2 观测作业

观测作业的主要任务是捕获 GNSS 卫星信号并对其进行跟踪、接收和处理，以获取所需的定位信息和观测数据。

天线安置完成后，将 GNSS 接收机安置在距天线不远的安全处，接通接收机与电源、天线的连接电缆，经检查无误后，在约定的时间打开电源，启动接收机进行观测。

GNSS 接收机具体的操作步骤和方法，随接收机的类型和作业模式不同而异，在随机的操作手册中都详细的介绍。事实上，GNSS 接收机的自动化程度很高，一般仅需按动若干功能键(有的甚至只需按一个电源开关键)，即能顺利地完成测量工作，可参照仪器使用说明书。观测数据由接收机自动形成，并以文件形式保存在接收机存储器中。作业人员只需定期查看接收机的工作状况并做好记录。观测过程中接收机不得关闭并重新启动；不得更改有关设置参数；不得碰动天线或阻挡信号；不准改变天线高。观测站的全部预定作业项目，经检查均已按规定完成，且记录与资料完整误后方可迁站。

### 6.3.3 观测记录

观测记录的形式一般有两种。一种由接收机自动形成，并保存在接收机存储器中供随时调用和处理，这部分内容主要包括：GNSS 卫星星历和卫星钟差参数；观测历元及伪距和载波相位观测值；实时绝对定位结果；测站控制信息及接收机工作状态信息。另一种是测量手簿，由观测人员填写，内容包括天线高、气象数据测量结果、观测人员、仪器及时间等，同时对于观测过程中发生的重要问题，问题出现的时间及处理方式也应记录。观测记录是 GNSS 定位的原始数据，也是进行后续数据处理的唯一依据，必须要真实、准确，并妥善保管。

## 6.4 技术总结与上缴资料

### 6.4.1 技术总结书的编写

根据《技术设计书》的相关要求，我们在六个县区分别布设了 D、E 级 GNSS 控制网，测绘成果包括基础控制点展点网图、GNSS 控制点点之记、GNSS 观测手簿以及控制点成果表(包括 WGS84 坐标系统、西安 80 坐标系统和北京 54 坐标系统)，同时为了保证 GNSS 外业观测成果质量和内业解算精度，我们进行了自查自检，形成了外业全站仪电磁波测距的三角高程观测手簿，同时针对个别矿区的实际需要我们对矿区原有的控制点进行了复测和检核，最大限度的满足实地核查对控制测量的需要，以期更好的服务于核查工作。

1. 测区概况

陇南市位于甘肃东南边陲，是甘肃唯一的长江流域地区，东连陕西，南接四川，北靠天水，西连甘南，为甘肃南下东出之要冲。总面积 2.79 万平方公里。全区辖武都、成县、徽县、两当、宕昌、文县、康县、西和、礼县九县，有 242 个乡镇、3422 个行政村，居住着汉、回、藏、满、壮等 23 个民族，总人口 266.9 万，其中农业人口 241.47 万。

2. 任务来源及现有资料情况

为了加强全省矿业权的科学管理，维护矿业权人合法利益，推进矿管政务公开，规范矿产资源勘察开发秩序，进一步做好矿产资源规划、管理、保护和合理利用工作，甘肃省国土资源厅根据国土资源部《关于开展全国矿产资源储量利用调查工作的通知》(国土资发[2007]192 号)的总体部署和《全国矿业权实地核查工作甘肃省矿业权实地核查工作实施方案》，委托甘肃有色地质勘查局天水总队承担甘肃省陇南市矿业权实地核查工作“野外实测”阶段的“基础控制测量”工作。

现有资料如下：

(1)甘肃省国土资源厅提供的省、部级发证探矿权、采矿权矿点分布图和相关表格数据。

(2)覆盖全省的不同年代出版的 1∶10 万、1∶5 万地形图。

(3)国家一、二、三等三角控制点、水准点和 C 级 GNSS 控制点。

(4)甘肃省测绘局 2007 年完成的《2006 甘肃省似大地水准面精化研究》成果中框架点、加密点等 GNSS 控制点成果和精度优于±0.074m、分辨率为 2′×2′的甘肃省似大地水准面格网数字模型，本研究成果已通过甘肃省科学技术厅组织的验收。

主要的技术指标符合以下要求：

①平面坐标系统采用统一 3°带 1980 西安坐标系，为方便使用亦采用了北京 54 坐标系，高程系统采用 1985 国家高程基准。

②D、E 级 GNSS 控制网平面坐标精度满足表 6.5 要求。

③采用“2006 甘肃省似大地水准面格网数字模型”解算的 D、E 级 GNSS 高程控制点，表 6.5 中其高程精度应符合精化模型的外部符合精度，即±0.074m。

表 6.5 **D、E 级 GNSS 控制网平面坐标精度满足条件**

| 控制网等级 | 最弱边相对中误差 | 最弱相邻点的相对点位中误差/cm |
|---|---|---|
| D 级 GNSS | 1/80000 | 5.0 |
| E 级 GNSS | 1/45000 | 5.0 |

3. 施测单位及人员设备

依据矿区分布特点和实际的交通情况，以及现有的交通工具，根据实际情况做了安排和及时的调配。

①施测单位：甘肃有色地质勘查局天水总队。

②配备管理人员2名，专业测量技术人员16名。

③仪器设备：南方GNSS单频接收机3台，SMART3100单频接收机4台套，合众思壮E640 L1单频接收机5台套，后期测量中改为Smart3100单频接收机4台套和合众思壮E640单频接收机7台套同时作业；手持GNSS 10台套，拓普康GTP3005N、SOKKIA325全站仪两台(用于GNSS控制测量成果的检核)，棱镜两套，笔记本3台，惠普打印扫描一体机一台。

④交通通信工具：车辆5辆，手机若干，对讲机10台。

4. 作业相关技术规范依据

①国家质量技术监督局发布的《全球定位系统(GNSS)测量规范》(GB/T 18314—2001)；

②《全球定位系统GNSS城市测量技术规程》(CJJ73-97)。

③全国矿业权实地核查工作指南与技术要求》(书号：ISBN 978-7-80246-132-1/P·101)。

④《1∶5000、1∶10000地形图航空摄影测量外业规范》(GB/T 13977-92)。

⑤《全国矿业权实地核查工作甘肃省矿业权实地核查工作实施方案》(甘肃省国土资源厅2008年6月)。

⑥经过甘肃省国土资源厅审批的《甘肃省矿业权实地核查工作基础控制测量专业技术设计书》(甘肃有色地质勘查局天水总队2009年6月)。

⑦《工程测量规范》(GB50026-93)。

⑧《测绘技术总结编写规定》(CH1001-91)。

5. GNSS控制测量野外观测

(1)控制点的布设

根据矿点分布区域范围和起算点情况，按D、E两级GNSS控制网要求布设控制网。每个矿区保证1个D级GNSS控制点以及1~3个E级GNSS控制点，面积较大的单个矿点或几个矿点连片分布并且起算点稀少区域，首级控制网按D级GNSS控制网要求布设，加密网按E级GNSS控制网要求布设；面积较小的单个矿点或起算点充足的区域，按E级GNSS控制网要求布设。D级GNSS控制网边长控制在15km内，E级GNSS控制网边长控制在10km内，GNSS网由非同步独立边构成多边形闭合环，D级网每个闭合环的边数不超过8条，E级网的每个闭合环的边数不超过9条。

甘肃省陇南地区六个县区根据选取原则共设计D、E级GNSS控制点247个(含过渡点)，控制网涉及33幅1∶5万地形图，控制面积覆盖2779.86km$^2$。控制网具体布设情况详见控制点网图和矿区控制点分布的成果资料。

需要解释的是在陇南的大部分县区，山大沟深林密，极个别点很难严格遵循全部的要求，我们根据具体情况通过星历预报、增加观测时间和多时段观测等方法，尽量减弱其他因素对整体观测质量的影响。

控制点的埋设应易于保存尽量少占耕地，埋设后现场做好点之记和交通路线图，标石样式及埋设示意图按照《指南》的要求，新埋设控制点以县辖区为单位按 D、E 级分别编号，利用原有控制点标石的采用原点号，在点之记中加以说明，控制点点号和过渡点点号用红色油漆正规标注在标石面上，并现场拍照。甘肃有色地质勘查局天水总队承担任务区域内编号做到不重号，可适当空号，编号规则见表 6.6。

表 6.6　**甘肃省陇南市矿业权核查 D、E 级 GNSS 控制点编号规则表**

| 地州(市) | D 级 GNSS 点号 | E 级 GNSS 点号 | D 级过渡点号 | E 级过渡点号 |
| --- | --- | --- | --- | --- |
| 陇南市 | LND001··· | LNE001··· | LNGD001··· | LNGE001··· |

注：天水总队在陇南地区没有采用 E 级过渡点点号。

(2)野外观测的实施

本项目选用的单频 GNSS 接收机标称精度均不小于 10mm+5ppm，仪器观测时严格对中整平，对中误差不超过 3mm；天线定向标志指向正北，误差不超过±5°；开机前和开机后分别量取两次天线高，互差不超过 3mm，取平均值做为最后结果。GNSS 野外观测的各项指标如表 6.7 所示。

表 6.7　**GNSS 接收机外业观测采用的技术指标**

| 项　目 | 等　级 | 技术要求 |
| --- | --- | --- |
| 卫星高度角(°) | D、E | ≥15 |
| 同时观测有效卫星数 | D、E | ≥4 |
| 时段长(min) | D | ≥60 |
| | E | ≥45 |
| 观测时段 | D、E | ≥1.6 |
| 数据采样间隔(s) | D、E | 15 |
| 同步观测的接收机数量 | D、E | ≥6 |
| 测量模式 | D、E | 静态 |
| GDOP 值 | D、E | ≤6 |

(3)外业观测成果

外业观测我们以县为单位，在六个县区分别按 D 级、E 级网进行布设，下面以县为单位进行概述各县外业布点组网成果。

礼县成果包含 C126、黑树村 II、宽坝梁 II、赵家堡子 III 四个已知控制点，其中 C126 为 GNSS 的 C 级网点，赵家堡子 III 为国家三等三角网点，其余为国家二等三角控制点。D 级点包括过渡 D 级点总共为 13 个，E 级点 16 个。控制网包括 1 个 D 级控制网，E 级网共组网 4 个。

西和县成果包含 C127、大梁上 II、伟儿沟 III、塔子山 II、解盖山 II、堡子山 III、大山咀 II 等七个已知控制点，其中 C127 为 GNSS 的 C 级网点，伟儿沟 III 为国家三等三角网点，其余为国家二等点。D 级点包括过渡 D 级点总共为 13 个，E 级点 60 个。控制网包括一个 D 级控制网，E 级网共组网 7 个。

成县成果包含 C112、马鞍山 II、北岩山 II、黑家沟 III 四个已知控制点，其中 C112 为 GNSS 的 C 级网点，黑家沟 III 为国家三等三角网点，其余为国家二等三角控制点。D 级点包括过渡 D 级点总共为 15 个，E 级点 53 个，厂坝铅锌矿区原有点复测 4 个。控制网包括 1 个 D 级控制网，E 级网共组网 5 个。

徽县成果包含 39 个点的 WGS-84 坐标、1980 西安坐标和 1954 北京坐标。其中 D 级点 18 个(例：LND126)，过渡 D 级点 3 个(例：LNGD260)，E 级点 28 个(例：LNE075)，国家等级三角点 4 个(例：大山 II)，鉴于实际情况个别控制点徽县和成县共用。徽县控制网包括 2 个 D 级控制网，E 级网共组网 7 个。

康县成果表包含 43 个点的 WGS-84 坐标、1980 西安坐标和 1954 北京坐标。其中 D 级点 15 个(例：LND310)，过渡 D 级点 7 个(例：LNGD311)，E 级点 16 个(例：LNE125)，国家等级三角点 4 个(例：大尖山 II)，国家 C 级 GNSS 点 1 个(C117)。

两当县成果包含 45 个点的 WGS-84 坐标、1980 西安坐标和 1954 北京坐标。其中 D 级点 15 个(例：LND270)，过渡 D 级点 7 个(例：LNGD274)，E 级点 19 个(例：LNE100)，国家等级三角点 3 个(例：李家山 II)，国家 B 级 GNSS 点 1 个(DS30)。

外业方面，鉴于陇南地区的特殊情况，山大林密沟深，交通食宿很不方便，外业调配管理和选点很重要，尚若管理不善不仅延误工期也会带来很大的人力和财力浪费；寻找国家三角点困难很大，出发前应尽可能的了解国家点的存在和使用情况，有的需要提前住在较近的村庄和乡镇，因为走路一般要好几个小时，带上手持 GNSS、工具和向导避免劳而无获，对其他联测点造成影响，所以为保障已知点必要的数目，应找国家点数目应多于必要点做到有备无患；由于路途遥远地点差异较大，通信又极为不便，所以尽可能地延长观测时间，确保必要的观测质量；当天外业结束后应及时检查点之记和观测手簿是否准确和完善，及时下载检查数据是否符合要求，如有特殊情况及时做好复测和安排好下一天的外业工作。

6. GNSS 控制测量内业解算

(1)GNSS 内业计算成果(以康县为例)

康县 D 级、E 级 GNSS 测量控制点成果，分为无约束平差、1980 西安坐标系下约束平差和 1954 北京坐标系下约束平差三个部分。其中无约束平差在 WGS-84 坐标系下采用三维自由网(单点约束)平差，成果为大地纬度、大地经度和大地高。约束平差在 1980 西安坐标系三度带下采用二维约束平差，投影基准为 75 国际椭球。正常高由甘肃省测绘工程院地理信息分院根据甘肃有色地勘局天水地质总队提供的 WGS-84 坐标和大地高精化计算得到，采用的软件为“2006 甘肃省似大地水准面格网数字模型”(未联测国家 GNSS 点部分的高程由三维约束平差得到)。各级 GNSS 控制网点的选点、解算及精度均符合相关规范要求，相关解算精度具体指标参阅平差报告。D 级网采用加拿大 Smart 3100 IS 接收机的随机软件 Spectrum survey 处理，E 级网采用 Trimble Geomatic Office 处理。

为核查方便我们对控制网点全部解算了北京 54 和西安 80 两套平面坐标。

(2)数据解算、数据精度与检核

基线解算采用经过生产检验的随机商用软件进行(如 Spectrum survey、TGO 软件和南方 GNSS 解算软件等)，按 D、E 两级 GNSS 控制网分别解算，解算的流程如图 6.1 所示。

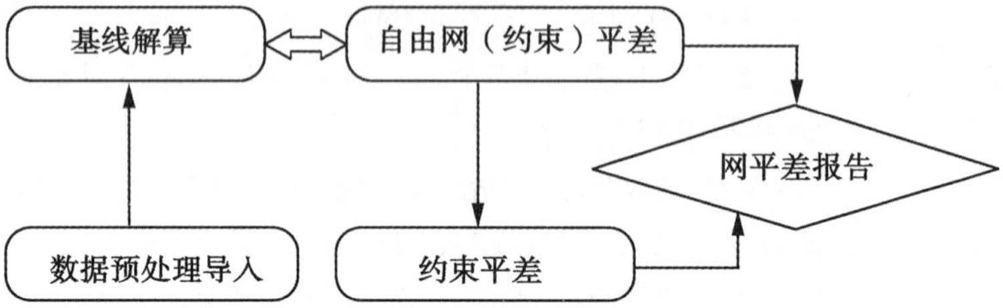


图 6.1　GNSS 控制网解算流程

D 级网解算以国家高等级三角点和 C 级 GNSS 控制点作为起算数据，E 级网解算以 D 级点做首级控制有条件的亦可采用已知国家点作为起算数据。

三维无约束平差(我们采用单点约束)是在 WGS-84 坐标系统中进行的平差，其主要的目的是处理由于多余观测误差而引起的网内不符值，以反映 GNSS 网的内部符合精度，根据平差报告的显示，参考因子通过检验，自由度适中，静态基线边长的中误差和相对误差在限差范围内，相关参数满足有关规范和设计书的要求。

在三维无约束平差确定的有效观测量的基础上，在 1980 西安坐标系下进行三维约束平差。以约束点的已知 80 坐标作为强制约束的固定值。相关参数亦满足 GNSS 控制测量中 D、E 级规范要求。需要说明的是，在约束平差中，原则上采用二维约束平差即可，因为点的高程可以通过大地高拟合得到，但是为了提高网平差质量和得到高程的参照数据，仍然进行了三维平差。

在 D 级网自由网约束平差中，采用已有控制点的 WGS84 坐标进行单点定位，E 级网自由平差中，利用平差后 D 级点或者已知点的 WGS84 坐标进行单点定位。解算基线时按照以下参数进行：用广播星历进行解算；电离层改正采用标准模型；对流层改正采用标准模型；采用 WGS84 坐标系；采用“码和相位”进行解算。对于处理后仍然不合适的基线，不影响点位精度质量的前提下可剔除，重要基线不合适的必须返工重测。

基线重复性检验和闭合差检验采用经过生产检验的商用软件进行，重复基线、异、同步闭合环限差如下：

①重复基线的长度较差：$d_s \leqslant 2\sqrt{2}\,\delta$；

②同步环闭合差满足：$W_X \leqslant \frac{\sqrt{n}}{5}\delta$；　$W_Y \leqslant \frac{\sqrt{n}}{5}\delta$；　$W_Z \leqslant \frac{\sqrt{n}}{5}\delta$；

③异步环闭合差满足：$W_X \leqslant 3\sqrt{n}\,\delta$；　$W_Y \leqslant 3\sqrt{n}\,\delta$；　$W_Z \leqslant 3\sqrt{n}\,\delta$；　$W_S \leqslant 3\sqrt{3n}\,\delta$。

$a$—固定误差，mm；

$b$—比例误差系数；

$D$—相邻点间距离，km；

$\delta$ —相应级别规定的精度(按实际平均边长计算)；

$$\delta = \sqrt{a^2 + b^2D^2} \ ;$$

$n$ —闭合环边数；

$$W_S = \sqrt{W_X^2 + W_Y^2 + W_Z^2} \ 。$$

基线解算完成后，通过对基线向量的分析、检核求得 GNSS 有效观测量，然后再采用独立基线分别进行 D、E 级 GNSS 网 WGS-84 坐标三维无约束平差，最后进行 1980 西安坐标系下的三维约束平差计算，在约束平差时，D 级 GNSS 控制网以国家三等三角点和 C 级 GNSS 点及以上等级控制点为起算点，E 级 GNSS 控制网以国家三等三角点和 D 级 GNSS 点及以上等级控制点为起算点。

E 级网相对误差远小于规范规定的 1/50000，比例误差系数小于 16ppm，相邻点最小距离大于 150m，相邻点最大距离不超过 10km，相邻点平均距离最大不超过 5. 0km，相邻点平均距离大于 300m，大于规范要求的 200m，点位中误差小于 3cm；D 级网相对误差远小于规范规定的 1/80000，比例误差系数小于 10ppm，相邻点最小距离大于 2km，相邻点最大距离不超过 15km，相邻点平均距离最大不超过 10km，相邻点平均距离大于 6km。

控制网高程平差计算解算采用“2006 甘肃省似大地水准面格网数字模型”，每个控制网以 1 个“2006 甘肃省似大地水准面精化研究”项目 GNSS 点的 WGS-84 系坐标值为起算数据，将该网中的 D、E 级 GNSS 点基线全部解算出来，然后利用“2006 甘肃省似大地水准面格网数字模型”成果，进行控制点高程计算。对于远离“2006 甘肃省似大地水准面精化研究”项目 GNSS 点，使用国家三角点的 85 高程用 GNSS 拟合法获得高程。高程拟合由甘肃省测绘工程院地理信息中心完成，具体参见成果资料。

同时，为保证成果的正确性、可靠性，针对本项目对控制测量成果质量实行了自检措施，即作业组自检、作业组互检和作业单位质量管理部门检查，作业过程中严格执行作业有关规定，发现问题，及时制定对策，以保证各项产品精度符合规范、规程、技术设计书和相关规定精度指标，保证各项成果准确无误。自检内容包括：

①仪器设备经检验合格才进入现场；

②坐标系统的选择是否符合要求；

③控制网点布设是否合理，埋石数量与质量是否符合要求；

④起算数据是否正确、可靠；

⑤施测方法是否正确，各项误差有无超限；

⑥各种观测记录手簿记录数据是否齐全、规范；

⑦成果精度是否符合规定；

⑧资料是否齐全。

对于各个县区，我们抽取了部分点位采用电磁波测距三角高程测量的方法进行了检核，检核部分成果见表 6. 8。

使用随机软件解算数据首先确保仪器高、点号和项目属性输入和设置的正确性，在基线结算时，正确合理的取舍基线很重要，直接影响平差质量，确保每个点的独立基线不少于3，过长过短的基线一般不采用，尽量多的已知点参与网平差计算；有条件的情况下，如果参与平差的点过多可以拆分为两个网进行平差以提高网型质量。

根据实际情况，我们采用多基准站式的布网方式，同时按照边连式进行同步推进。

表6.8　**陇南矿业权核查控制点全站仪检核(部分)资料**

| 序号 | 全站仪观测数据 | | | | GNSS成果数据 | | 较差 | | 相对误差 |
|---|---|---|---|---|---|---|---|---|---|
| | 测站点 | 照准点 | 观测平距 | 观测高差 | GNSS成果平距 | GNSS成果高差 | 距离较差 | 高差较差 | |
| 1 | LND320 | LNE129 | 127.343 | -22.266 | 127.328 | -22.196 | 0.015 | -0.070 | 0.000118 |
| 2 | LNE102 | LNE101 | 414.996 | 48.624 | 414.996 | 48.601 | 0.000 | 0.023 | 0.000000 |
| 3 | LNE113 | LNE114 | 124.869 | -5.096 | 124.860 | -5.103 | 0.009 | 0.007 | 0.000072 |
| 4 | LND008 | LNE005 | 608.199 | -44.143 | 608.176 | -43.979 | 0.023 | -0.164 | 0.000038 |
| 5 | LNE010 | LND010 | 590.550 | 28.003 | 590.520 | 27.983 | 0.030 | 0.020 | 0.000051 |
| 6 | LNE010 | LNE004 | 588.532 | -181.921 | 588.517 | -181.987 | 0.015 | 0.066 | 0.000025 |
| 7 | LND126 | LNE096 | 190.056 | 17.674 | 190.040 | 17.668 | 0.016 | 0.020 | 0.000084 |
| 8 | LND126 | LNE097 | 107.177 | 16.142 | 107.224 | 16.070 | -0.047 | 0.072 | -0.000438 |
| 9 | LND261 | LNE075 | 298.535 | 0.568 | 298.534 | 0.533 | 0.001 | 0.035 | 0.000003 |

### 6.4.2　上交资料

1. 提交的成果资料

①《甘肃省矿业权实地核查工作基础控制测量专业技术设计书》(含全部附件)2份；

②以地州(市)为单位的《甘肃省矿业权实地核查工作基础控制测量专业技术总结》(含控制点联测网图)2份；

③GNSS控制测量D、E级控制点坐标成果(WGS84、西安80和北京54坐标系统下坐标成果各1套)；

④D、E级控制点联测网图；

⑤GNSS控制点矿区点位分布图；

⑥GNSS野外观测记录手簿；

⑦控制点点之记；

⑧以县区为单位的控制网平差报告；

⑨光电测距高程导线观测手簿1份；

⑩队级产品质量检查报告1份；

⑪成果资料数据光盘2份。

2. 附表附件

①自检检核成果表；

②测绘资质证书；

③仪器鉴定证书；

④任务合同书。

## ◎ 习题和思考题

1. GNSS 测量前需要做哪些准备工作？
2. 怎样编写技术设计书？
3. GNSS 的布网方案是什么？
4. 如何安置天线？天线上的定向标志有什么作用？
5. GNSS 外业观测的主要任务是什么？
6. 编写技术总结书。

# 参考文献


[1] 王勇智等 . GPS 测量技术[M]. 北京：中国电力出版社，2011.
[2] 贺英魁等 . GNSS 测量技术[M]. 重庆：重庆大学出版社，2010.
[3] 周立等 . GNSS 测量技术[M]. 郑州：黄河水利出版社，2006.
[4] 李征航等 . GNSS 测量与数据处理[M]. 武汉：武汉大学出版社，2010.
[5] 周忠谟等 . GNSS 卫星测量原理与应用[M]. 北京：测绘出版社，2004.
[6] 国家质量监督检验检疫总局和国家标准化管理委员会 . GB/T18314—2009 全球定位系统(GNSS)测量规范[S]. 北京：中国标准出版社，2009.
[7] 聂琳娟 . GPS 测量技术[M]. 武汉：武汉大学出版社，2012.
[8] 南方测绘 GPS 数据处理软件操作手册 . 南方测绘仪器公司 . 2005.
[9] 周建郑 . GPS 测量定位技术[M]. 北京：化学工业出版社，2004.
[10] 周建郑 . GPS 测量定位原理与技术[M]. 郑州：黄河水利出版社，2005.
[11] 魏二虎，黄劲松 . GPS 测量操作与数据处理[M]. 武汉：武汉大学出版社，2004.
[12] 徐绍铨、张华海等 . GPS 测量原理与应用[M]. 武汉：武汉大学出版社，2003.
[13] 刘大杰 . 全球定位系统(GPS)的原理与数据处理[M]. 上海：同济大学出版社，1999.
[14] 王惠南 . GPS 导航原理与应用[M]. 北京：科学出版社，2003.
[15] CJJ/T 73—2010，卫星定位城市测量技术规范[S].
[16] GB/T 18314—2009，全球定位系统(GPS)测量规范[S].
[17] GB/T 18314—2009，全球定位系统实时动态测量(RTK)技术规范[S].
[18] 李征航，黄劲松 . GPS 测量与数据处理[M]. 武汉：武汉大学出版社，2005.
[19] 李天文等 . GPS 原理及应用[M]. 北京：科学出版社，2003.
[20] 张勤等 . GNSS 测量原理及应用[M]. 北京：科学出版社，2005.